최신 전력전자응용실험

김병철 · 조수억 공저

도서출판 태영문화사

머 리 말

전력전자공학은 기존의 전자공학 전반의 지식을 바탕으로 하여 특히 전력용 반도체 소자를 이용한 전력의 변환, 전력제어 및 전동기 구동 등의 고급 전력응용기술을 다루는 학문이다.

근래 산업현장에서는 전력전자공학 분야에서 뒷받침 해주어야 하는 첨단기술의 수요가 급격히 증가하고 있으며, 기술 레벨 또한 빠르게 높아지고 있다. 특히 전기·전자·통신 등의 기술 분야에 종사하는 엔지니어에게 있어서 전력전자에 대한 깊은 이해와 이 방면의 숙달된 기술을 보유해야 할 필요성이 절실해지고 있다.

전력전자의 응용 분야는 전력용 반도체 소자를 이용한 교류 및 직류 전력제어, 스위치 모드 전원장치, LED 조명, 각종 전동기 제어, 위상제어 정류기, 싸이크로 컨버터, 전압형 및 전류형 인버터, 구동신호 발생 및 시스템 제어를 위한 마이크로프로세서의 응용 등에서 부터 컴퓨터 전원, 통신장비, 항공전자, 우주전자, 신재생에너지의 전력변환장치 등에 이르기까지 실로 방대한 분야에 걸치고 있다.

전력전자이론 분야에 있어서는 국내·외적으로 훌륭한 교재와 참고 서적이 많아서 공부하는 이들에게 큰 도움을 주고 있다. 그러나 전력전자실험 분야에서는 적당한 교재가 그리 많지 못한 실정이어서 그동안의 지도 경험을 바탕으로 전력전자 실험 지도서로 활용할 실험교재를 만들게 되었다.

이 교재를 사용할 대상은 전력전자이론의 지식을 어느정도 습득하고, 전력전자의 바탕이 되는 아날로그 및 디지털 전자회로 전반에 관한 기초 지식을 지닌 것을 전제로 하였다.

각각의 실험 항목은 실험 부품 및 장비 등의 현장 여건과 실정에 맞추어 적당히 가감 첨삭하여 진행하여도 무방하리라고 생각한다. 이 책으로 공부하는 모든 이들이 전력전자공학 분야의 기술적 실무감각을 익히는데 도움이 되기를 기원하며, 아울러 이 책이 만들어지기까지 많은 도움과 수고를 아끼지 않으신 태영문화사 관계자 여러분께 진심으로 감사드린다.

저자 씀

차 례

제1장

오실로스코프 사용법 실험

1. 앞면 PANEL의 각부 명칭 및 기능

오실로스코프는 매우 정밀한 계측기이므로 취급하는데 있어 각별한 주의가 요구된다. 일반적인 주의사항은 다음과 같다.

· 진동 및 충격이 가해지지 않도록 한다.
· 필요 이상으로 밝게 하지 않는 것이 좋다.
· 자성체 근처 혹은 대전류가 흐르고 있는 전선로 근처에서 사용하지 않는다.
· Probe 취급에 주의한다.

그림 1-1은 오실로스코프 앞면 panel의 예를 나타낸 것이다. 그림을 기준으로 하여 오실로스코프의 앞면 panel의 각부 명칭 및 그 기능을 설명하면 다음과 같다.

① Cathode Ray Tube(CRT)
② Power Switch : 전원 스위치.
③ Pilot Lamp : 전원 표시등.
④ CAL Terminal : Probe 조정에 쓰임.
⑤ Intensity Control : 파형의 밝기를 조절.
⑥ Focus Control : CRT 상의 초점을 조절.
⑦ Astigmatism Control : 비점 수차 조정.
⑧ Trace Rotation : 수평 휘선의 기울어짐을 바로 잡음.
⑨ GND Terminal : 접지 단자.

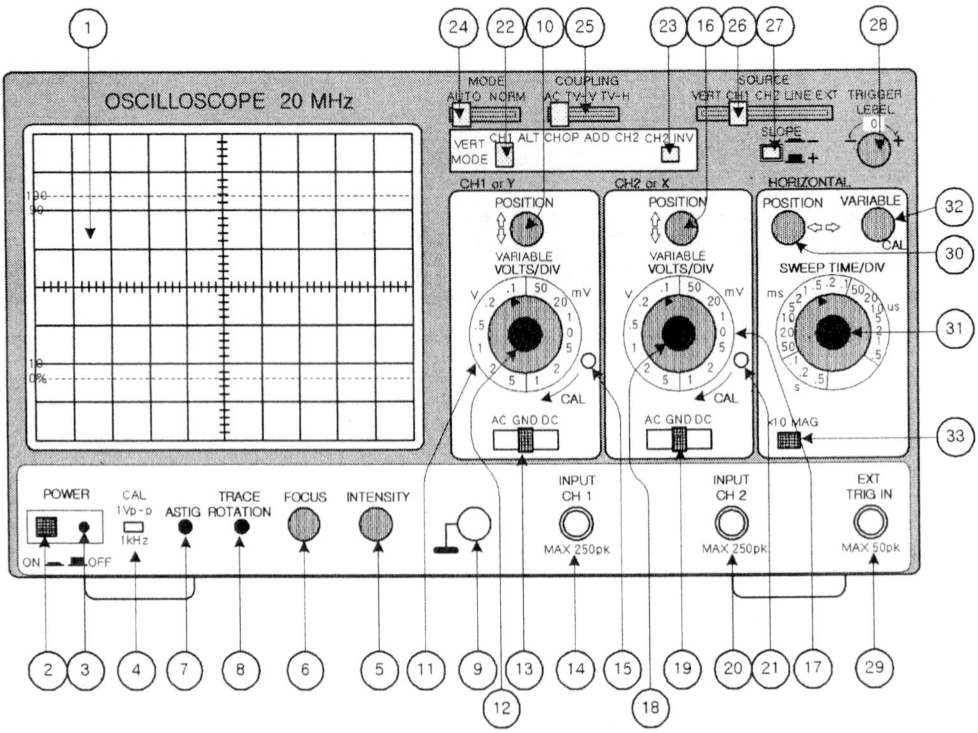

그림 1-1 오실로스코프의 앞면 패널

⑩ POSITION : CH1 파형의 수직 위치를 조절. X-Y 동작시에는 Y축의 위치 조절.

⑪ VOLTS/DIV Control : CH1 수직축 감도를 조절. X-Y 동작시에는 Y축 감도 조절.

· CAL Knob는 시계 방향으로 끝까지 돌려 놓을 것.

⑫ Variable Control(CAL Knob) : CH1의 VOLTS/DIV간 연속적인 감도 조절에 쓰임.

⑬ AC-GND-DC S/W(CH1 수직입력 신호의 결합 mode)

· AC → 입력신호가 OSC의 내부 amp회로와 capacity를 통하여 결합됨.

· GND → 입력단이 접지(대기시 사용).

· DC → 입력단이 OSC의 내부 amp회로와 직결됨.

⑭ Input Jack : CH1의 입력 잭. X-Y 동작시에는 Y축 입력 잭이 됨.

⑮ BAL Control : CH1의 DC balance를 조절.

⑯ POSITION : CH2 파형의 수직 위치를 조절.

⑰ VOLTS/DIV Control : CH2 수직축 감도를 조절. X-Y 동작시에는 X축 감도를 조절.

· CAL Knob는 오른쪽으로 끝까지 돌려 놓을 것.

⑱ Variable Control(CAL Knob) : CH2의 VOLTS/DIV간 연속적인 감도 조절에 쓰임.

⑲ AC-GND-DC S/W(CH2 수직입력 신호의 결합 mode) : CH1의 경우와 동일.

⑳ Input Jack : CH2의 입력 잭. X-Y 동작시에는 X축 입력 잭이 됨.

㉑ BAL Control : CH2의 DC balance 조절하는데 CH1의 경우와 같이 보통 조절할 필요가 없는 경우가 많음.

㉒ Vretical Mode Selecter S/W : 수직축 동작 mode를 선택.

· CH1 → CH1의 입력신호가 화면에 나타남.

· ALT → CH1과 CH2의 입력신호가 교대로 나타남(고주파 관측시 편리).

· CHOP → CH1과 CH2의 입력신호가 교대로 나타남(저주파 관측시 편리).

· ADD → CH1과 CH2의 두 입력신호를 합친 파형이 나타남(CH2가 INV mode일 때는 두 신호의 차가 나타남).

· CH2 → CH2의 입력신호가 화면에 나타남.

㉓ INV Switch : CH2 입력신호의 극성을 반전시킴.

㉔ MODE Selecter S/W : trigger 동작 mode의 선택.

· AUTO → 소인(掃引)이 자동적으로 발생. 보통 이 mode를 이용함.

· NORM → 낮은 주파수 관측시 사용함.

· X-Y → CH1을 Y축으로, CH2를 X축으로 동작시킴. Lissajous 도형에 의한 위상 측정시 사용됨.

㉕ Coupling Selecter S/W

· AC → 일반적인 파형 관측시 사용.

· TV-F → TV의 수직 동기신호 관측시 사용.

· TV-L → TV의 수평 동기신호 관측시 사용.

㉖ SOURCE Selecter S/W→트리거 신호원을 선택.

· VERT → 여기에 set하면 ㉒가 CH1, ALT, CHOP, ADD mode일 때 CH1의 신호가 트리거 신호원이 되고, ㉒가 CH2에 set되어 있을 때는 CH2가 트리거 신호원이 됨.

· CH1 → CH1에 가해지는 입력신호가 트리거 신호원이 됨.

· CH2→CH2에 가해지는 입력신호가 트리거 신호원이 됨.

· LINE→상용전원에서 트리거 신호를 얻어냄.(60Hz에 동기되는 신호의 관측시 사용)

· EXT→EXT. TRG Jack에 가해지는 입력이 트리거 신호가 됨.

㉗ SLOPE S/W : 이 버튼을 누르면 (+)slope 상태, 누르지 않으면 (−)slope 상태.

㉘ TRIGGER LEVEL Control→트리거 threshold 레벨을 조절.

㉙ EXT.TRG Input Jack : ㉖의 스위치가 EXT로 되어 있을 때는 여기에 공급된 신호가 트리거 신호원이 됨.

㉚ POSITION Control : 파형의 수평 위치 조절.

㉛ SWEEP TIME.DIV : 소인(掃引)시간 조절.

· CAL Knob는 시계 방향으로 끝까지 돌려놓고 사용할 것.

㉜ VARIABLE Control(CAL) : SWEEP Time/DIV값의 연속 가변.

㉝ ×10 MAG S/W : 파형이 수평으로 10배 확대. 이 경우 수평 DIV당의 소인시간은 TIME/DIV㉛ 값의 1/10이 됨에 주의 할 것.

2. 파형을 관측하는 방법

오실로스코프를 이용하여 한 개의 파형을 관측하는 순서와 방법은 다음과 같다.

· 측정 준비1→CAL이 표시된 knob들은 전부 CAL의 위치(오른쪽으로 끝까지 돌린 상태)로 돌려 준다.

· 측정 준비2→VOLTS/DIV⑪, ⑰ Knob들은 최대 Range로 돌려 둔다.

① 수직편향 mode S/W ㉒→<CH1>으로 세트함.

② 트리거 mode S/W ㉔→<AUTO>로 세트함.

③ 트리거 SOURCE ㉖→<VERT>로 세트함.

④ 입력 mode S/W ⑬→<GND>로 세트함.

⑤ 상하 position 조절 knob ⑩을 돌려 휘선을 수평 기준선에 맞춤.

⑥ CH1의 VOLTS/DIV ⑪→최대 range로 세트함(반시계 방향으로 끝까지 돌리면 된다.)

⑦ ㉠ AC 측정시는 입력 mode S/W⑬→AC로 세트함.

ⓒ DC 측정시는 입력 mode S/W⑬→DC로 세트함.

⑧ CH1의 프로브(probe)에 관측하려는 신호를 가함.

㉠ 파형의 수직 크기는→VOLTS/DIV ⑪을 돌려 조절함.

㉡ 파형의 수평 폭은→SWEEP TIME/DIV ㉛을 돌려 조절함.

㉢ 파형이 흔들리면→Trigger Level Control ㉘을 돌려 파형을 고정시킴.

오실로스코프를 이용하여 두 개의 파형을 동시에 관측하고자 하는 경우 오실로스코프를 조작하는 순서와 방법은 다음과 같다.

· 측정 준비1→CAL이 표시된 knob들은 전부 CAL의 위치(오른쪽으로 끝까지 돌린 상태)로 돌려 준다.

· 측정 준비2→VOLTS/DIV ⑪, ⑰ knob들은 최대 Range로 돌려 둔다.

① 채널1 입력 Jack⑭, 채널2 입력 Jack⑳에 각각 probe를 연결한다.

② 수직축 mode 스위치 ㉒를 ALT나 CHOP의 위치로 한다.

③ 트리거 모드 스위치 ㉔를 <AUTO>로 세트함.

④ 트리거 source 선택 스위치 ㉖을 <VERT> 위치로 세트함.

⑤ 채널1 입력 mode 스위치 ⑬을 <GND>로 세트함.

⑥ 채널2 입력 mode 스위치 ⑲를 <GND>로 세트함.

⑦ 채널1 position knob ⑩을 돌려 채널1의 수평 기준선을 그림 1-2와 같이 맞춘다.

⑧ 채널2 position⑯을 돌려 채널2의 수평 기준선을 그림 1-2와 같이 맞춘다.

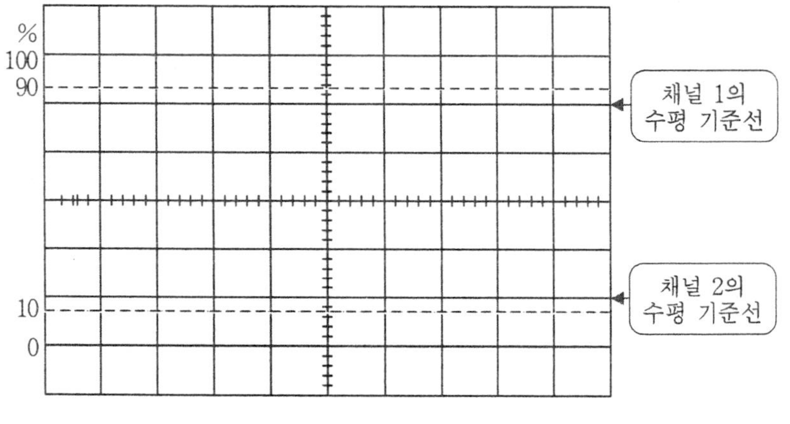

그림 1-2 채널1, 채널2의 수평 기준선 설정하기

⑨ 채널1 입력 mode 스위치⑬을 DC 위치로 세트함.

⑩ 채널2 입력 mode 스위치⑲를 DC 위치로 세트함.

⑪ 채널1, 채널2의 probe를 각각 실험기판 회로(그림 1-3)에 접속하여 입력 신호를 가한다.

> **주 의**
>
> 이때 CH1, CH2 probe들의 악어 크립 전극들은 모두 피측정 회로기판의 공통전위(보통 ⊖라인)에 함께 접속한다.

⑫ 채널 1의 VOLTS/DIV⑪, 채널 2의 VOLTS/DIV⑰ 및 SWEEP TIME/DIV㉛을 적당히 돌려 파형의 크기를 관측에 알맞도록 조절한다.

⑬ 파형이 CRT면상에서 고정되지 않고 좌우로 흐르는 경우에는 트리거 레벨 조절 knob㉘을 적당히 조절한다.

3. DC 전압의 측정

측정하기 전에 수직감쇠 미조정기(VARIABLE)는 "CAL" 위치에, 수직 POSITION, 수평 POSITION, FOCUS, ASTIG 및 TRACE ROTATION을 목적에 맞게 조절하고 PROBE도 정확하게 조절한다.

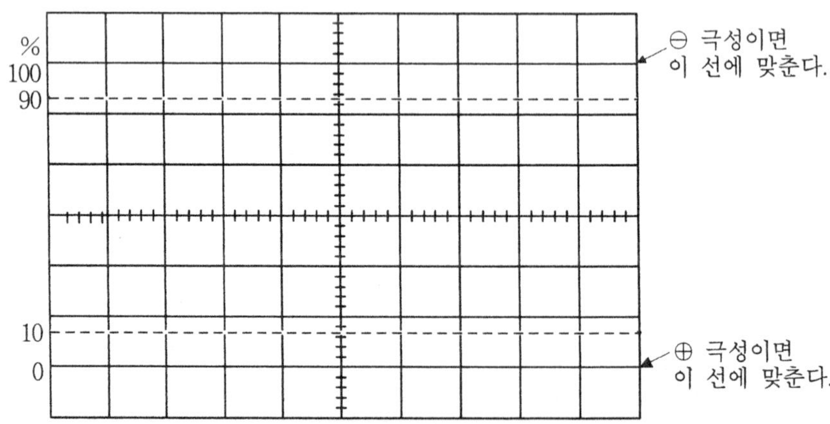

그림 1-3 수평 휘선의 위치 조정

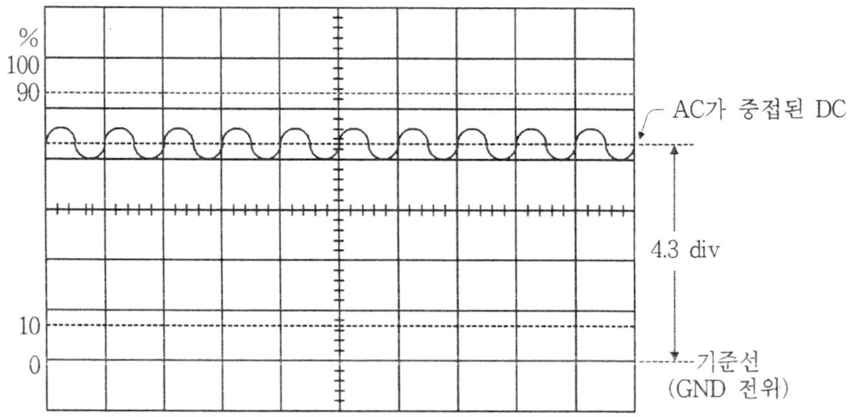

그림 1-4 DC 전압 측정 예

우선 신호를 입력단자에 접속하고 입력결합 스위치를 GND로 하여 휘선을 임의의 위치에 맞춘다. 이 경우 신호가 +의 극성에 있으면 그림 1-3의 밑에서 1DIV의 위치(0%의 경우), 또 −의 극성에 있으면 위에서 1DIV의 위치(100%의 경우)에 맞춘다. 다음에 입력결합 스위치를 DC로 한다. 직류전압의 경우는 휘선이 이동하며, 교류가 중첩된 파형은 그림 1-4와 같이 된다.

이 경우 입력 감쇠기의 설정 및 기준선의 위치가 부적당할 때, TRIC MODE가 AUTO 이외일 때는 관면에 파형이 나타나지 않는 경우가 있다.

전압치를 구하는 방법은

$$\text{직류전압}V_{DC} = \text{수직이동거리(DIV)} \times \text{감쇠기 기시치(VOLTS/DIV)} \times \text{PROBE에 감쇠비} \quad (1\text{-}1)$$

로 구해진다.

그림 1-4의 경우 측정점의 수직이동거리(직류분)는 기준선에 대해 4.3DIV이다. VOLTS/DIV의 지시치를 0.2V/DIV이라 하고, 10 : 1의 PROBE를 사용하여 측정한 경우 식 (1-1)에 의해

$$4.3(\text{DIV}) \times 0.2(\text{V}) \times 10 = 8.6\text{V}$$

로 된다.

4. AC 전압의 측정

신호를 입력단자에 접속하고 입력결합 스위치를 AC로 하여 통상소인이 얻어지도록 각 조정기의 손잡이를 설정한 다음 파형이 측정되기 쉽도록 VOLTS/DIV과 SWEEP TIME/DIV의 각 손잡이를 조정한다.

다음에 수직 POSITION으로 측정하려고 하는 점을 수평 눈금선의 하나와 일치시키고 또 측정하는 파형이 관면내에서 최대가 되도록 VOLTS/DIV을 조정한다.

그림 1-5의 경우 VOLTS/DIV=0.2, 수평 기준선에서 파형의 피크까지는 2.5 DIV이고 probe는 10 : 1이므로 AC 전압의 최대치는 2.5DIV×0.2VOLTS/DIV×10= 5V 파형이 정현파일 경우

$$\text{실효치 AC 전압} = \text{최대치}/\sqrt{2} = 5/\sqrt{2} = 3.5\text{V}$$

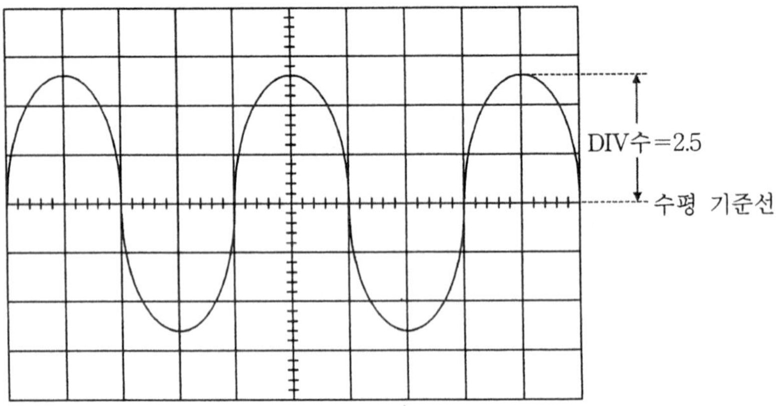

그림 1-5 교류전압의 측정 예

5. 위상차의 측정

측정하고자 하는 2개의 신호를 CH1, CH2의 입력단자에 넣고 수직 MODE 스위치를 DUAL로 하고 ALT나 CHOP 중 하나를 선택한다. 다음에 2개의 신호 중 위상이 진행하고 있는 신호(기준 신호)로 TRIG SOURCE SW를 선택하여 1주기가 시작하는 점을 좌단에서 1DIV점에 맞추고, 또한 이 부분이 파형 진폭의 1/2되는 점에서 수평 눈금선과 맞도록 하고, 파형의 1주기가 8DIV이 되도록 SWEEP

TIME/ DIV 및 VARIABLE에 의해 조정한다.

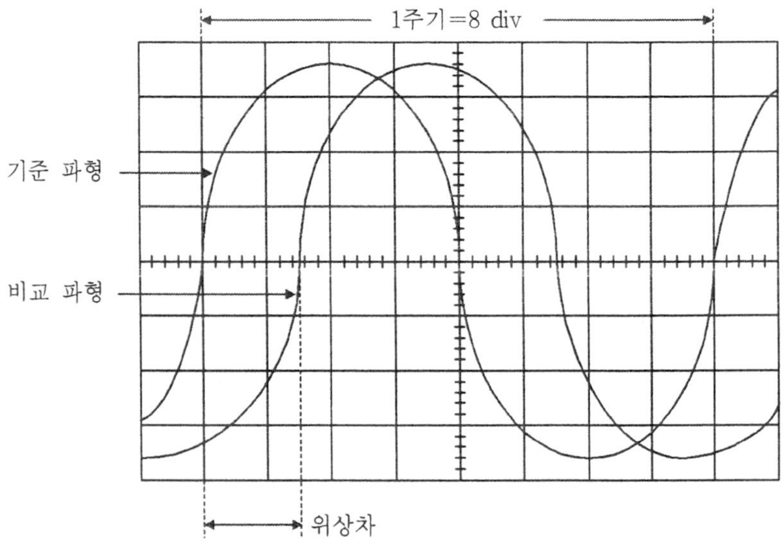

그림 1-6 위상차의 측정 예

구하는 위상차는 1현상때와 같은 방법으로 측정한다. 그림 1-6의 경우 수평거리는 1.5DIV이다.

$$위상차(°)=1.5(DIV)\times 45(°/DIV)=67.5°$$

로 된다.

또, 수평거리가 작은 경우, 즉 위상차가 적은 경우는 소인확대기 스위치를 넣으면 측정이 쉬워진다.

6. 전류의 측정

오실로스코프는 기본적으로는 전압을 시간적으로 표시하는 측정기이기 때문에 그대로는 전류를 측정할 수 없다. 방법으로는 전류 프로브를 이용하는 방법과 전압 강하를 이용하는 방법이 있다.

(1) 전류 프로브(current probe)로 측정할 경우

전류 프로브 교정단자로 파형을 확인하고 나서 측정한다. 이것은 전류 프로브의 픽업(pick up) 코일에 이물(異物) 등이 붙어있지 않은가 확인하기 위해서도 필요하다. 이 방법의 특징은 비접촉 측정이기 때문에 측정가능 범위의 전류라면 어떤 조건하에서도 측정이 가능하다.

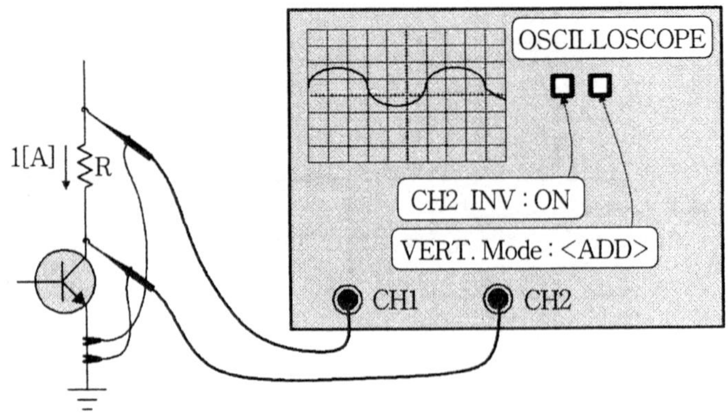

그림 1-7 전압강하법에 의한 전류의 측정방법

다음에 전압 강하를 이용하는 방법은 측정하려고 하는 전류계로(電流系路)에 저항을 넣고 그 전압강하분을 측정하는 것으로 앞서 설명한 전압측정과 같은 방법으로 측정할 수 있다. 구하는 전류는 옴(Ohm) 법칙을 적용하여

$$I = \frac{e}{R}[\mathrm{A}] \tag{1-2}$$

로 구한다. 여기서 주의해야 하는 것은 전류가 흐르고 있는 계로(系路)에 저항이 직렬로 접속되므로 이 경우 전류치가 변하는지(즉 내부저항이 높은 회로인가) 확인하는 일이 중요하다. 또한 오실로스코프 측의 GND는 측정회로의 한쪽과 접속해야 하기 때문에 고전압 회로의 전류를 측정하는 것은 위험하다.

이와 같은 경우 그림 1-7과 같이 2현상 오실로스코프로 차동입력방식을 취함으로서 오실로스코프 또는 프로브의 최대 허용전압까지 측정할 수 있다.

7. 파형 주기 및 주파수의 측정

측정에 앞서 SWEEP TIME/DIV의 VARIABLE은 CAL의 상태로 둔다. 그 다음에 신호를 입력단자에 접속하여 판면상에 적당한 파형이 나타나도록 한다.

파형 1사이클의 수평 division 수를 읽는다. 주기 T는 다음 식으로 구해진다.

T=수평거리(DIV)×소인시간(SWEEP TIME/DIV)의 기시치
×수평확대비의 역수 (1-3)

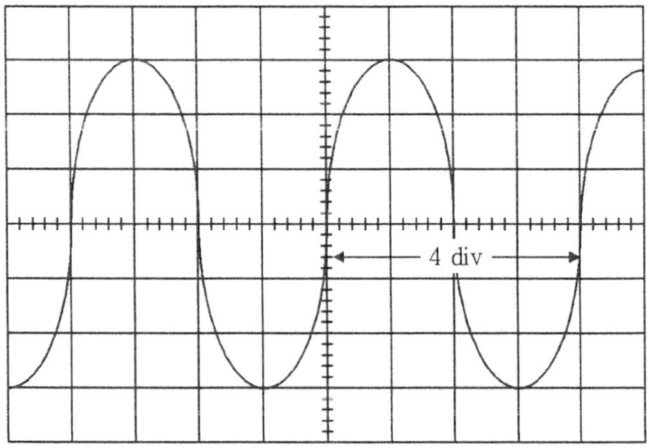

그림 1-8 주파수의 측정 예

다음에, 주파수는 주기의 역수(f=1/T)로 계산하여 구하면 된다.

그림 1-8의 경우 SWEEP TIME/DIV=f[mS], 한주기(A에서 B까지)의 DIV수는 4이므로

① 주기 T=4[DIV]×1[mS/DIV]=4[mS]

② 주파수 $f=1/T=1/(4\times10^{-3})=250[Hz]$

이 때 파형확대 switch㉝을 누르면(push) 파형은 좌우로 10배 확대되고 DIV 당의 소인시간은 원래의 1/10이 된다.

8. 펄스 폭의 측정

신호를 입력단자에 접속하여 측정하기 쉽도록 파형을 나타낸다. 그리고 펄스진폭을 A라 하면 A/2점을 수평 눈금선에 맞춘다. 다음에 수평 POSITION에 의해 펄스의 입상부분을 좌단에서 1DIV점에 맞추고 펄스파형이 관면 중앙의 수평 눈금

선과 교차하는 점의 수평거리를 측정한다.

구하는 펄스폭은 앞에 나온 식 (1-3)에 의해 계산된다. 그림 1-9의 경우, 수평거리는 6.8DIV이다. SWEEP TIME/DIV의 지시치가 20μS/DIV이라 하면,

$$T = 6.8(DIV) \times 20(\mu S/DIV) = 136\mu S$$

로 된다.

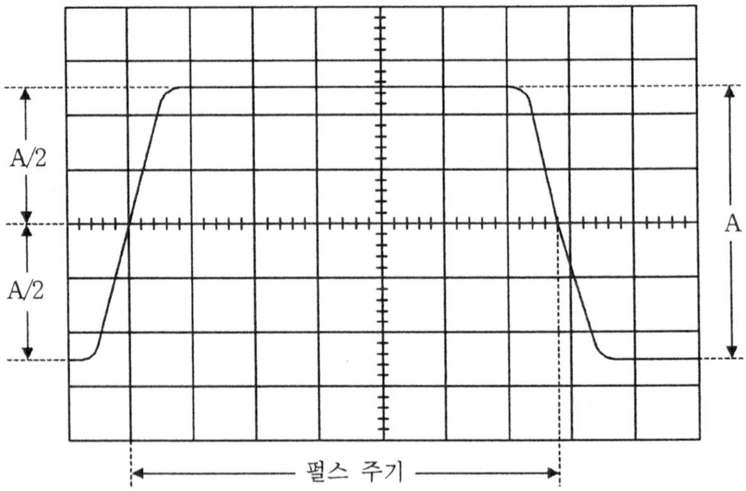

그림 1-9 펄스 폭의 측정

9. 실험에 사용하는 장비 및 부품

품 명	규 격	수 량
오실로스코프		1
디지털 테스터		1
신호발생기		
캐패시터	0.005~0.01 μF	
가변저항	250 kΩ	
저항류	각종	
브레드 보드		1
칼라 배선		약간
기타		

10. 실험 방법 및 순서

① 그림 1-10과 같은 회로를 배선한다.

② 신호발생기를 조절하여 1kHz, 1Vrms의 정현파가 출력되도록 한 후 다음 사항을 실험하여 기록한다.(**실험결과 1**)

㉠ 신호발생기 출력파형(정현파)을 관측하고 기록한다.

· VOLTS/DIV값, SWEEP TIME/TIME값도 반드시 기록할 것.

㉡ 관측된 정현파의 전압(실효치)을 측정하여 기록한다.

㉢ 이 파형의 주파수를 측정하여 기록한다.

㉣ 신호발생기에서 1kHz의 구형파가 출력되도록 조절한다.

㉤ 출력된 구형파 파형을 관측해 본다.

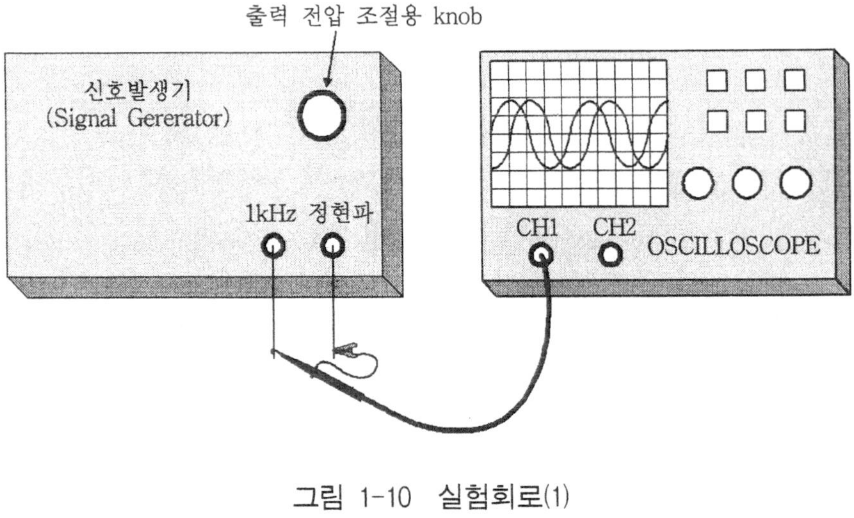

그림 1-10 실험회로(1)

③ 신호발생기에서 2kHz, 2Vrms의 정현파가 출력되도록 조절한다.

④ 그림 1-11과 같은 회로를 브레드 보드에 배선한다.

⑤ 회로의 오배선 유무를 확인한 후 다음 사항을 실험한다.(**실험결과 2**)

㉠ CH1, CH2의 기준선을 수평 기준선에 일치시킨 후, B점 Q점의 두 파형을 관측하고, 가변저항기 VR1을 돌려서 두 파형의 위상차를 적당히 조절한다.

㉡ 관측된 2파형을 보고서에 기록한다.

㉢ 위상차를 구하여 보고서에 기록한다.

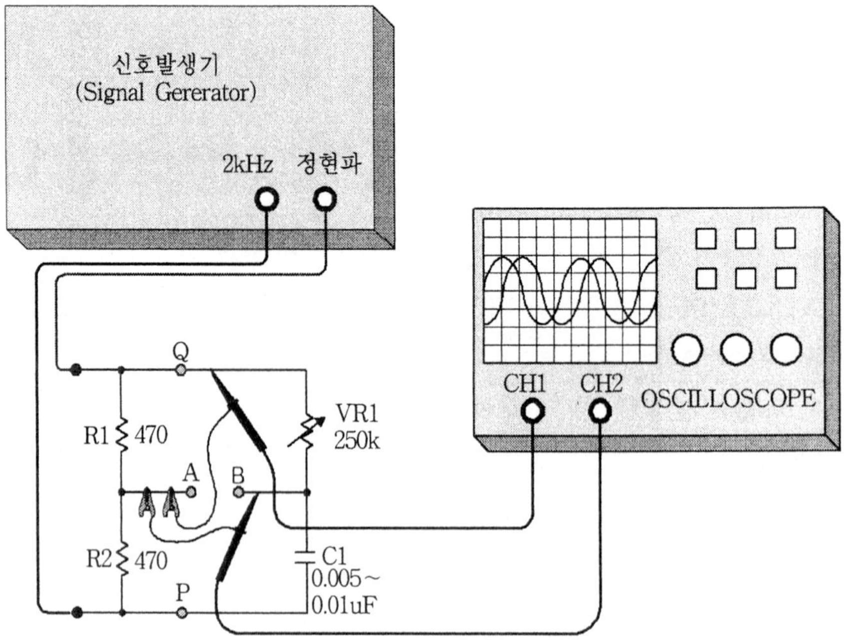

그림 1-11 실험회로(2)

※ 위상차 계산 예

① 그림 1-12의 위상차 예에서 A, B 파형의 1주기당 수평 DIV값은 4이고,

② 두 파형간의 위상차는 0.6 DIV이고,

③ 1주기 당 rad 각은 2π이므로

$$4DIV : 0.6DIV = 2\pi : 위상차(rad)$$

$$\therefore 위상차 = 0.3\pi[rad] = 54^\circ$$

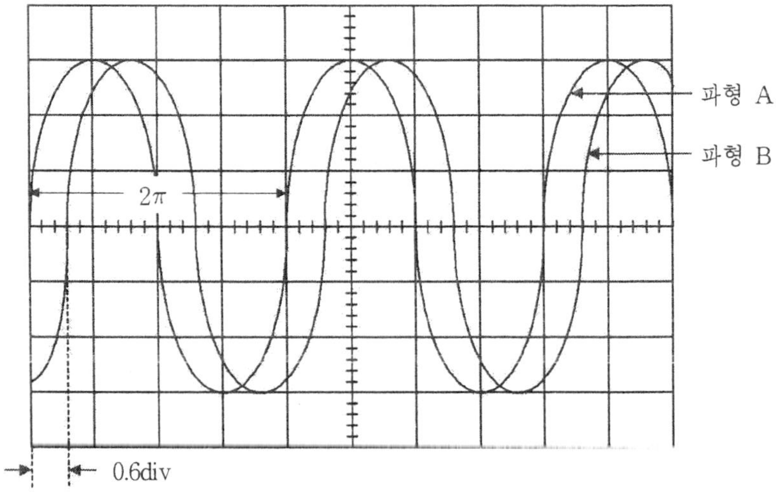

그림 1-12 위상차 구하기(예)

실 험 보 고 서

일시 :			
학과 :	조 :	학번 :	성명 :

실험 제목 : 오실로스코프 사용법 실험

1. 실험결과 1

① 관측된 정현파의 파형

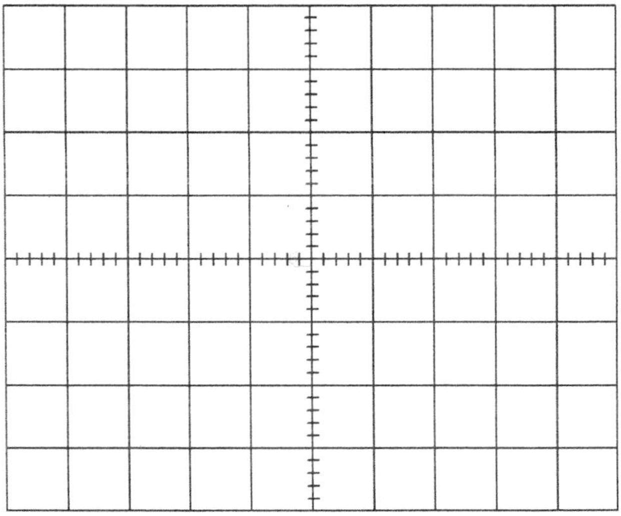

V/div : S/div :

② 관측한 정현파의 실효치 전압 :

③ 관측한 정현파의 주파수 :

8. 실험결과 2

① 관측된 B점 Q점의 두 파형

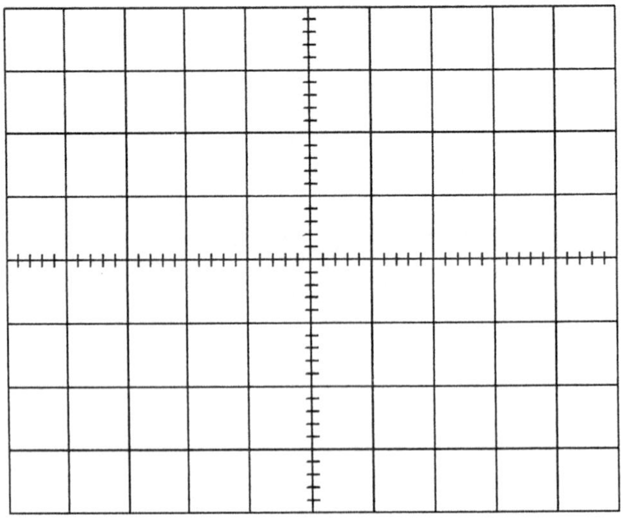

V/div :   S/div

② B점 Q점 두 파형간의 위상차 :

제2장 디지털 오실로스코프 사용법 실험

1. Digital Oscilloscope의 동작

아날로그 오실로스코프와 달리 디지털 오실로스코프는 아날로그-디지털 컨버터(ADC)를 사용하여 측정된 전압을 디지털 정보로 변환한다. 디지털 오실로스코프는 파형을 일련의 샘플로 획득하며, 파형을 만들기에 충분한 샘플이 누적될 때까지 샘플을 저장한다. 그 다음 파형을 재조합하여 화면에 표시한다.

기존 디지털 오실로스코프는 대개 디지털 스토리지 오실로스코프(Digital Storage Oscilloscope, DSO)에 속한다. 또한 일반적으로 디스플레이로 형광체 광원 대신 래스터 방식의 스크린을 사용한다.

디지털 스토리지 오실로스코프(DSO)를 사용하면 이상 신호로 알려진 한 번만 발생하는 이벤트를 캡처(capture)하여 확인할 수 있다. 파형 정보가 일련의 저장된 2진수 값의 디지털 형식으로 존재하므로 오실로스코프 자체 내에서 또는 외부 컴퓨터를 사용하여 파형 정보를 분석, 저장, 인쇄 또는 다른 방법으로 처리할 수 있다. 파형이 연속적일 필요도 없으며, 신호가 사라진 후에도 표시할 수 있다. DSO는 아날로그 오실로스코프와 달리 영구적인 신호 저장과 광범위한 파형 처리 기능을 제공한다.

DSO를 구성하는 서브 시스템 중 일부는 아날로그 오실로스코프에 사용되는 것과 유사하다. 하지만 DSO에는 전체 파형에 해당하는 데이터를 수집 및 표시하는데 사용되는 추가적인 데이터 처리 서브시스템이 포함되어 있다.

아날로그 오실로스코프와 마찬가지로 DSO의 첫 번째(입력) 단계는 수직 증폭기이다. 이 단계에서 수직 컨트롤을 사용하여 진폭과 위치 범위를 조정할 수 있다.

다음으로 수평 시스템 내의 아날로그-디지털 컨버터(ADC)가 개별 시간 포인트에서 신호를 샘플링하고, 해당 포인트에서 신호 전압을 샘플 포인트라고 하는 디지털 값으로 변환한다. 이 프로세스를 신호의 디지털화라고 부른다.

수평 시스템의 샘플 클럭에 따라 ADC에서 샘플을 취하는 빈도가 결정된다. 이 속도를 샘플링 속도라고 하며 초당 샘플 수(S/s)로 나타낸다.

ADC의 샘플 포인트는 획득 메모리에 파형 포인트로 저장된다. 여러 샘플 포인트가 하나의 파형 포인트를 구성할 수도 있다. 동시에 파형 포인트는 하나의 파형 레코드를 구성한다. 파형 레코드를 만드는데 사용되는 파형 포인트의 수를 레코드 길이라고 한다. 트리거 시스템에서 레코드의 시작 지점과 정지 지점을 결정한다.

DSO의 신호 경로에는 측정된 신호가 디스플레이로 전달되는 과정에서 통과하는 마이크로프로세서가 포함되어 있다. 이 마이크로프로세서는 신호를 처리하고, 디스플레이 작업을 조율하며, 전면부 컨트롤을 관리하는 역할 등을 담당한다. 그런 다음 신호는 디스플레이 메모리를 통과하여 오실로스코프 화면에 표시한다.

2. Digital Oscilloscope의 앞면 패널 및 기능

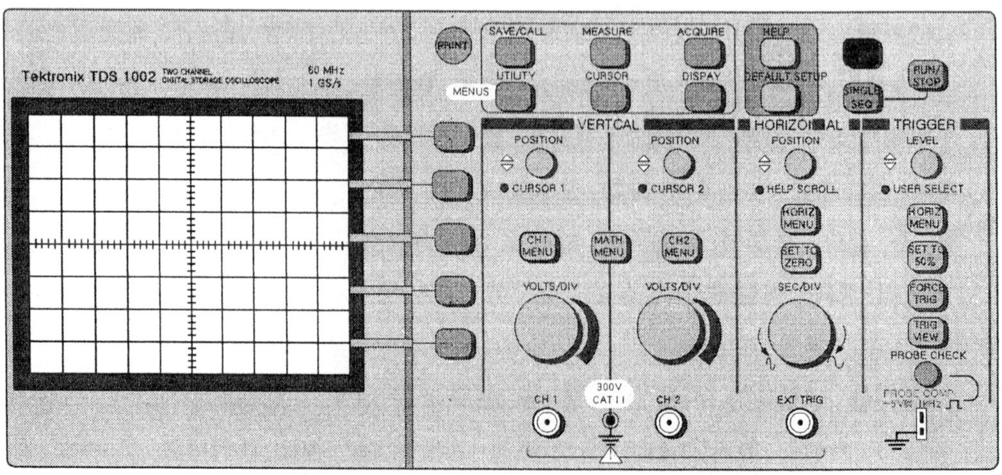

그림 2-1 Digital Oscilloscope(TDS-1002)의 앞면 패널

(1) 디스플레이 영역(LCD 패널)

이 LCD 패널은 파형을 표시하는 것을 주된 목적으로 하지만, 그 밖에도 파형과 오실로스코프 조절 및 설정에 대한 많은 세부 정보들을 표시한다.

오실로스코프의 디스플레이 화면의 격자 표시가 바로 눈금이다. 각 수직 및 수평 라인이 구간(division)을 구성한다. 눈금은 일반적으로 8×10 구간으로 배치되어 있다. 오실로스코프 컨트롤의 라벨 표기(예 : VOLTS/DIV, SEC/DIV)는 항상 이 구간을 기준으로 한다.

(2) 수직 컨트롤

수직 컨트롤은 파형의 수직 방향 위치와 스케일을 조정하는데 사용된다. 또한 입력 커플링 설정 및 기타의 신호 조정에도 사용된다.

· [POSITION] : 수직 컨트롤 패널의 이 노브는 파형이 표시되는 위치를 상하로 조절할 수 있다.

· [CH1 MENU], [CH2 MENU] : 수직 컨트롤 판넬의 이 버튼들은 수직 메뉴 선택을 표시하고 채널 1, 채널 2 파형의 디스플레이에 필요한 여러 가지 설정 사항들을 불러낸다.

· 입력 커플링 : 커플링이란 전기 신호를 한 회로에서 다른 회로로 연결하는데 사용되는 방법을 가리키는 용어이다. 이 경우, 입력 커플링은 테스트 회로와 오실로스코프 사이의 연결을 의미한다. 커플링은 DC, AC 또는 접지로 구분된다. DC 커플링은 입력 신호를 모두 보여 준다.

AC 커플링은 신호의 DC 성분을 차단하고 AC 성분만을 나타내 준다. AC 커플링 설정은 전체 신호(교류+직류)가 전압 영역 설정에 비해 너무 클 경우 유용하다.

접지 설정은 수직 시스템에서 입력 신호를 단절함으로써 화면에서 0V의 위치를 찾을 수 있도록 해 준다. 접지 입력 커플링과 자동 트리거 모드를 사용하면 화면에서 0V를 나타내는 수평선을 볼 수 있다. DC에서 접지로 전환했다가 다시 DC로 전환하는 방법을 사용하면 신호 전압 레벨을 접지와 비교하여 손쉽게 측정할 수 있다.

· [METH MENU] : 이 버튼은 파형 math 연산 메뉴를 불러내고 math 파형을 토글(toggle)하는데에도 사용할 수 있다.

· [VOLTS/DIV] : 수직 스케일 계수(일반적으로 VOLTS/DIV로 표기)를 선택한다. 이는 화면에 표시되는 파형의 수직방향 크기를 변경시키며 스케일 단위로 조정된다. 수직 스케일이 5V/div라면 8개의 수직 구간이 각각 5V이며, 전체 화면은 8개의 큰 수직 구간으로 눈금을 나타내고 있으므로 맨 아래에서 맨 위까지 총 40V를 표시할 수 있게 된다.

다시 예를 들어, 수직 스케일 설정이 0.5V/div이라면 화면의 맨 아래에서 맨 위까지 4V를 표시하게 된다. 화면에 표시할 수 있는 최대 전압은 수직 컨트롤 설정값에 수직 구간의 수를 곱한 수치이다.

또한 사용자의 프로브(1X 또는 10X)도 스케일에 영향을 준다는 점에 유의해야 한다. 오실로스코프에서 자동으로 처리되지 않는다면 수직 컨트롤 스케일을 프로브의 감쇄계수로 나누어야 한다.

(3) 수평 컨트롤

오실로스코프의 수평 컨트롤 시스템은 입력 신호의 획득과 가장 밀접한 관련이 있으며, 샘플링 속도와 레코드 길이에 관련된다. 수평 컨트롤은 파형의 수평 방향 위치와 스케일을 조정하는데 사용된다.

· [POSITION] : 수평 컨트롤 판넬의 이 노브는 모든 채널과 math 파형이 표시되는 수평위치를 좌우로 조절하여 화면에서 원하는 위치로 가져올 수 있다.
· [SEC/DIV] : 파형이 디스플레이 되는 판넬의 수평 구간(division)당의 시간값을 설정한다. 일반적으로 수평 스케일 선택 스위치는 SEC/DIV로 표시되어 있다. 이 스케일 계수를 1ms로 선택했다면 각 수평 구간은 1ms를 나타낸다. 수평축은 전부 10구간이므로 전체 화면에 대한 시간 폭은 10ms가 된다. 시간 스케일값을 변경하여 입력 신호를 더 길거나 더 짧은 간격으로 볼 수 있다.
· [HORIZ MENU] : 수평축과 관련된 메뉴를 표시한다.
· [SET TO ZERO] : 수평 위치를 제로로 설정한다.

(4) 트리거 컨트롤

트리거 기능은 오실로스코프의 디스플레이에 입력 신호의 동일한 부분을 반복적으로 표시함으로써 반복적인 파형이 정지된 것처럼 보이도록 만든다.

오실로스코프의 트리거 기능은 신호의 정확한 포인트에서 수평 스위프와 동기화되며, 이는 명확한 신호 획득에 필수적이다. 트리거 컨트롤을 사용하면 반복적인 파형을 안정화시키고 1회성 파형을 캡처(capture)할 수도 있다.

아날로그 및 디지털 오실로스코프에서 사용 가능한 에지 트리거링은 가장 흔하고 기본적인 유형이다. 아날로그 및 디지털 오실로스코프에서 모두 제공하는 임계값 트리거링 기능과 더불어, 대부분의 디지털 오실로스코프는 아날로그 계측기에서 제공하지 않는 다양한 특수 트리거 설정을 지원한다.

- [LEVEL] : 에지 트리거를 사용할 때 레벨 놉(knob)의 기본 기능은 획득이 발생되도록 신호가 통과해야 하는 진폭 레벨을 설정하는 것이다. 또한 이 놉을 사용하여 사용자 신택(지연, 비디오 라인 번호, 펄스 폭) 대체 기능을 수행할 수도 있다. 대체 기능을 나타내기 위해서 놉 아래 LED가 점등한다.
- [HORIZ MENU] : 트리거 메뉴를 표시한다.
- [SET TO 50%] : 트리거 레벨을 트리거 신호 피크 사이의 수직 중간 지점으로 설정한다.
- [FORCE TRIG] : 적절한 트리거 신호에 관계없이 획득을 완료한다. 이 버튼은 획득이 이미 중지된 경우 효과가 없다.
- [TRIG VIEW] : 이 버튼을 누르면 채널 파형의 자리에 트리거 파형을 표시한다. 이것을 사용하여 트리거 설정이 트리거 커플링과 같은 트리거 신호에 어떻게 영향을 미치는지 확인할 수 있다.

(5) 메뉴 및 컨트롤 버튼

- [SAVE/RECALL] : 설정 및 파형에 대한 [저장/호출] 메뉴를 표시한다.
- [MEASURE] : 자동 측정 메뉴를 표시한다.
- [ACQUIRE] : 획득 메뉴를 표시한다.
- [DISPLAY] : 디스플레이 메뉴를 표시한다.
- [CURSOR] : 커서 메뉴를 표시한다. 수직 위치 컨트롤은 커서 메뉴를 표시하는 동안 커서 위치를 조절하고 커서가 활성화 된다. 커서 메뉴를 떠난 후에는 종류 옵션이 off로 설정되어 있지 않는 경우 커서는 표시되지만 조절할 수는 없다.
- [UTILITY] : 유틸리티 메뉴를 표시한다.
- [HELP] : 도움말 메뉴를 표시한다.

· [DEFAULT SETUP] : 공장에서 출하될 때의 설정을 호출한다.
· [AUTO SET] : 입력신호가 최적으로 디스플레이 되도록 오실로스코프의 컨트롤을 자동으로 설정한다.
· [SINGLE SEQ.] : 단일 파형을 획득한 다음 중지한다.
· [RUN/STOP] : 파형을 연속적으로 획득하거나 획득을 중지한다.
· [PRINT] : 인쇄 작업을 시작한다. RS232 또는 GPIB 포트가 있는 확장 모듈이 필요하다.

(6) 커넥터

· [CH1] : 채널 1용 입력 커넥터
· [CH2] : 채널 2용 입력 커넥터
· [EXT TRIG] : 외부 트리거 소스를 위한 입력 커넥터. 트리거 메뉴를 사용하여 EXT 또는 EXT/5 트리거 소스를 선택한다.
· [PROBE COMP.] : 전압 프로브의 보정출력 및 접지, 프로브를 오실로스코프의 입력회로에 전기적으로 일치시키는데 사용한다. 프로브 보정 접지 및 BNC 외부는 접지에 연결되고 접지 단자로 간주된다.

3. <자동설정> 기능을 사용하여 1개의 파형을 관측하기

(1) 프로브(probe) 배율 설정

① P2200 프로브에서 감쇄량 스위치를 <10X>로 설정한다.
② [CH 1 메뉴] 버튼을 누르고 프로브 옵션 감쇄량을 <10X>로 설정한다.

(2) 신호 연결 및 [AUTOSET]

① 채널 1에 접속된 프로브를 신호에 연결한다.
② [AUTOSET] 버튼을 누른다.(OSC는 수직, 수평 및 트리거 컨트롤을 자동으로 설정함)

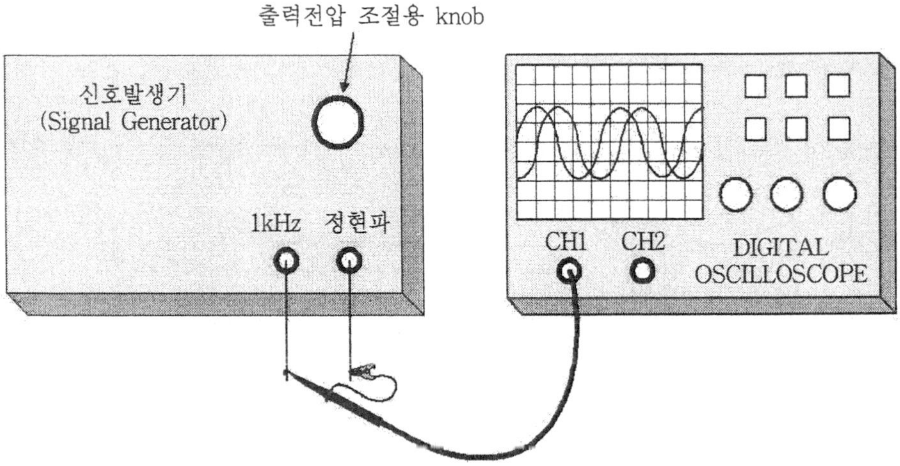

그림 2-2 신호발생기와 디지털 오실로스코프간의 접속

③ 파형이 디스플레이 된 후 [VOLTS/DIV], [SEC/DIV] 놉(konb)들을 좌우로 돌리면 파형의 디스플레이 조건이 변한다.

4. 자동측정 : 주파수, 주기, 실효치, 첨두치, 상승시간 등

① [MEASURE] 버튼을 누르면 화면 우측에 측정 메뉴들이 나타난다.

② 화면 우측의 옵션 버튼 중에서 맨 위의 것을 누르면 측정(1) 메뉴들이 나타난다.

③ 옵션 버튼 <종류>를 누르고 ≪주파수≫를 선택한다.

④ 옵션 버튼 <뒤로>를 누른다.

⑤ 위에서 2번째 옵션 버튼을 누르면 측정(2) 메뉴들이 나타난다.

⑥ 옵션 버튼 <종류>를 누르고 ≪주기≫를 선택한다.

⑦ 옵션 버튼 <뒤로>를 누른다.

⑧ 위에서 3번째 옵션 버튼을 누르면 측정(3) 메뉴들이 나타난다.

⑨ 옵션 버튼 <종류>를 누르고 ≪실효치≫를 선택한다.

⑩ 옵션 버튼 <뒤로>를 누른다.

⑪ 위에서 4번째 옵션 버튼을 누르면 측정(4) 메뉴들이 나타난다.

⑫ 옵션 버튼 <종류>를 누르고 ≪첨두치≫을 선택한다.

⑬ 옵션 버튼 <뒤로>를 누른다.

⑭ 맨 아래 옵션 버튼을 누르면 측정(5) 메뉴들이 나타난다.

⑮ 옵션 버튼 <종류>를 누르고 ≪상승시간≫를 선택한다.

⑯ 옵션 버튼 <뒤로>를 누른다.

펄스폭, 상승시간, 하강시간 및 상승펄스 📖 참고

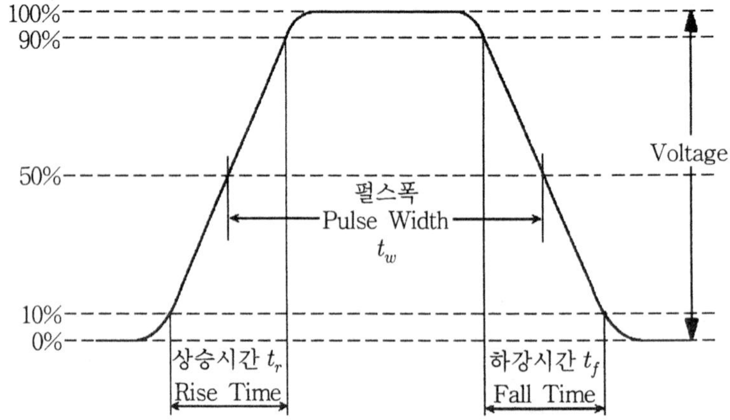

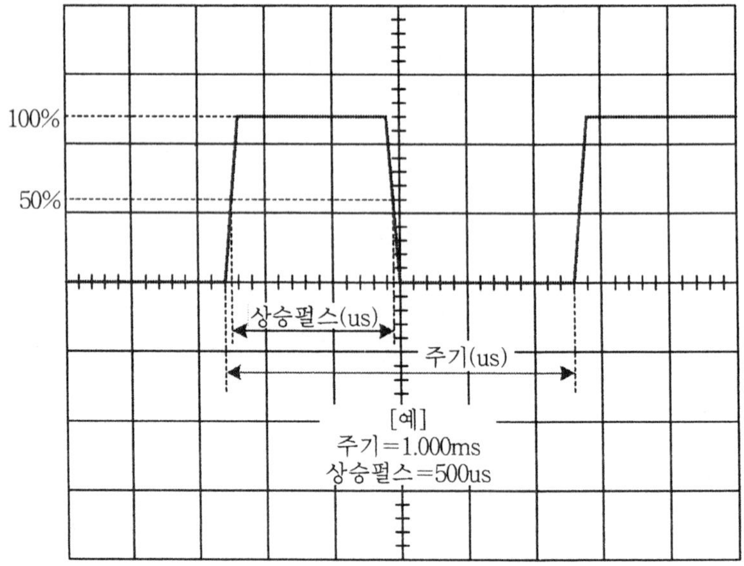

그림 2-3 펄스폭, 상승시간, 하강시간 및 상승펄스

5. 2개의 파형을 관측하기

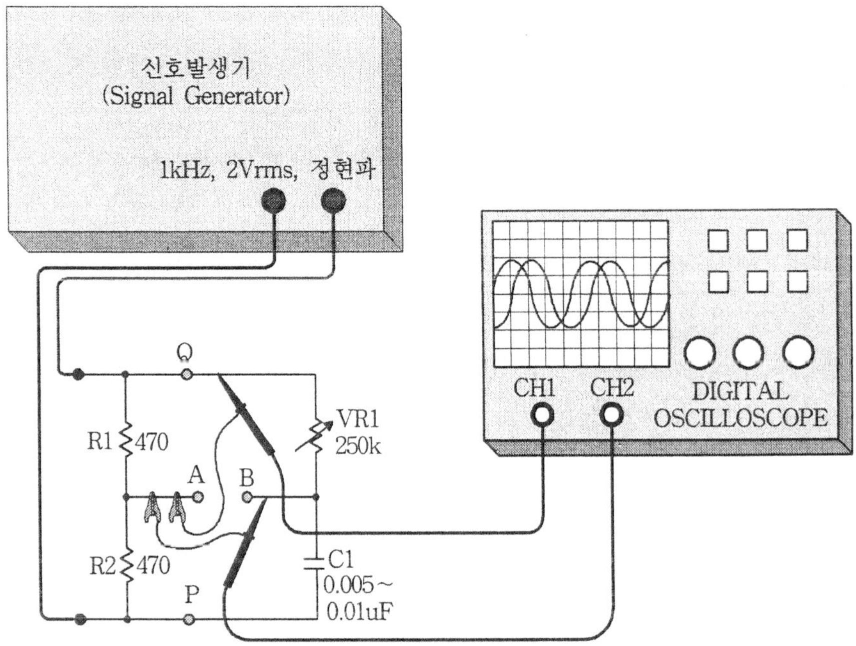

그림 2-4 두 개의 신호를 관측하기 위한 회로 배선

① 그림 2-4와 같은 실험회로를 브레드 보드에 배선한다.

② 오배선 유무를 점검한다.

③ CH1의 프로브를 Q점에, 채널2의 프로브를 B점에 접속한다.

☞ 주의 : 이 때 두 프로브의 악어클립 전극들은 함께 A점에 접속한다.

④ [CH1 메뉴]와 [CH2 메뉴] 버튼을 누른다.

⑤ <[AUTOSET]> 버튼을 누른다.

⑥ Sigal generator의 출력이 <정현파, 1kHz, 2V(rms)>가 되도록 조절한다.

⑦ CH1의 [위치(position)], CH2의 [위치(position)] knob들을 조절하여 두 파형을 동일 수평 기준선에 맞추어 그림 2-4와 같이 관측되도록 한다.

⑧ VR1을 돌려 두 파형의 위상차가 최소에서 최대까지 원활하게 변화되는가를 확인한다.

6. 2개의 파형에 대한 자동 측정법

① [MEASURE] 버튼을 눌러 화면 우측에 측정 메뉴들을 표시한다.
② 옵션 버튼 중에서 위에서 첫 번째 것을 누르면 측정 (1) 메뉴들이 나타난다.
③ <신호원> 옵션 버튼을 누르고 <CH1>을 선택한다.
④ <종류> 옵션 버튼을 누르고 ≪첨두치≫혹은 ≪주기≫를 선택한다.
⑤ <뒤로> 옵션 버튼을 누른다.
⑥ 위에서 2번째 옵션 버튼을 누르면 측정 (2) 메뉴들이 나타난다.
⑦ <신호원> 옵션 버튼을 누르고 <CH2>를 선택한다.
⑧ <종류> 옵션 버튼을 누르고 ≪첨두치≫ 혹은 ≪주기≫를 선택한다.
⑨ <뒤로> 옵션 버튼을 누른다.

7. 커서 측정법

(1) 절대차 시간 측정(위상차 측정에 응용)

① [CURSOR] 버튼을 누른다.
② <종류> 옵션 버튼을 누르고 <시간>을 선택한다.(참고 : 이 때 <전압>을 선택하면 수평커서가 나타나고 전압측정 모드로 된다.)
③ <신호원> 옵션 버튼을 누르고 <CH1>을 선택한다.
④ <커서 1>(CH1의 조절 knob) 놉을 돌려 <수직 커서>를 첫번째 위치에 놓는다.
⑤ <커서 2>(CH2의 조절 knob) 놉을 돌려 <수직 커서>를 두번째 위치에 놓는다.
☞ 커서 메뉴에 <절대차 시간>과 <주파수>(두 커서간 파형의 주파수)가 나타난다.

(2) 전압 측정

① [CURSOR] 버튼을 누른다.
② <종류> 옵션 버튼을 누르고 <전압>을 선택한다.
③ <신호원> 옵션 버튼을 누르고 <CH1>을 선택한다.
④ <커서 1>(CH1의 조절 knob) 놉을 돌려 <수평 커서>를 첫번째 위치에 놓는

다.

⑤ <커서 2>(CH2의 조절 knob) 놉을 돌려 <수평 커서>를 두번째 위치에 놓는다.

☞ 커서 메뉴에 전압 측정치가 나타난다.

8. 디지털 오실로스코프 실험

(1) 1개의 파형을 관측하는 실험

① 그림 2-2와 같이 디지털 오실로스코프와 신호발생기를 접속한 후 신호발생기를 조절하여 디지털 오실로스코프의 화면 상에 다음과 같은 파형이 디스플레이 되도록 하고 그 파형을 기록한다.**(실험결과 1)**

㉠ 파형 : 정현파

㉡ 주파수 : 1kHz

㉢ 전압 : 실효치 1V

② 위의 파형에 대하여 다음 사항을 자동 측정법으로 측정하여 실험보고서에 기록한다.**(실험결과 2)**

㉠ 파형의 주기

㉡ 파형의 첨두치

③ 디스플레이 되는 파형을 구형파로 전환한 후 자동 측정법으로 다음의 사항을 측정하여 실험보고서에 기록한다.**(실험결과 3)**

㉠ 상승시간

㉡ 상승펄스

(2) 2개의 파형을 관측하는 실험

① 파형발생기를 조절하여 출력 파형을 정현파, 1kHz, 2V(rms)가 되도록 한다.
(이 때 출력 파형의 주파수, 전압 등은 자동 측정법을 이용하여 측정한다.)

② 그림 2-4와 같은 실험회로를 브레드 보드에 배선한다.

③ VR1으로 두 파형의 위상차를 적당히 조절하여 오실로스코프의 화면 상에 2개의 파형이 디스플레이 되도록 한다.

④ 화면 상의 두 파형을 보고서에 기록하고, 커서 측정법을 이용하여 두 파형간의 위상차를 구한다.**(실험결과 4)**

㉠ 두 파형간의 위상차=(　　　　　)

<커서 측정법>의 <절대차 시간>을 이용하여 위상차 계산하기 —— 참고

① <커서 측정>법이나 법으로 파형 1의 <주기>를 측정한다.

② <커서 측정>법으로 두 파형간의 <절대차 시간>을 측정한다.

③ 주기 : 절대차 시간=360 : 위상차(x°)

실 험 보 고 서

일시 :			
학과 :	조 :	학번 :	성명 :

실험 제목 : 디지털 오실로스코프 사용법 실험

1. 실험결과 1

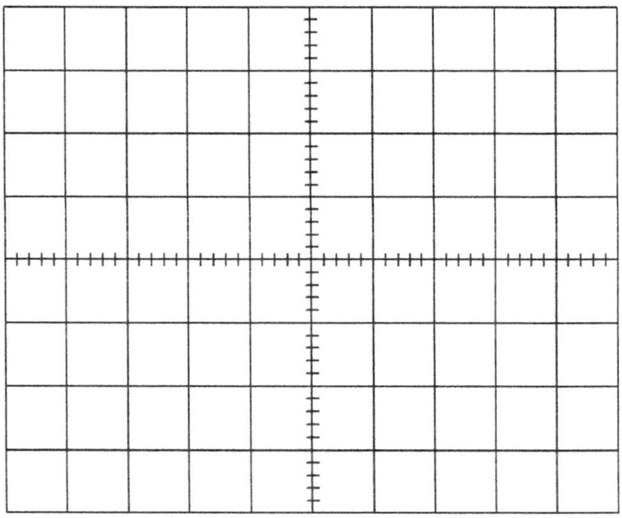

V/div : S/div :

2. 실험결과 2

① 파형의 주기 :

② 파형의 첨두치 :

3. 실험결과 3

① 상승시간 :

② 상승펄스 :

4. 실험결과 4

① 디스플레이된 2개의 파형

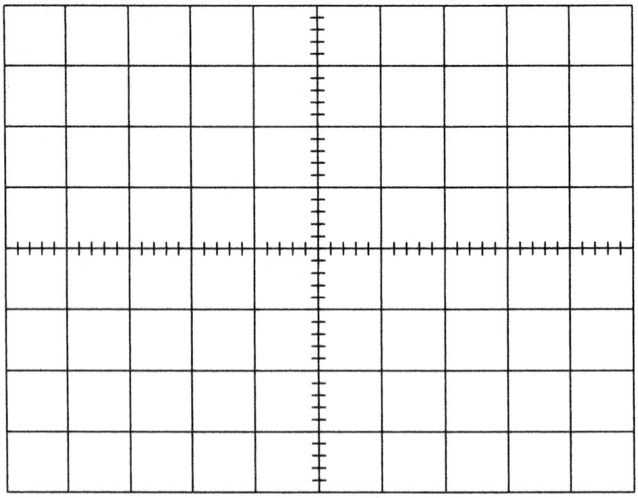

위상차가 있는 2개의 정현파

CH1

VOLTS/DIV＝____________

SEC/DIV＝____________

CH2

VOLTS/DIV＝____________

SEC/DIV＝____________

② 두 파형 간의 위상차 :

제3장

PWM 제어회로 실험

1. PWM 제어회로

인버터, 컨버터 등의 전력변환장치에서는 부하 변동에 따른 출력의 변동을 억제하고 출력전압을 안정시키기 위해서 부궤환회로가 필요하게 된다. 부궤환 제어회로의 대표적인 예로서는 펄스폭 변조(Pulse Width Modulation : PWM) 방식을 채택한 PWM 제어회로를 들 수 있다. 그림 3-1은 PWM 제어회로를 포함한 전력변환장치의 블록선도를 나타내고 있다. PWM 제어회로는 기본적으로 출력전압의 오차를 검출하여 증폭하는 오차증폭기(Error Amp), 톱니파 발생회로, 검출된 오차전압과 톱니파를 비교하여 PWM 펄스를 발생시키는 비교기(Comparator) 등으로 구성된다.

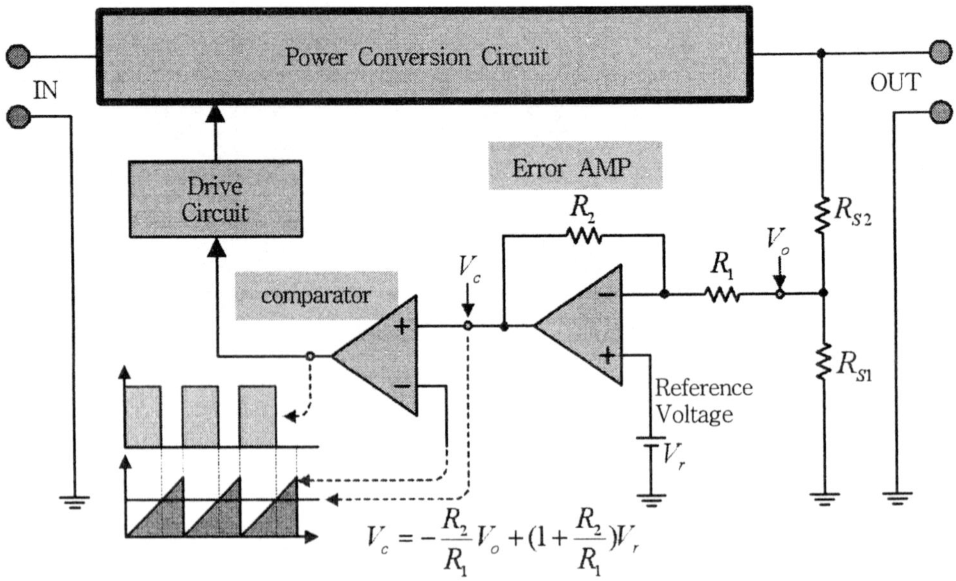

그림 3-1 PWM 제어회로를 포함한 전력변환장치의 블록선도

PWM 제어회로의 동작은 우선 출력전압과 기준전압을 비교하여 생긴 오차를 오차 증폭기로 증폭한다. 이 증폭된 전압은 비교기에서 톱니파와 비교하여 오차에 대응하는 구형파 펄스를 만들어낸다. 이 구형파 펄스는 구동회로를 통하여 제어하고자 하는 전력변환장치의 스위칭 소자들을 구동하게 되고 장치의 출력전압을 안정시키게 된다.

출력 전압이 규정된 값보다 저하했을 때는 저하된 분만큼 오차 증폭기 및 비교기를 통하여 구형파 펄스폭인 DTs를 크게 해줌으로써 출력 전압의 저하를 보상해준다. 반대로 출력 전압이 규정값보다 상승했을 때는 동일한 방법으로 구형파 펄스폭 DTs를 줄여 출력 전압을 내리고 규정값으로 되돌아오게 한다.

출력 전압의 오차분에 상응하여 펄스폭을 조정하기 때문에 이러한 제어 방법을 펄스폭 변조(PWM)에 의한 제어회로라고 부른다.

반도체 집적 회로 기술의 발달로 이 제어 회로의 모든 회로를 하나의 IC 칩 속에 집적화시킨 PWM 제어용 IC가 제작되어 현재 널리 시판되고 있으며 그 대표적인 예로서 TL494, SG3525 및 UC3842 등을 들 수 있다.

부하가 변화할 때 출력전압을 일정하게 유지시키려면 부하변화에 대응하는 듀티사이클 D를 변화시켜야 하는데 이러한 제어를 PWM 제어회로가 담당하게 된다.

그림 3-1의 PWM 제어회로 중 오차 증폭기 회로는 기본적으로 기준전압 Vr, 궤환저항 R_1 및 R_2를 이용한 반전증폭회로이다. 여기에 안정성 보상을 위해서 R 및 C의 조합회로를 사용하는 경우가 많다. 오차 증폭기의 출력전압은 다음과 같이 된다.

$$V_c = -\frac{R_2}{R_1} V_0 + (1 + \frac{R_2}{R_1}) V_r \tag{3-1}$$

그림 3-2는 비교기의 회로를 나타낸다. 오차 증폭기의 출력 V_c와 톱니파가 비교기에서 비교되어 그림과 같은 구형파 펄스 파형 V_d를 생성한다. 이 그림에서 알 수 있듯이 이 때 톱니파의 주파수에 의해 PWM 주파수가 결정된다.

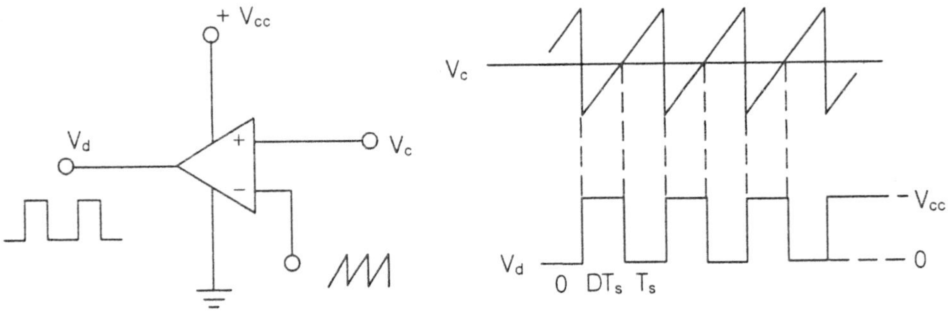

그림 3-2 비교기의 동작

2. TL494에 의한 PWM 제어회로

콤퍼레이터를 사용한 PWM 회로에 의한 스위칭 레귤레이터용 IC로서 MC3420, SG3524, μPC1042, TL494 등 많은 IC가 있다. 이러한 IC에도 각각 특징이 있지만 실제의 응용에는 불편한 IC도 있으며, 현재 거의 사용되고 있지 않는 것도 있다. 여기서는 가장 대표적인 TL494 타이프의 IC에 대하여 설명한다. 이 IC는 그림 3-3에 든 바와 같이 3각파 발진기 OSC와 2개의 콤퍼레이터 CMP1, CMP2, 또한 2개의 오차 증폭기 A1 및 A2, 5V의 기준전압원으로 구성되고 있다. 콤퍼레이터 CMP1은 펄스폭의 최대값을 제한하고 데드타임을 만드는 목적의 콤퍼레이터이고, CMP2는 오차 증폭기에서 출력된 신호로 펄스폭을 제어한다. 이 두 콤퍼레이터의 동작원리는 비슷하며, 그림 3-4의 회로와 타임 차트로 이해할 수 있을 것이다.

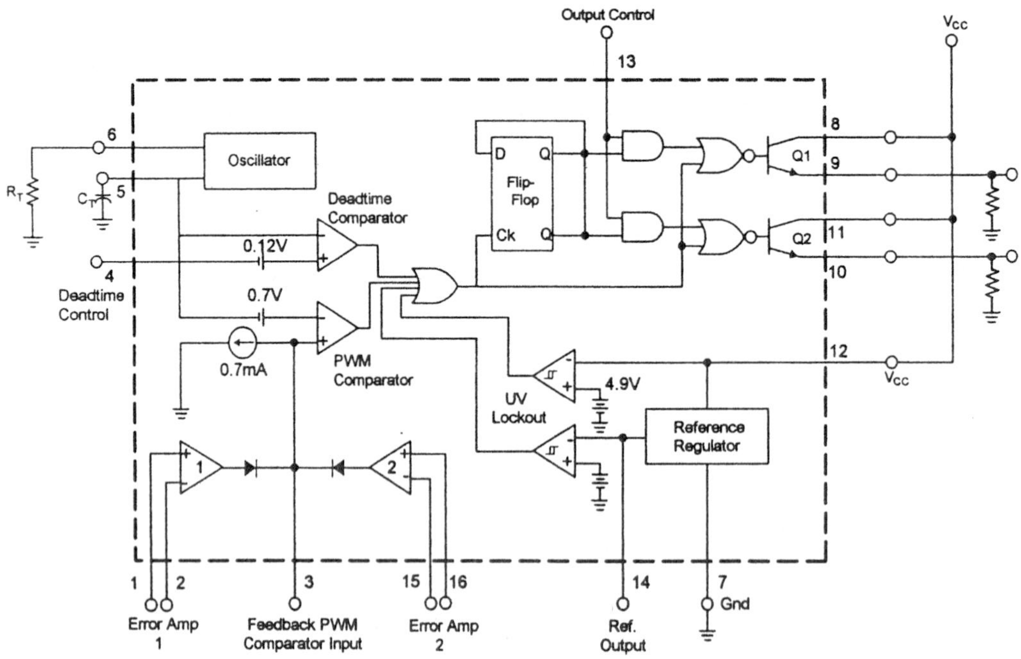

그림 3-3 TL494의 내부 기능 블록도

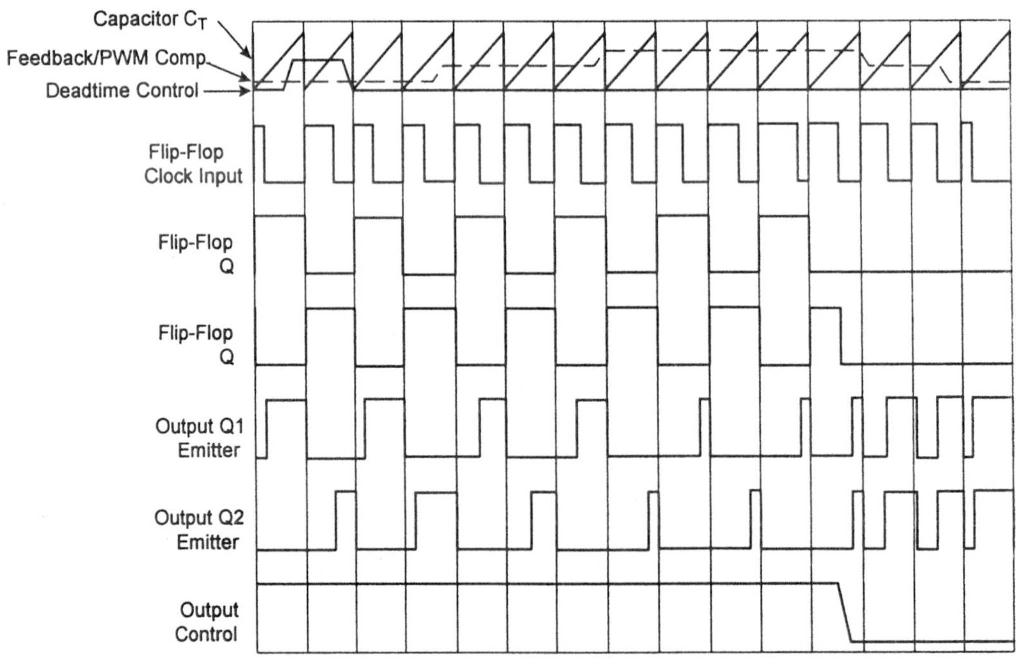

그림 3-4 Timing Diagram

3각파 발진기의 발진주파수 f는 R_T와 C_T 단자에 접속한 저항을 R(kΩ), 콘덴서를 C(μF)로 하면,

$$f \fallingdotseq \frac{1.2}{CR}\text{kHz} \qquad (3\text{-}2)$$

가 된다. 이 발진주파수는 플립플롭이 동작하면 1/2이 되므로, 푸시풀 동작의 경우는 식 (3-2)의 1/2이 된다. 플립플롭 회로는 그림 3-5에 든 바와 같이, D 타이프의 플립플롭인데 펄스입력의 상승에 동기해서 동작한다. OUT PUT CONTROL 단자는 이 플립플롭의 전원단자이며, 이 단자가 어스 레벨에 있을 때는 플립플롭용 트랜지스터 Q_1 및 Q_2에는 전원전압이 공급되지 않으며 Q 및 $\overline{Q}$의 출력은 같은 상이 되고 식 (3-2)의 f와 동일한 주파수로 출력한다.

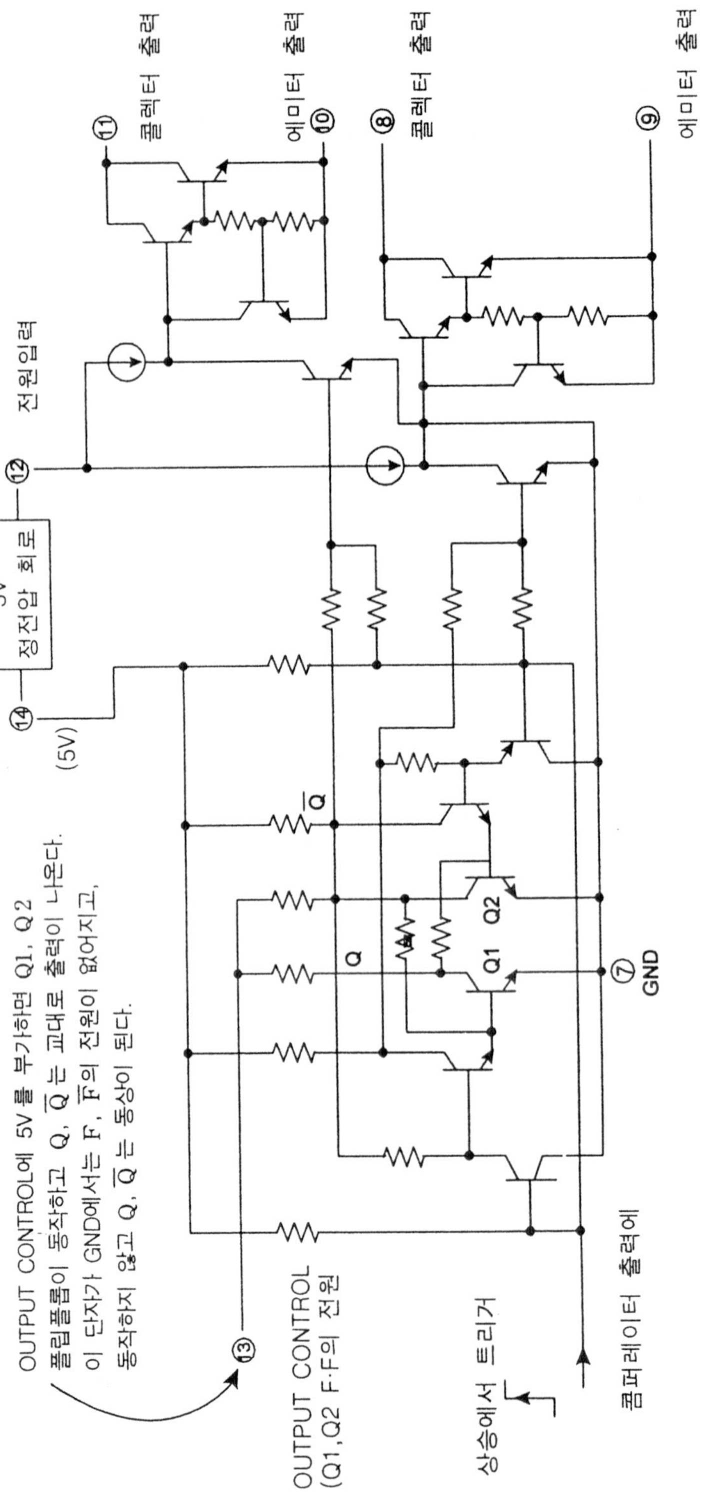

그림 3-5 TL494의 플립플롭회로와 출력회로

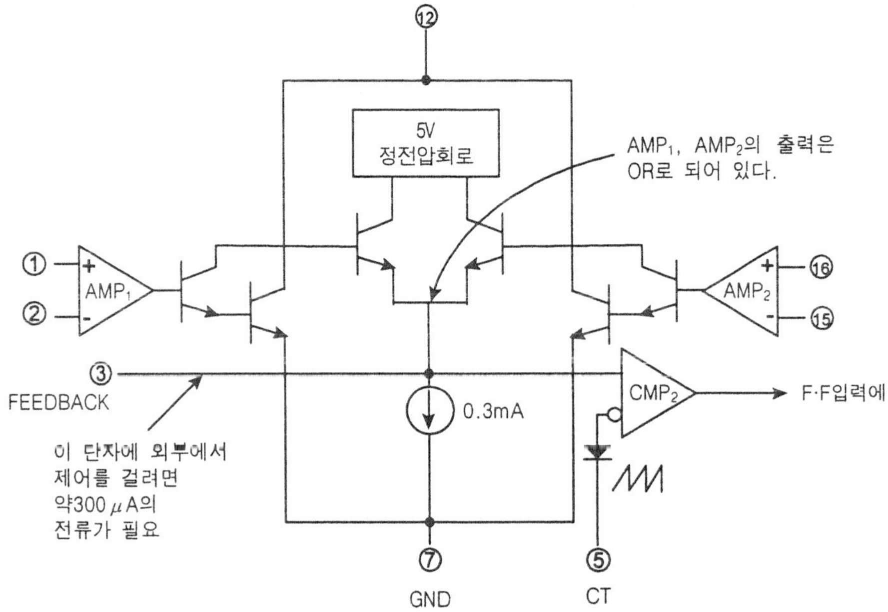

그림 3-6 TL494의 Error Amp 출력회로

그림 3-6은 TL494의 오차 증폭기의 출력회로를 나타낸 그림이다. 이 그림과 같이 2개의 증폭기의 출력은 OR 접속되고, 출력이 높은 쪽이 FEED BACK 단자에 출력되어 콤퍼레이터의 입력신호로 되어 있다. 또한, FEED BACK 단자는 약 0.3mA의 정전류원으로 어스측에 연결되어 있다. 그림 3-7은 오차 증폭기의 센싱 기법을 나타낸 것이다.

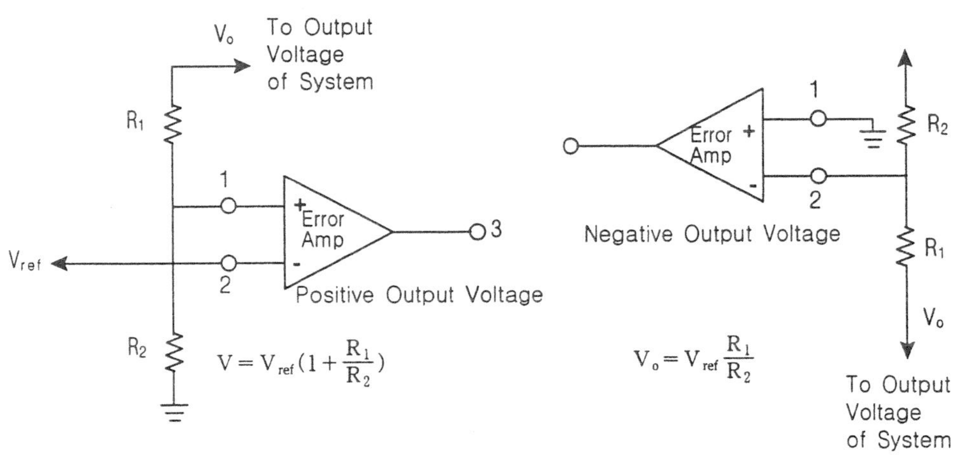

그림 3-7 Error Amp의 Sensing 기법

그림 3-8과 그림 3-9는 TL494를 이용하여 buck 컨버터와 push-pull 컨버터에 적용한 것으로 이 IC의 실제응용 예를 나타내고 있다.

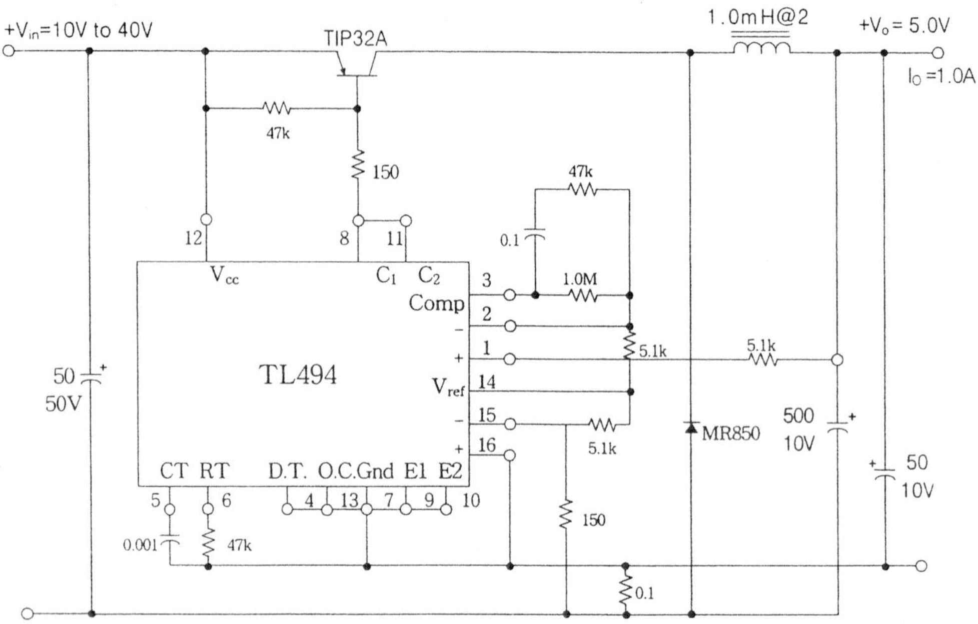

Test	Conditions	Results
Line Regulation	Vin=8.0V to 40V	3.0mV 0.01%
Load Regulation	Vin=12.6V, I_O=0.2mA to 200mA	5.0mV 0.02%
Output Ripple	Vin=12.6V, I_O=200mA	40mVpp P.A.R.D
Short Circuit Current	Vin=12.6V, R_L=0.1Ω	250mA
Efficiency	Vin=12.6V, I_O=200mA	72%

그림 3-8 TL494를 이용한 Buck 컨버터 회로

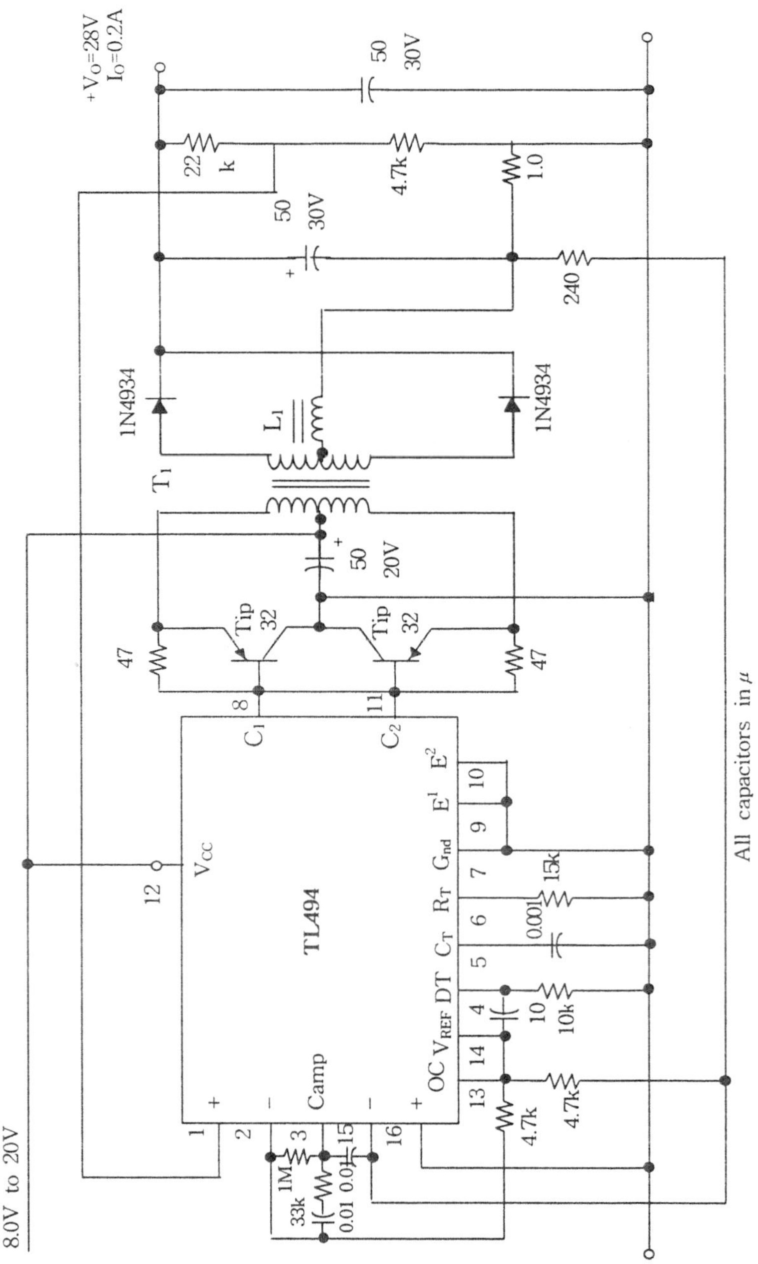

그림 3-9 PWM push-pull 컨버터

3. PWM 제어 보드의 제작

(1) TL494를 이용한 PWM 제어 보드의 회로도

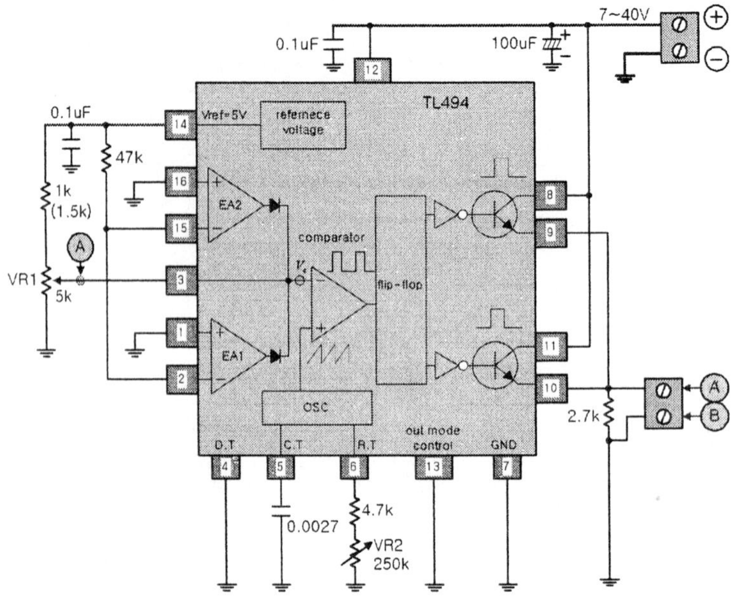

그림 3-10 TL494를 이용한 PWM 제어 보드 회로

(2) PWM 제어 보드 기판

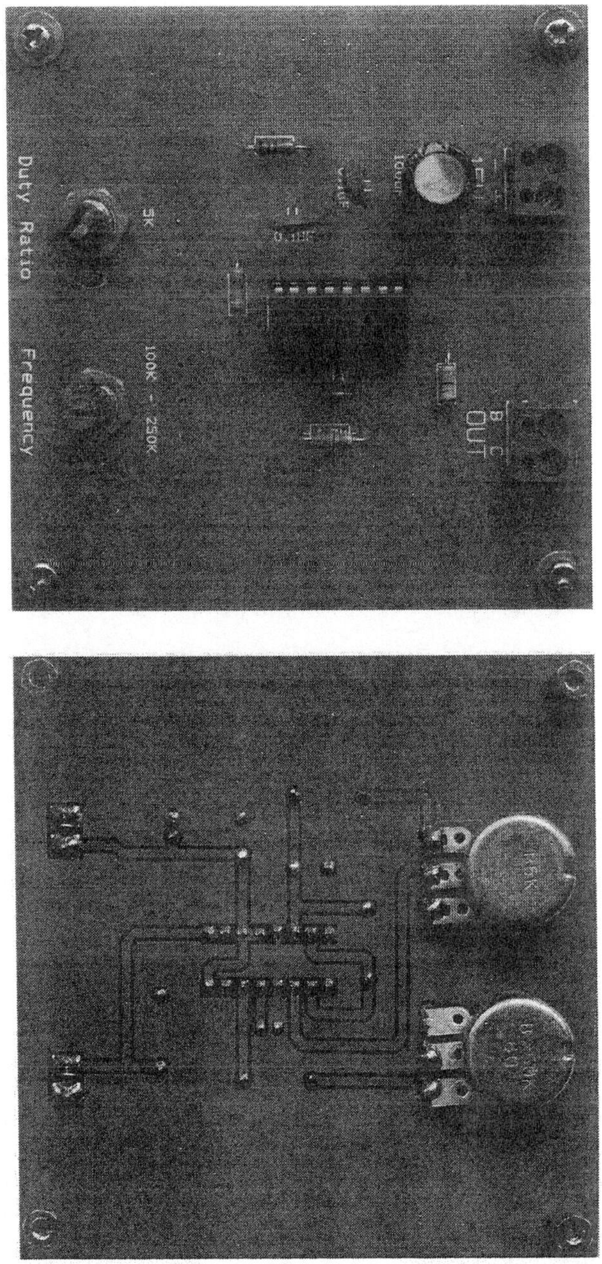

그림 3-11 TL494 PWM 제어 보드의 PCB 제작품

4. 실험에 사용하는 장비 및 부품

품명	규격	수량
오실로스코프		1
디지털 테스터		1
직류전원장치	15V, 3A	1
PWM 제어 보드	그림 3-10, 그림 3-11	1
저항류	각종	다수
커패시터류	각종	다수
만능기판 또는 PCB		1
납		약간
칼라 배선		약간
기타		

5. 실험 방법 및 순서

① 그림 3-10의 회로를 PCB 기판을 이용하여 그림 3-11과 같은 <PWM 실험보드>로 제작한다.(기판을 제작하지 않고 브레드 보드 배선을 이용하여도 무방함)

② PWM 실험보드와 오실로스코프간을 그림 3-12와 같이 연결한다.

③ PWM 실험보드에 12V의 전원을 극성에 유의하여 접속한다.

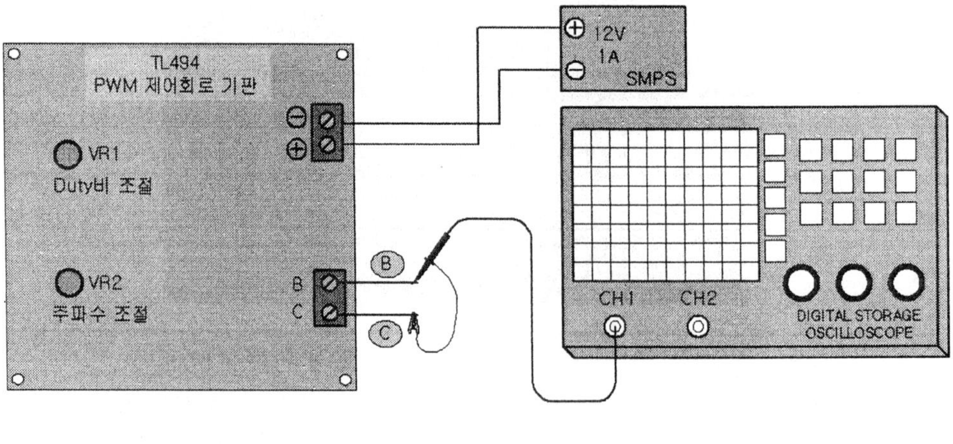

그림 3-12 TL494 PWM 제어회로 보드와 오실로스코프의 접속

④ VR2를 조절하여 출력 파형의 주파수가 가변되는가 확인한다.

⑤ VR2를 조절하여 다음 사항을 실험한다.(**실험결과 1**)

㉠ PWM 출력 파형의 최저 주파수를 조사하여 기록한다.

㉡ PWM 출력 파형의 최고 주파수를 조사하여 기록한다.

⑥ VR2를 조절하여 출력 주파수를 30 kHz가 되게 조절한다.

⑦ VR1을 조절하여 출력 파형의 듀티사이클이 최소에서 최대까지 원활하게 제어되는가를 확인한다.

⑧ VR1을 조절하여 다음 사항을 실험한다.(**실험결과 2**)

㉠ 출력 파형 듀티사이클의 최소값을 조사하여 기록한다.

㉡ 출력 파형 듀티사이클의 최대값을 조사하여 기록한다.

⑨ VR2를 조절하여 출력 주파수를 50 kHz가 되게 조절한 후 다음을 실험한다.(**실험결과 3**)

㉠ VR1을 조절하여 PWM 파형의 듀티사이클이 50 %가 되도록 조절하여 관측하고 파형을 기록한다.

실 험 보 고 서

일시 :			
학과 :	조 :	학번 :	성명 :

실험 제목 : PWM 제어회로 실험

1. 실험결과 1

① PWM 파형의 최저 주파수 :

② PWM 파형의 최고 주파수 :

2. 실험결과 2

① PWM 파형 듀티사이클의 최소값 :

② PWM 파형 듀티사이클의 최대값 :

3. 실험결과 3

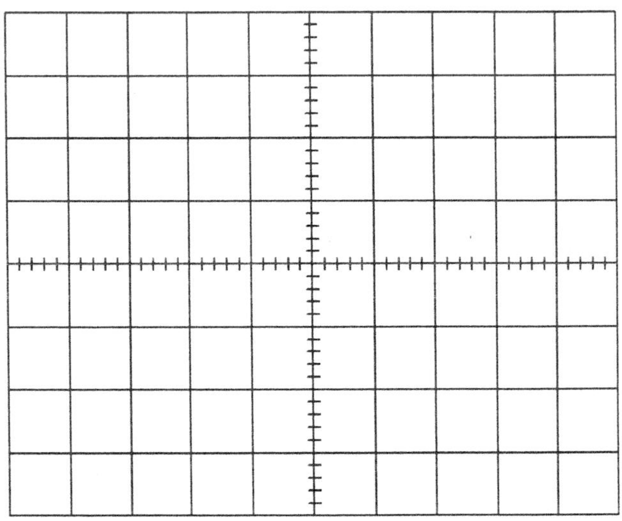

V/div : S/div :

POWER MOSFET 구동 실험

제4장

1. Power MOSFET의 특성

MOSFET는 베이스 전류에 의해 컬렉터 전류를 제어하는 전류 제어 소자인 BJT와는 달리 게이트-소스간 전압에 의하여 드레인 전류를 제어하는 전압 제어 소자이다. 스위칭 속도도 매우 높아서 스위칭 시간이 ns정도이다. 따라서 전력변환 장치의 주스위칭 소자로의 응용이 폭넓게 이루어지고 있다. 단, 정전기에 약하다는 단점이 있으므로 취급하는데 주의를 요한다.

파워 MOSFET의 일반적인 특징은 다음과 같다.

- MOS형 FET는 기본적으로 다수 캐리어 디바이스이다. 따라서 소수 캐리어 디바이스인 바이폴러 트랜지스터와는 크게 다르다.
- MOS형 FET는 바이폴러 트랜지스터와 같이 전류로 제어하는 것이 아니라 게이트-소스간에 인가하는 전압에 의해서 제어하는 전압제어형 디바이스이다.
- 다수 캐리어 디바이스이기 때문에 캐리어의 축적효과에 의한 축적시간이 없고 고주파의 스위칭 동작이 가능하다.
- 바이폴러 트랜지스터에서는 고전압 영역에서 발생하는 전류 집중에 의해서 설명되는 2차 항복 현상으로 정크션 파괴가 일어나기 때문에, 소자의 사용에 있어서 충분히 딜레이팅이 취해지고 있다. 한편, 파워 MOSFET는 부의 온도 계수를 갖고 있어 2차 항복 현상이 일어나기 어렵고 파괴에 강하므로 최대정격 한도까지 허용할 수 있다.
- 파워 MOSFET를 스위칭 동작에서 사용할 경우 스위치 시간, 즉 상승시간 tr

와 하강시간 t_f가 바이폴러 트랜지스터에 비해서 1자리 이상 빨라진다. 이 때문에 턴 온 손실 및 턴 오프 손실은 거의 무시할 수 있는 값이 된다.

그림 4-1에 MOSFET의 구조와 심벌을 나타내었다.

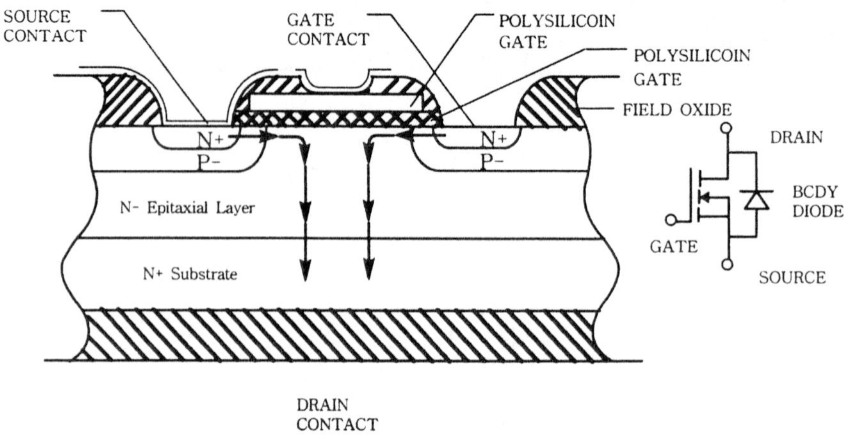

그림 4-1 MOSFET의 구조와 심벌

(1) POWER MOSFET의 주요 용어

① V_{th} 게이트 스레시홀드값 전압

V_{th}스레시홀드 전압으로 편의상 어느 작은 드레인 전류를 흘렸을 경우의 게이트-소스간의 바이어스 전압으로 나타내고 있다. 이제 파워 MOSFET가 컷오프되어 있을 때 게이트-소스간 전압을 $V_{GS(OFF)}$ 또 어느 드레인 전류가 흐르고 있을 경우의 게이트-소스간의 바이어스 전압을 $V_{GS(ON)}$으로 하면

$$V_{GS(OFF)} < V_{th} < V_{GS(ON)} \tag{4-1}$$

의 관계가 성립한다.

② $|Y_{fs}|$: 순방형 전달 어드미턴스

$$|Y_{fs}| = \Delta I_D / \Delta V_{GS} \tag{4-2}$$

$|Y_{fs}|$는 파워 MOSFET의 감도 또는 증폭 능력을 나타낸다.

③ $R_{DS(ON)}$: 드레인-소스간 온 저항

바이폴러 트랜지스터의 컬렉터-이미터간 포화전압 $V_{CE(sat)}$에 대응하는 것으로, 온 상태에서의 소자 손실을 구하는 기준이 되는 것이다.

④ $V_{DS(ON)}$: 드레인-소스간 온 전압

$R_{DS(ON)}$과 마찬가지로 ON 상태에서의 소자 손실이 되는 것으로, 전압값으로 표현한 것이다.

⑤ C_{iss}, C_{rss}, C_{oss} : 커패시턴스

C_{iss}, C_{rss}, C_{oss}는 각각 입력용량, 궤환용량, 출력용량으로 불리고 있다. 이 용량은 파워 MOSFET를 스위칭 동작에서 사용할 경우의 사용 가능한 주파수 또는 스위칭 속도를 제약한다.

이밖에 바이폴러 트랜지스터의 차단 주파수 f_T에 대응하는 것으로서

$$성능지수=|Y_{fs}|/C_{iss}(S^{1}) \qquad (4-3)$$

이 있으나, 보통은 이론 차단 주파수로서,

$$f_{(max)}=|Y_{fs}|/2\pi[C_{iss}+(1+A_v)C_{rss}] \qquad (4-4)$$

가 사용된다.

⑥ 드레인-소스간 전압의 최대 정격

파워 MOSFET의 드레인-소스간 항복전압을 규정하는 방법으로서 게이트-소스간의 바이어스 조건 등에 의해서 4가지로 분류할 수가 있다.

· V_{DSS} : 게이트-소스간 제로 바이어스(첨자의 3번째 "S"가 쇼트(short)를 가리키고 있다)시의 드레인-소스간 전압
· V_{DSX} : 게이트-소스간 역바이어스(예를들면 N채널의 MOSFET 경우에서 $V_G = -3V$ 등의 전압을 인가했음)시의 드레인-소스간 전압
· V_{DSR} : 게이트-소스간을 저항으로 션트했을 경우의 드레인-소스간 전압(첨자의 3번째 "R"이 션트 저항을 가리키고 있다.)

파워 MOSFET가 완전한 인핸스먼트 타입일 경우, 위 3종류의 내압 모드 중에서 $V_{DSS} \fallingdotseq V_{DSX}$ 관계가 성립한다. 또 게이트-소스간에 어떤 크기의 저항을 삽입하고 드레인-소스간 항복전압(V_{DSR} 모드)을 측정해도 V_{DSX} 모드는 거의

차이가 없다.

$V_{DSS} \fallingdotseq V_{DSX} \fallingdotseq V_{DSX}$라는 관계가 성립한다.

따라서 최대정격으로 규정되는 값 V_{DSX}보다 큰 드레인-소스간 항복전압의 규정방법은 존재하지 않는다. 즉, V_{DSX}의 값은 순간적이라고 해도 초과하지 않도록 주의할 필요가 있다.

· V_{DSO} : 게이트가 오픈 상태에서 드레인-소스간 전압 이 모드에 대해서 파워 MOSFET 자신의 입력 임피던스가 매우 높기 때문에 정전기의 유도 등에 의해서 게이트-소스간이 바이어스되어 ON 상태로 되는 일이 있다.

⑦ 게이트-소스간 전압의 최대 정격

V_{GSS} : 드레인-소스간을 쇼트했을 경우의 드레인-소스간 전압 V_{GSS}는 게이트 산화막의 내량에 기인한다. MOSFET에서는 실용적인 전압의 크기 또는 신뢰성을 고려해서 ±20V를 최대 정격으로 하고 있다.

(2) 파워 MOSFET의 정전용량 특성

파워 MOSFET에는 게이트가 실리콘 산화막에 의해서 완전히 절연되어 있는 구조이기 때문에 드레인, 게이트, 소스의 각 단자간에는 그림 4-2와 같은 용량이 있다.

게이트 전극의 구조에서 게이트-드레인간의 용량 C_{gd}와 게이트-소스간 용량 C_{gs}가 결정된다. 또한 드레인-소스간에는 그 구조에 의거한 PN 접합부의 접합 용량에 의해 용량 C_{ds}가 결정된다.

파워 MOSFET에서는 입력용량 $C_{iss}=C_{gd}+C_{gs}$, 출력용량 $C_{oss}=C_{ds}+C_{gd}$ 및 궤환용량 $C_{rss}=C_{gd}$가 중요한 항목이다.

파워 MOSFET의 드레인에서는 입력용량 C_{iss}와 드라이브 회로의 임피던스와의 균형이 중요하다. 이 입력용량을 충전하기 위하여 게이트-소스 간에는 게이트 전류가 순간적으로 흐른다. 이 때문에 드라이브 회로의 임피던스가 낮을수록 스위칭 속도는 빨라진다.

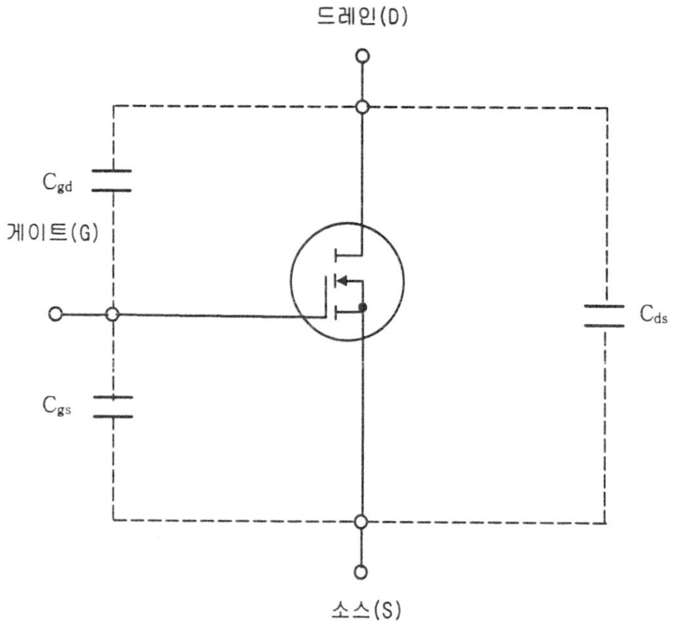

그림 4-2 POWER MOSFET의 정전용량

(3) 파워 MOSFET의 스위칭 특성

파워 MOSFET가 다수 캐리어 디바이스이기 때문에 나타나는 현저한 특성은 스위칭 특성이다. 바이폴러 트랜지스터에 비해 매우 빠르고 고주파 동작이 우수하다. 이 특성을 살려서 고속 스위칭 레귤레이터(f_0=100~300kHz)나 모터 컨트롤 등에 응용되고 있다.

이 소자는 앞의 특징에서 설명한 것처럼 축적 시간이 존재하지 않는다. 또, 온도 변화에 대해서 용량의 온도 의존성이 없으므로 스위칭 특성은 온도에 의한 영향을 거의 받지 않게 된다.

스위칭 시간의 입출력파형에 있어서 기호의 정의에 대하여 설명한다.

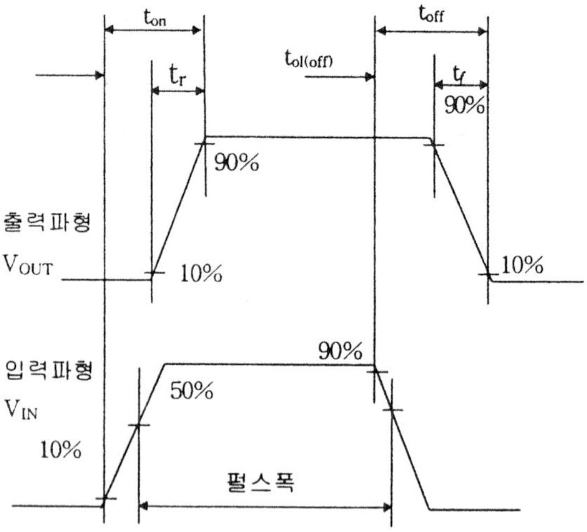

그림 4-3 스위칭 파형

· $t_{d(on)}$: 턴 온 지연시간(delay time)

입력용량 C_{iss}를 게이트 스레시홀드값 전압 V_{th}까지 끌어올리는데 소요되는 충전시간.

· t_r : 상승시간(rise time)

입력용량에 충전된 전하에 기인하여 게이트-소스간 전압을 게이트 스레시홀드값 전압 V_{th}에서 직선영역 및 포화영역 사이의 특징 V_{GS} 레벨까지 끌어올리는데 요하는 충전 시간.

· $t_{d(off)}$: 턴 오프 지연시간

입력용량에 충전된 전하에 기인한 전위를 포화영역의 구동전압으로 직선영역의 규정된 V_{GS} 레벨까지 끌어내리는데 요하는 방전시간.

· t_f : 하강시간(fall time)

입력용량에 충전된 전하에 기인한 전압을 포화영역의 구동전압으로 게이트 스레시홀드값 전압 V_{th} 레벨까지 끌어내리고, 출력전압을 공급전압까지 끌어올리는데 요하는 시간.

스위칭 시간은 이상과 같이 4가지 시간으로 나눌 수 있다. 또 턴 온 지연시간 $t_{d(on)}$과 상승시간 t_f의 합을 취해 t_{on}으로, 턴 오프 지연시간 $t_{d(off)}$과 하강시간 t_f의 합을 t_{off}로 나타낸다.

$$t_{d(on)} + t_r = t_{on}, \qquad t_{d(off)} + t_f = t_{off} \tag{4-5}$$

2. Power MOSFET의 구동

파워 MOSFET는 일반 바이폴러 트랜지스터 대용으로도 사용할 수 있을 것을 전제로 하고 있기 때문에, 응용상 바이어스 회로 설계가 용이한 인핸스먼트형으로서 만들어지고 있다. 인핸스먼트형 MOSFET는 게이트-소스간의 바이어스 전압을 부여했을 때에만 통전 상태가 되므로 바이폴러 트랜지스터와 마찬가지로 취급할 수가 있다.

(1) 파워 MOSFET의 기본 구동회로

그림 4-1에 인핸스먼트형 MOSFET의 기호를 나타내있고, 그림 4-4는 N채널 파워 MOSFET의 기본 구동회로를 나타낸 것이다. 기본적으로 바이폴러 트랜지스터와 마찬가지로 바이어스 전압을 부여했을 때의 동작상태가 된다.

현재, 파워 MOSFET는 고속 스위칭용이 많이 상품화되어 있으나, PWM 제어처럼 on/off로 사용할 경우는 게이트 바이어스 전압이 정상태 또는 부상태에서 사용한다.

이제, 온일때를 고찰해 보면 바이폴러 트랜지스터의 컬렉터-이미터간 포화전압 ($V_{CE(SAT)}$/컬렉터 전류 I_C)에 상당하는 것이 온 저항 $R_{DS(on)}$이다. 온 저항은 드레인 전류 I_D 측정 포인트에 있어서의 드레인-소스간 전압 $V_{DS(on)}$을 저항분으로 나타낸 것으로,

$$R_{DS(on)} = \frac{V_{DS(on)}}{I_D} \tag{4-6}$$

로서 산출된다. 물론 온 저항이 작은 것일수록 저손실이라 할 수 있다. ON 저항을 말할 경우 그 측정으로 전술한 드레인 전류와 게이트 바이어스 전압이 주어지지 않으면 안 된다. 특히 게이트 바이어스 전압은 온 저항값을 바꾸는 중요한 파라미터이다.

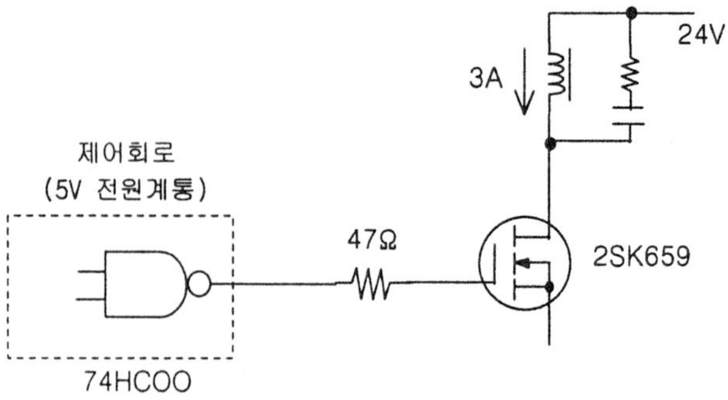

그림 4-4 고속 C-MOS IC에 의한 MOSFET의 구동

일반 POWER MOSFET의 바이어스 전압은 10V계라 부르고, 게이트 바이어스 전압 10V 이상에서 드레인-소스간이 포화영역으로 들어간다. 그러나 최근 NEC 등에서 제품화된 4V 구동 파워 MOSFET는 4V의 게이트 바이어스 전압에서 포화영역으로 들어간다. 이와같은 4V계 게이트 구동 MOSFET는 그림 4-4와 같이 구동회로를 간략화 할 수 있다.

그림 4-5는 POWER MOSFET의 게이트 구동 회로들의 예를 나타낸 것이다. MOSFET를 고속으로 구동시키기 위해서는 구동회로의 출력 저항을 낮게 해주는 전류 증폭 회로를 부가하여 피크 전류의 크기를 증가시키는 것이 좋다. 그림 4-6에 나타내는 BJT 또는 MOSFET의 콤플리멘터리 push-pull에 의한 전류 증폭 회로가 이에 해당한다. BJT에 의한 전류 증폭 회로의 출력 임피던스는 $(R_G+h_{ie})/(h_{fe}+1)$, MOSFET에 의한 회로의 출력 임피던스는 $R_{DS(on)}$이 된다.

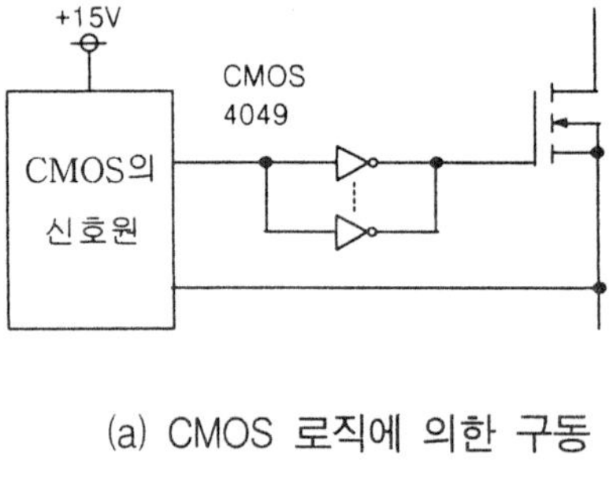

(a) CMOS 로직에 의한 구동

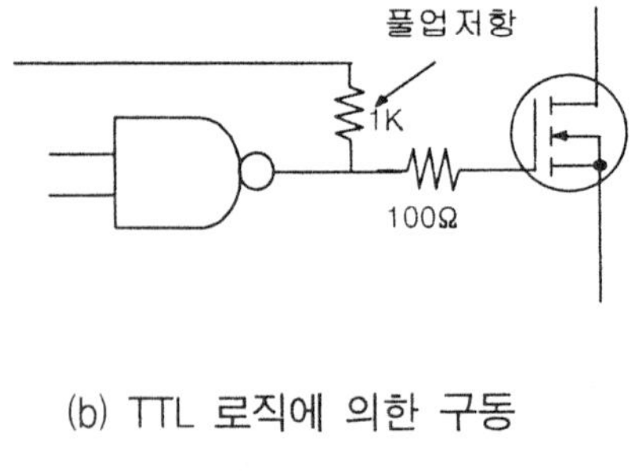

(b) TTL 로직에 의한 구동

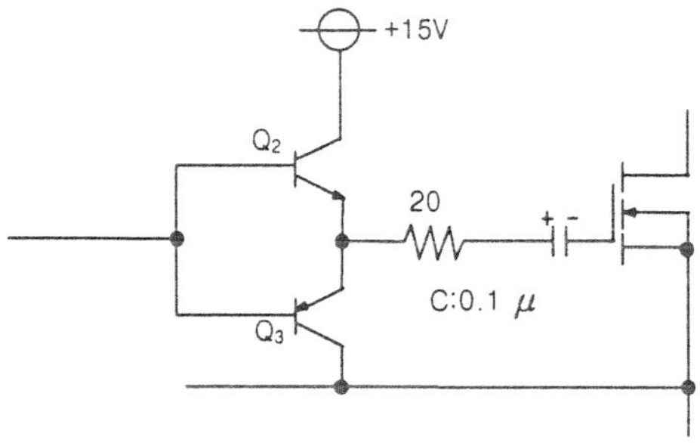

(c) 커패시터에 의한 역바이어스 방식

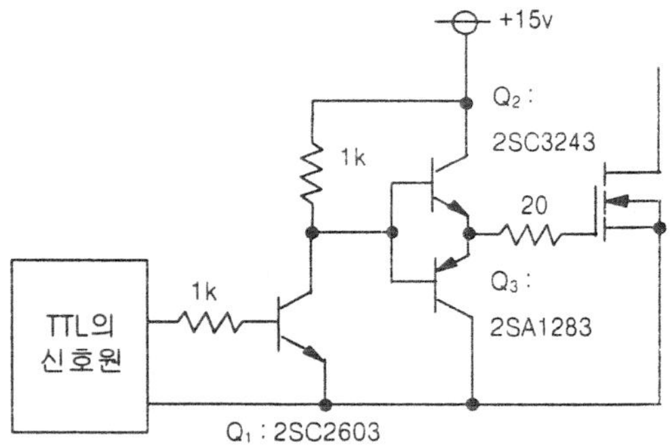

(d) TR에 의한 구동(단전원)

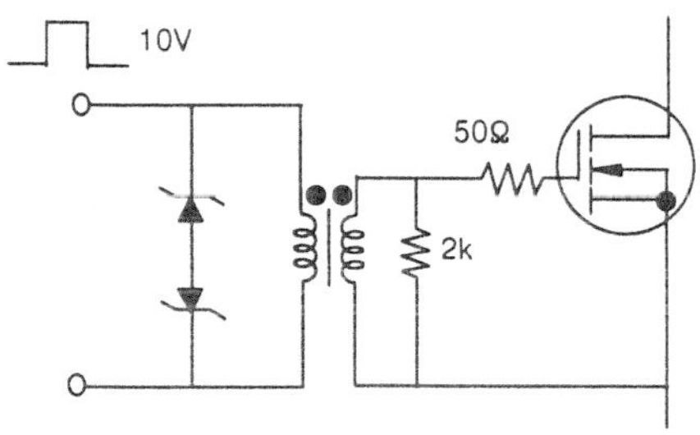

(e) 펄스 트랜스 방식

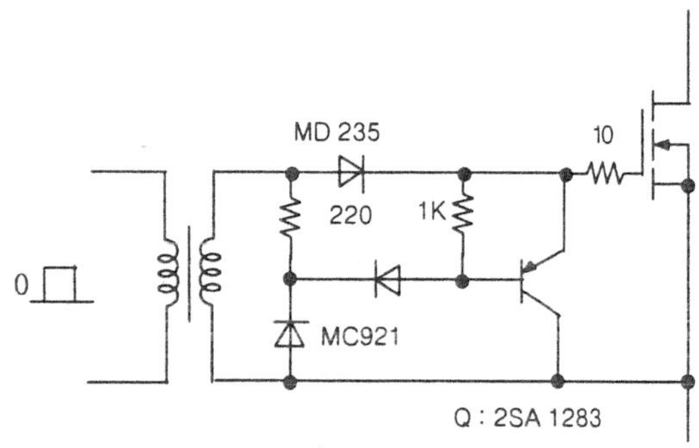

(f) 펄스 트랜스 방식

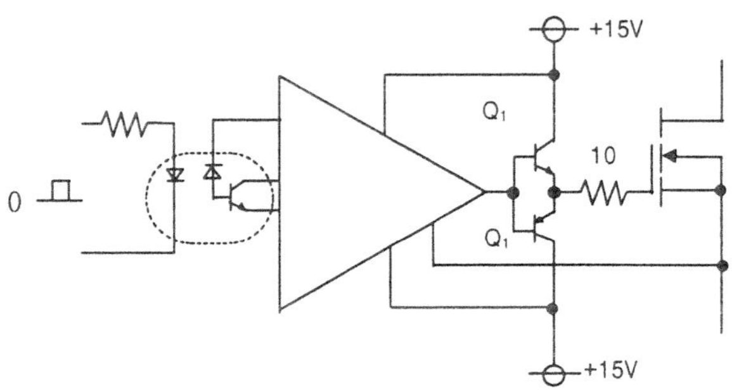

(g) 포토커플러 절연방식

그림 4-5 POWER MOSFET의 게이트 구동회로

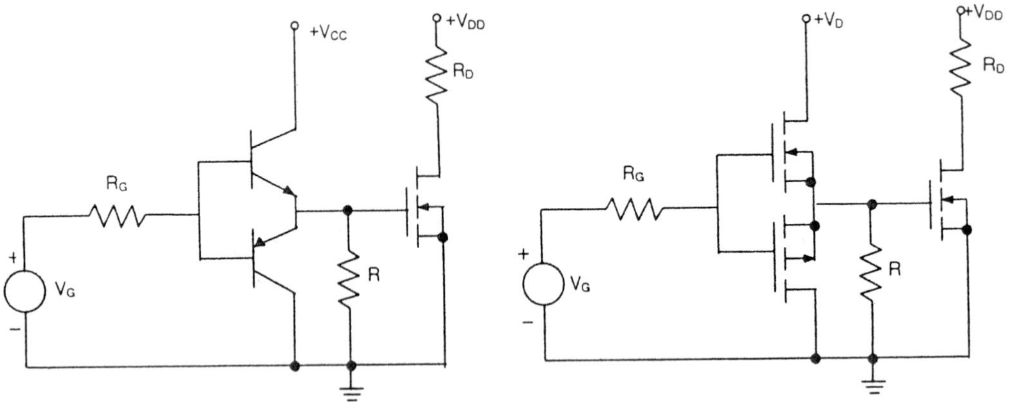

(a) BJT에 의한 회로 (b) MOSFET에 의한 회로

그림 4-6 콤플리멘터리 전류 증폭 회로

전력용 MOSFET의 구동용으로 집적 회로화시킨 IC가 제작되어 널리 시판되고 있는데 그 대표적인 것으로, IC 7555, 7556(INTERSIL), DC 0026(NS), SN 75369(TI), TSC 4420, 4429(TELEDYNE) 등이 있다. 이들 IC는 100W 정도의 전력용 MOSFET에 대하여 100ns 이하의 고속 스위칭이 가능하다.

(2) MOSFET 게이트 과전압보호

MOSFET의 게이트-소스간 내압은 보통 ±20V 정도이고, 이 이상의 전압을 가하지 않도록 주의해야 한다. 그림 4-7은 게이트 과전압 방지법을 나타낸 것으로, 제너 다이오드에는 15~20V 정도의 것을 사용한다. 저항 R_1, R_2는 전압을 분압하여 게이트-소스간 인가전압을 낮추는 역학을 한다. 또한 과도적인 전압을 흡수하기 위해 커패시터 C를 접속하기도 한다.

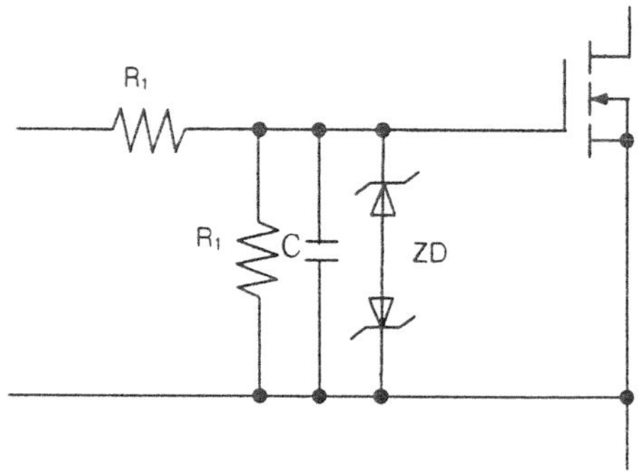

그림 4-7 게이트 과전압 보호회로

3. 실험에 사용하는 장비 및 부품

품 명	규 격	수 량
오실로스코프		1
디지털 테스터		1
브레드 보드		1
직류전원장치	15V, 3A	3
PWM 제어보드	그림 3-11	1
Photo Coupler	4N35	1
Power MOSFET	IRF730	1
TR	C2240	1
TR	A970	1
램프	12V, 8W	1
저항	1/2W형 종류별	
납		약간
칼라 배선		약간
기타		

4. Power MOSFET 구동 실험회로

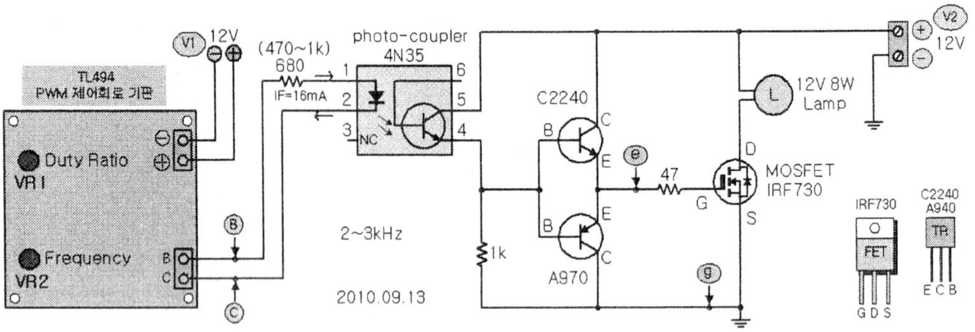

그림 4-8 MOSFET 구동 실험회로

5. 실험 방법 및 순서

① 그림 4-8과 같은 MOSFET 구동 실험회로를 브레드 보드에 배선한다.

㉠ 주의 : Power MOSFET에는 방열판(heat sink) 부착, 게이트 배선은 가급적 짧게 한다.

② PWM 제어보드의 Ⓑ-Ⓒ점에 오실로스코프의 프로브를 접속하여 <PWM 제어 신호파형>을 관측한다.

㉠ VR2를 돌려서 신호파형의 PWM 주파수를 3 kHz로 조절한다. 이 후 VR2는 조절하지 않는다.

㉡ VR1을 돌려서 신호파형의 듀티사이클을 가변시키고 램프 전력이 잘 제어되는가를 확인한다.

㉢ VR1을 돌려서 신호 파형의 듀티사이클을 30%로 조절한 다음 이 파형을 기록한다.**(실험결과 1)**

③ 실험회로의 ⓔ-ⓖ점에 프로브를 접속하고 power MOSFET gate를 구동하는 파형을 관측한다.

㉠ VR1을 돌려서 관측된 파형의 듀티사이클이 최소에서 최대까지 원활하게 변화됨을 확인한다. 또한 이 때 power MOSFET가 램프전력을 잘 제어함을 확인한다.

㉡ VR1을 돌려서 구동 파형의 듀티사이클이 30%가 되도록 조절한 다음 이

구동파형을 기록한다.(**실험결과** 2)

④ 부하 램프(12V, 8W) 양단에 프로브를 접속하여 부하 양단의 출력 파형을 관측한다.

㉠ VR1을 돌려서 power MOSFET가 램프전력을 잘 제어함을 확인한다.

㉡ VR1을 돌려서 듀티사이클이 30%가 되도록 조절한 다음 이 출력 파형을 기록한다.(**실험결과** 3)

실 험 보 고 서

일시 :			
학과 :	조 :	학번 :	성명 :

실험 제목 : Power MOSFET 구동 실험

1. 실험결과 1

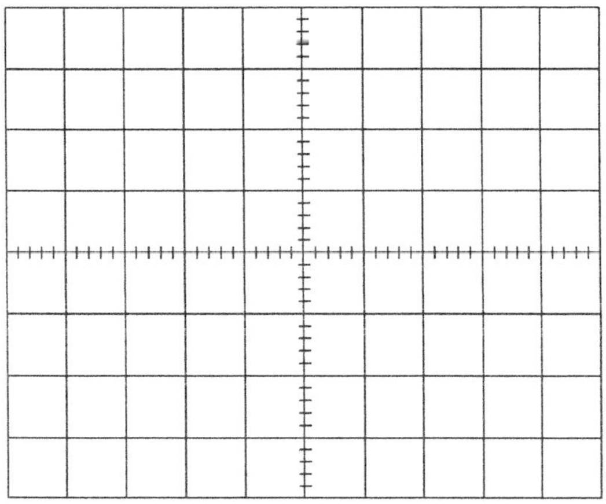

V/div :　　　　　　S/div :

2. 실험결과 2

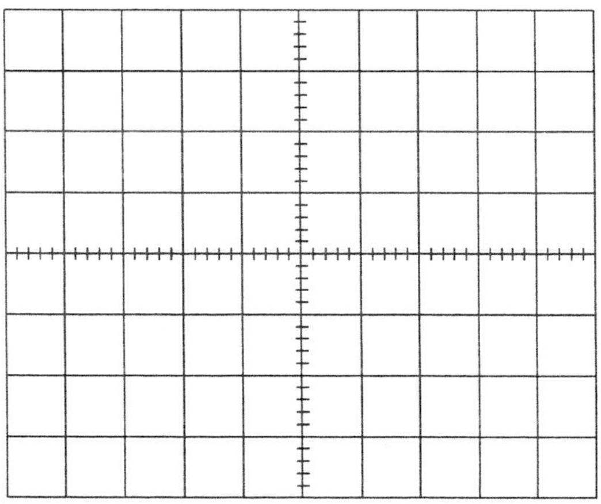

V/div :　　　　　　S/div :

3. 실험결과 3

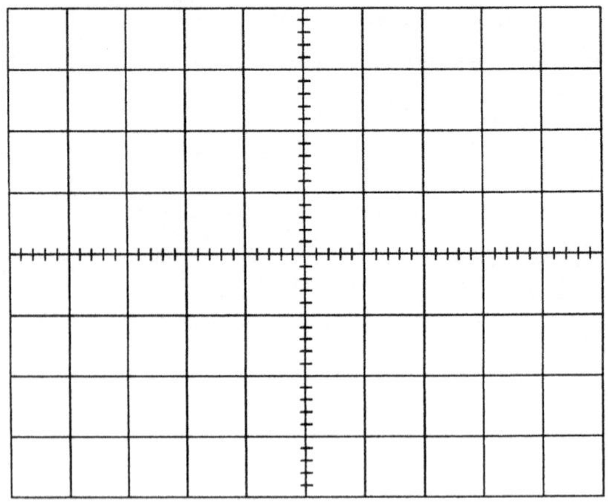

V/div :　　　　　　　　　　S/div :

제5장

IGBT 구동 실험

1. IGBT의 특성

IGBT는 절연 게이트형 바이폴러 트랜지스터(Insulated Gate Bipolar Transistor)로, MOSFET의 고속 스위칭, 전압 구동 특성과 바이폴러 트랜지스터의 저 ON 전압 특성을 원칩으로 구성한 파워 소자이다.

그림 5-1에 나타낸 바와 같이 IGBT의 그림기호는 MOS 게이트를 가진 바이폴러 트랜지스터로 되어 있다.

IGBT는 최근의 파워 일렉트로닉스 분야에 있어서 가장 주목되고 있는 소자의 하나이다. 칩 구조 설계의 최적화나 대용량 메모리의 프로세스 기술의 응용으로 최근 대폭적인 특성의 개선이 진행되어 왔다.

IGBT는 범용 인버터, AC 서보나 무정전 전원(UPS), 스위칭 전원 등의 산업분야를 비롯하여 전자레인지, 취사기, 스트로브 등의 민수기기 분야로 응용이 확대되어 종래의 파워 트랜지스터를 능가하고 있다.

IGBT는 또한 차세대로 개발이 진행되고 있으며, 새로운 칩 구조를 사용한 보다 저 ON 전압의 것이 개발되어 응용장치의 저손실화나 고효율화가 도모되어 갈 것으로 생각된다.

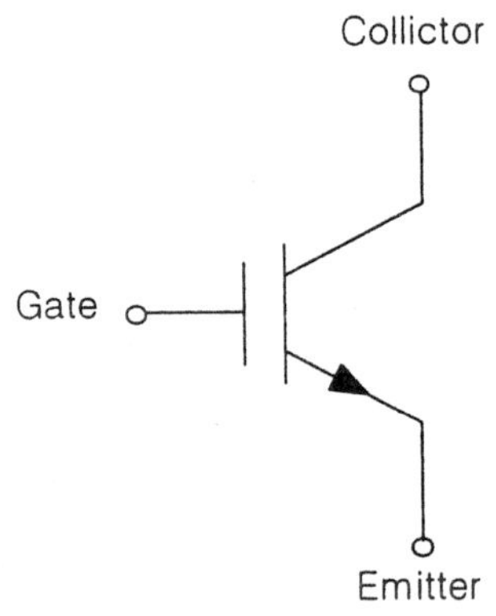

그림 5-1 IGBT의 기호

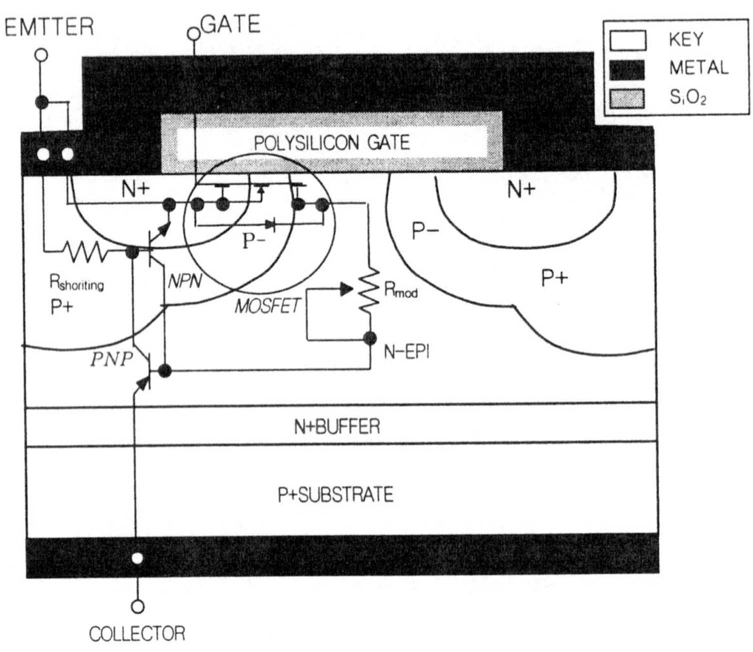

그림 5-2 IGBT의 기본구조

(1) IGBT의 특징

IGBT(Insulated Gate Bipolar Transistor)는 power MOSFET의 고속 switching 성능과 bipolar transistor의 고전압·대전충 처리능력을 함께 가진 신형 소자로서 앞으로의 발전이 기대되는 소자이다.

IGBT를 채용하는 것에 의해 변환주파수의 高주파화가 가능하게 되고 각종의 전력변환장치의 소형·경량화, 저소음화, 고성능화(motor의 회전수 제어 정도의 향상 등) 등이 가능하게 된다.

① 전압구동소자

IGBT는 power MOSFET와 같이 전압신호에 의해 ON, OFF 상태를 제어할 수 있는 switching device이다.

이 때문에 bipolar transistor와 비교하면 극히 용이하게 drive를 할 수 있고 drive 회로의 소형화, drive power의 저감, drive 회로 내 공통화가 가능하게 된다.

② 풍부한 내압·용량계열

IGBT는 bipolar transistor와 같이 고내압·대용량화가 가능하고 bipolar transist-or module과 동등의 내압·용량계열이 준비되어 있다.

③ 고속 switching 성능

IGBT는 Turn OFF 시간이 bipolar transistor의 1/10 이하로 극히 고속의 switching 소자이고, 각종의 전력변환장치의 변환주파수의 고주파화나 inverter 장치에 있어서 단락방지기간의 단축을 가능토록 했다.

④ Turn OFF시의 넓은 안전동작영역

IGBT는 bipolar transistor에 비교해서 극히 넓은 Turn OFF시의 안전동작영역을 가지고 있어, 고전압하에서의 여유있는 동작이 가능하다.

⑤ Gate 제어에 따른 단락보호가 가능

IGBT의 최대의 문제점인 latch-up(전류를 차단할 수 없게 되는 현상)을 피하기 위한 각종의 대책이 세워지고 있고, gate 제어에 의한 단락보호가 가능한 성능을 가지고 있다.

IGBT의 기본 구조는 그림 5-2에 나타낸 바와 같이 power MOSFET의 기본 구조에 있어서 컬렉터(드레인) 측의 N-층을 P-층으로 변경하고, PN 접합을 1개 추가한 것으로 된다. ON시에 P-층에서 N-층으로 뛰어 들어가는 정공(=홀 : 플러스 전하)은 전자(=일렉트론 : 마이너스 전하)를 끌어당기기 때문에 N-층의 전자밀도가 증가하고 N+층의 저항은 격감한다. 이것이 power MOSFET에 비해 IGBT의 ON 전압이 낮아진다고 하는 큰 특징이 된다.

그러나 이 트랜지스터 구조는 Turn OFF 동작시에 MOSFET 구조보다 느리게

OFF한다. 또한 그 MOSFET 구조의 Turn OFF에 의해 축적된 소수 캐리어인 정공이 유출하는 경로가 차단되기 때문에 Turn OFF가 지연되는 현상이 발생한다. 이 현상으로 인해 테일 전류라고 부르는 전류가 발생한다. 현재의 IGBT는 테일 전류를 저감하기 위해 금이나 백금 등의 불순물 확산을 하고 있는데, 이 조작에 의해 ON 전압이 증가해 버린다고 하는 문제도 동시에 발생한다.

현재 양상되고 있는 IGBT의 대부분은 저 ON 전압(2~4V)에서 약간 테일 전류가 남는 정도로 조정되고 있다.

또, 이 구조에서는 사이리스터(PNPN 구조)가 기생적으로 생기기 때문에 특수한 조건하에서는 Turn ON한 후에 게이트 제어 기능을 잃어 열파괴로 이어지는 래치업 현상이 발생하는 일이 있다.

(2) IGBT의 동작

IGBT(N 채널형)의 동작 원리에 대해 그림 5-2를 토대로 설명한다.

· Turn ON

IGBT가 Turn ON하는 동작을 차례로 설명한다.

① 게이트-이미터 간에 충분한 플러스 전압을 인가함으로써, 표면의 MOSFET가 Turn ON한다.

② 컬렉터 측의 P-층과 N-층 간이 순방향으로 바이어스되어 P-층에서 N-층으로 정공 주입이 일어난다.

③ 주입된 정공의 플러스 전하와 같은 정도의 전자가 N-층에 모이고, N-층의 저항 저하(이것을 전도도 변조(Conductivity Modulation)라 부른다.)가 일어나 IGBT는 ON 상태로 된다.

ON 전압은 P- N- 접합에 의해 접합 전압이 가해지는데, N-층의 저항값이 전도도 변조에 의해 1자리 이상 저하하기 때문에 ON 저항의 대부분을 N-층이 차지하게 되는 고내압(300V 이상)에서는 MOSFET보다 저 ON 전압으로 된다. 따라서 IGBT는 고내압화에 유효한 디바이스임을 알 수 있다.

· Turn OFF

IGBT가 Turn OFF하는 동작을 차례로 설명한다.

① 게이트-이미터간의 전압을 저하시키면 표면의 MOSFET가 Turn OFF한다.

② 정공 주입이 정지하고, 모두 주입된 정공도 수명이 다하여 감소한다. 잔류층의 정공은 P-층에 직접 유출하고(이것을 테일 전류라 부른다.), 유출이 완료한 시점에서 OFF 상태로 된다.

2. IGBT의 구동

IGBT는 power MOSFET에 비해 고내압으로 저 ON 전압화가 용이하기 때문에 대전류 영역까지의 제품화가 진행되고 있다.

특히 종래 ON 저항이 높은 power MOSFET를 다수 병렬로 접속하여 사용함에 따라 제품의 소형화나 고효율화의 장해로 되기도 하고, 스위칭 주파수를 희생시키고 바이폴러 트랜지스터를 사용하여 불쾌한 소음을 발생시키고 있던 무정전 전원(UPS)에의 응용이 급속히 확대되고 있다.

또, 최근 전원의 고조파 대책의 액티브 필터에 대한 응용도 서서히 확대되고 있다. 사용 상의 기본적인 주의를 다음에 언급한다.

- 고속 스위칭(고전류 변화율, 고전압 변화율)소자이기 때문에 동작 속도에 알맞은 실장(평활 콘덴서에서 소자까지의 주배선이나 드라이브 회로의 배선)을 한다. 배선 인덕턴스를 저감시킴으로써 Turn OFF시의 서지 전압에 의한 소자의 파괴를 방지할 수도 있다. 저임피던스화가 곤란한 경우, Turn OFF시의 컬렉터-이미터간 전압과 컬렉터 전류의 리서쥬 파형이 앞서 언급한 Turn OFF 스위칭 안전 동작영역의 범위에 들어가도록 스너버 등을 사용할 필요가 있다.
- MOS 게이트 디바이스이므로 게이트-이미터간을 오픈한 그대로 컬렉터-이미터간에 전압(전원전압)을 인가해서는 안 된다.
- 정전 대책이 실시되어 있지 않은 상황에서 게이트-이미터간을 개방하거나 어스하지 않은 상태에서 맨손으로 다루어서는 안된다. 공구나 인체도 어스를 취할 필요가 있다.

IGBT의 게이트 드라이브 회로 설계 시의 키포인트는 게이트 전압의 결정법, 게이트 저항의 결정법 및 배선방법이다.

게이트 회로의 기본형을 그림 5-3에 나타내었다.

설계의 키포인트를 종합적으로 설명하면 다음과 같다.

· IGBT의 단락내량과 전력손실의 트레이드 오프에 의해 게이트 전압은 $+V_C=$ 15V±10%, $-V_C=5\sim10$V로 선택한다.
· 입력 게이트 용량은 IGBT의 전류정격에 비례하기 때문에, 대용량 IGBT에서 충방전 전류의 피크값은 수 A 필요하게 된다.
· 게이트 저항 R_G는 서지 전압[∝ di/dt(전류 변화율)]과 스위칭 손실의 트레이드 오프로 최대값을 선택한다. R_G는 $V_{CE(sat)}$에 전혀 영향을 주기 않는다.
· 포토 커플러는 고 CMRR(코먼 모드 제거비), 고 dv/dt(전압 변화율) 내량의 것을 사용한다. 또 1차, 2차간의 패턴 배선에 의한 부유용량을 없앤다.
· 게이트 회로의 폐회로 면적은 유도 노이즈를 받지 않도록 가능한 한 작게 한다.

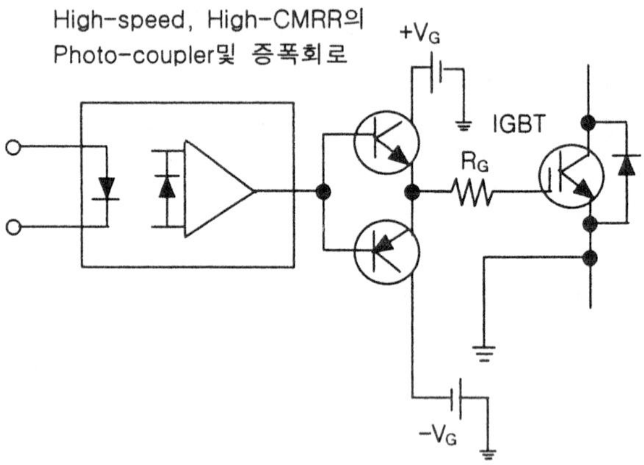

그림 5-3 IGBT 구동회로 예

(1) 게이트 플러스 전압

IGBT는 power MOSFET와 달리 저항 영역이 게이트 플러스 전압에 크게 의존한다. 게이트 전압이 낮으면 ON 전압이 높아지고, 정상 손실이 증대한다.

한편, 게이트 전압이 너무 높으면 부하단락이나 고장시의 단락전류가 증대하기 때문에 단락 보호가 어려워진다.

그래서 사용하는 컬렉터 전류의 범위에 따라 상한값, 하한값을 고려하여 게이트 플러스 전압을 정하지 않으면 안된다.

일반적으로 소자 메이커가 권장하는 게이트 플러스 전압은 power MOSFET보다 약간 높은 15V±10% 정도이다. 단, 이 전압값은 직접 소자의 게이트-이미터간에 인가되는 값이며, 실제 게이트 회로의 구동 전원전압은 게이트 회로 내부의 전압 저하를 고려하여 이것보다 1~2V 높은 전원을 사용하도록 한다.

(2) 게이트 마이너스 전압

다음에 게이트 마이너스 전압의 필요성과 그 값을 정하는 방법에 대해 설명한다.

게이트 마이너스 전압의 필요성은 두가지이다. 하나는 du/dt 전류를 억제하는 것, 또 하나는 노이즈 내량을 높이는데 있다.

IGBT의 마이너스 전압은 2~3V 이상이면 되는데, 너무 높으면 스위칭시에 있어서 그 전압에 게이트 배선의 인덕턴스에 의한 서지 전압이 중첩되어 정격값(통상 20V)을 넘는 경우가 있다.

따라서 5~10V 정도가 적당하다고 생각된다.

(3) 게이트 저항의 결정법

IGBT의 게이트 드라이브 회로 설계에 있어서 가장 중요한 파라미터의 하나는 게이트 저항 R_G이다.

R_G는 스위칭 시간이나 스위칭 손실에 크게 영향을 준다. 즉, R_G가 작을수록 스위칭 시간은 짧아지고 스위칭 손실은 적어진다.

한편 R_G가 작아지면 t_r이나 t_f가 빨라지므로 스위칭시의 전류 변화율 di/dt가 높아져 서지 전압이 높아진다.

따라서 R_G는 스위칭 손실과 서지전압에서 최적한 값을 선정할 필요가 있으며, 이 값은 사용 조건에 따라 다르다.

일반적으로 IGBT 모듈은 R_G의 표준값을 규정하고 있다.

(4) 게이트 드라이브 전류

IGBT는 입력용량 및 귀환용량을 가지고 있기 때문에 Turn OFF시나 Turn ON 시에 이들 용량을 충방전하기 위한 게이트 전류가 흐른다.

이것을 게이트 드라이브 전류라 부르며, 스위칭 성능에 크게 영향을 준다.

게이트 드라이브 전류는 이 게이트 저항과 드라이브 전압으로 결정된다.

IGBT에 필요한 게이트 드라이브 전류의 피크값 $I_{G(peak)}$는 다음 식으로 표현된다.

$$I_{G(peak)} = \frac{(+V_{GE})-(-V_{GE})}{\text{게이트저항}(R_G)\div\text{소자내부저항}(R_{Gint})} \qquad (5\text{-}1)$$

실제로는 드라이브 회로의 지연이나 배선 인덕턴스 등에 의한 게이트 전류의 상승 지연으로 계산값의 60~80%로 된다.

또, 이 때의 평균 게이트 전류 $I_{C(AV)}$는 다음과 같이 된다.

$$I_{C(AV)} \fallingdotseq 1.3 \times Q_G \times f_c \qquad (5\text{-}2)$$

Q_G : 전체 게이트 전하(V_{GE}가 0V에서 15V로 변화하는 경우)

f_C : 스위칭 주파수

(5) 드라이브 회로의 배선

드라이브 회로의 설계상 기본적인 또 하나의 중요한 포인트는 배선이다.

IGBT 드라이브 회로의 동작 임피던스가 가능한한 낮게 되도록 설계할 필요가 있다.

이것은 게이트-이미터간에 발생하는 서지전압의 억제나 외부로부터의 유도 노이즈를 억제하는 것이 목적이다.

IGBT의 게이트와 구동회로간은 가급적 최단거리가 되도록 배선할 필요가 있다. 그림 5-4에 이것을 나타내었다.

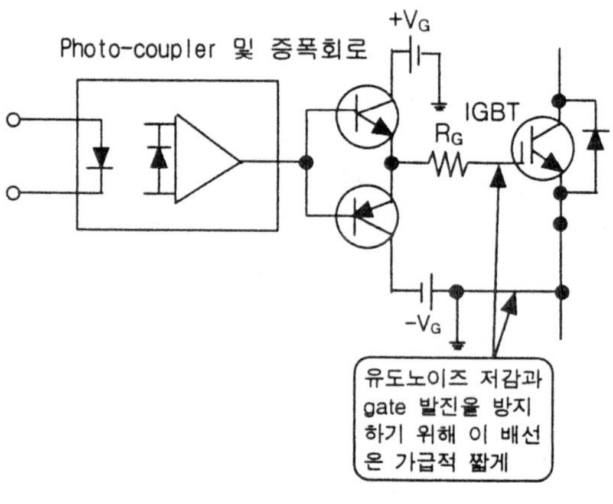

그림 5-4 IGBT의 게이트 회로 배선

(6) IGBT의 게이트 드라이브 회로 예

IGBT 드라이브 회로의 기본형은 앞서 언급한 power MOSFET의 방법과 마찬가지이다. 여기서는 특히 실용적인 회로 예에 대해 언급한다.

먼저, 파워 디바이스에서 신호회로와 파워회로는 대부분의 응용회로에서 전기적으로 절연할 필요가 있다. 그 절연방식에 대해 설명한다.

그림 5-5 및 그림 5-6에 IGBT의 드라이브 회로에서 사용되는 절연방식을 나타낸다.

그림 5-5는 가장 많이 사용되고 있는 포토 커플러에 의한 절연방식이다. 이 회로에 있어서 포토 커플러는 입력신호측에 접속되고, 포토 커플러의 1차측에서 입력신호를 받는다. 포토 커플러의 2차측에 전달된 신호는 증폭되어 게이트 저항 R_G를 통하여 IGBT의 게이트 단자에 입력되고, IGBT를 고속으로 스위칭한다.

따라서 정확하게 입력신호를 IGBT의 게이트에 전달하기 위한 포토 커플러의 역할은 아주 중요하다. 그 성능도 고속 응답성뿐만 아니라, 높은 노이즈 내량이 요구된다.

그림 5-6은 펄스 트랜스를 절연회로로 사용한 드라이브 방식이다. 이 방식에서는 펄스 트랜스 자체가 입출력간의 신호전달 뿐만 아니라, IGBT의 게이트에 전압(전력)도 공급할 수 있기 때문에 포토 커플러 방식에 필요한 양음 전원을 생략할 수 있는 장점을 가지고 있다.

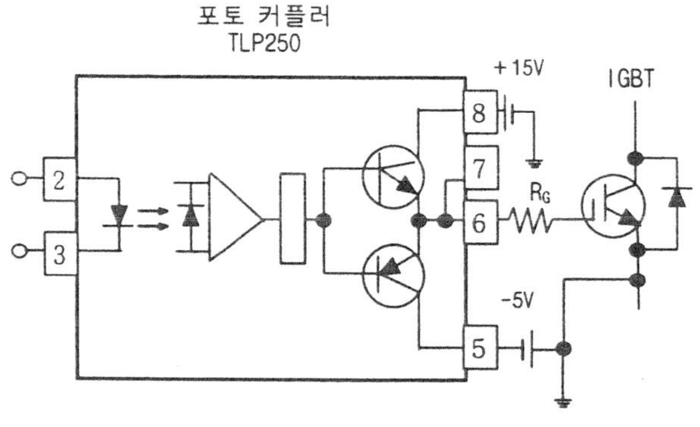

그림 5-5 포토 커플러를 사용한 드라이브 회로

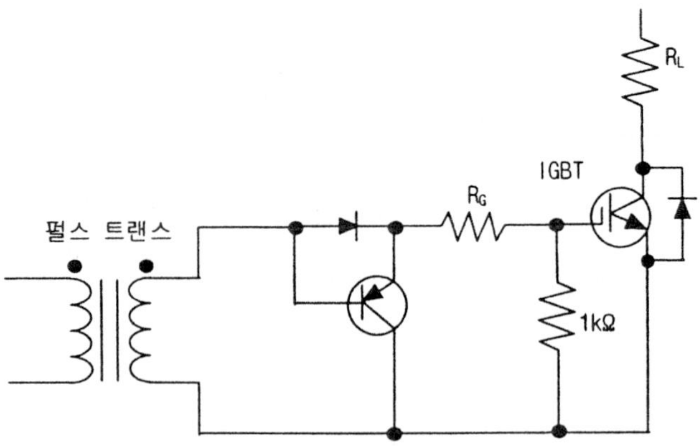

그림 5-6 펄스 트랜스를 사용한 드라이브 회로

단, 이 회로의 결점은 마이너스 전압을 갖지 않기 때문에 브리지 회로 응용에서는 노이즈 내량이 낮아진다.

다음에 대표적인 IGBT의 드라이브 회로와 그 주의점은 다음과 같다.

① 포토 커플러는 고속 응답, 높은 동상제거능력을 가진 것을 사용한다.(예 : HCPL 4504, TLP 559)

② 드라이브 전원의 변동(리플)에 의한 포토 커플러의 오동작 방지 대책을 세운다.

③ 드라이브 전원은 평활 콘덴서(전해 콘덴서)에 병렬로 고주파 성능이 우수한 필름 콘덴서를 접속한다.

④ 게이트 저항값을 최적값으로 선택한다.(자세한 것은 게이트 저항의 결정법을 참조)

IGBT의 드라이브 회로에 있어서 배선상의 주의점은 다음과 같다.

① 포토 커플러 1차~2차간의 패턴 배선을 교차시키지 않는다. 크로스토크에 의한 오동작 방지.

② 드라이브 회로의 출력에서 IGBT의 게이트 단자까지의 배선을 가급적 짧게하고, 트위스트 페어선을 사용한다.

3. 실험에 사용하는 장비 및 부품

품 명	규 격	수 량
오실로스코프		1
디지털 테스터		1
PWM 제어보드	그림 3-11	
게이트 구동보드	그림 5-7	
직류전원장치	12V, 1A	2
직류전원장치	15V, 3A	1
IGBT	MG50J2YS50	1
저항	각종	다수
세라믹 커패시터	각종	다수
전해 커패시터	각종	다수
램프	12V, 8W	1
납		약간
칼라 배선		약간
기타		

4. IGBT Gate 구동 보드

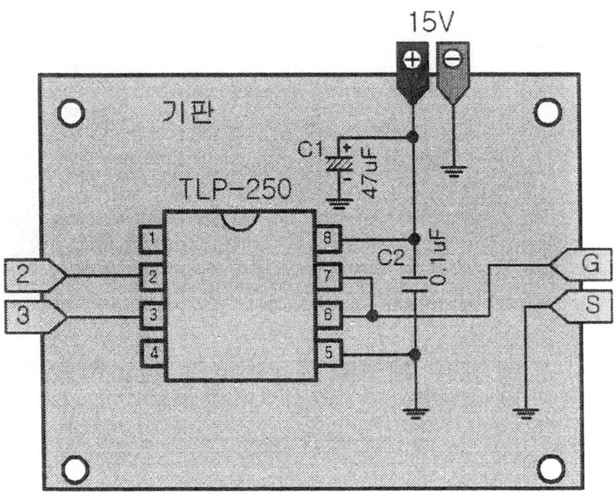

그림 5-7 게이트 구동회로

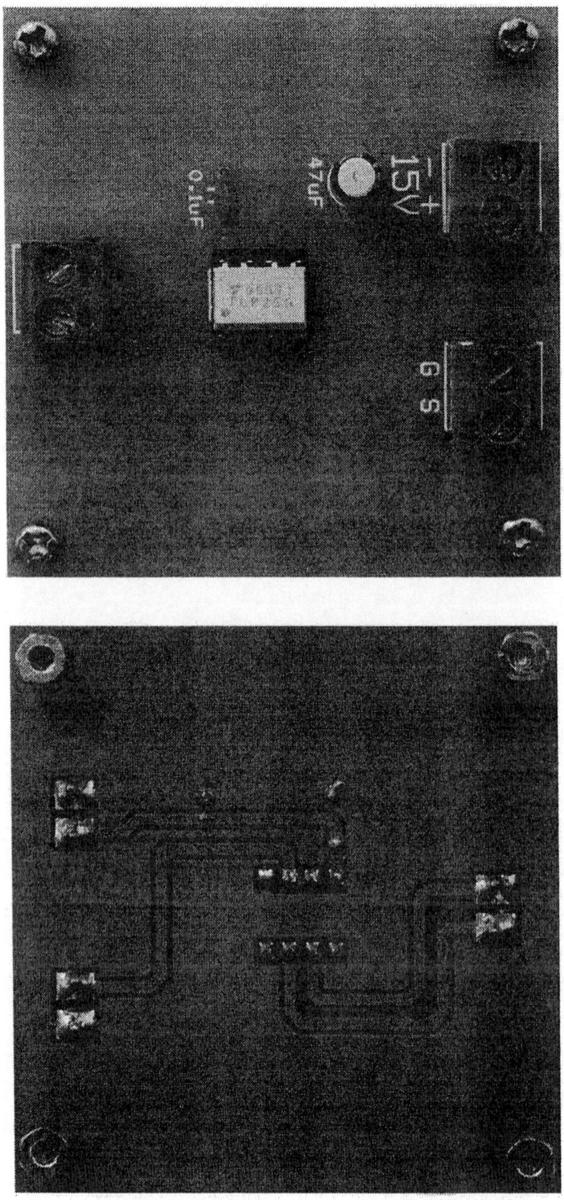

그림 5-8 게이트 구동회로의 PCB 제작품

5. IGBT Gate 구동 실험회로

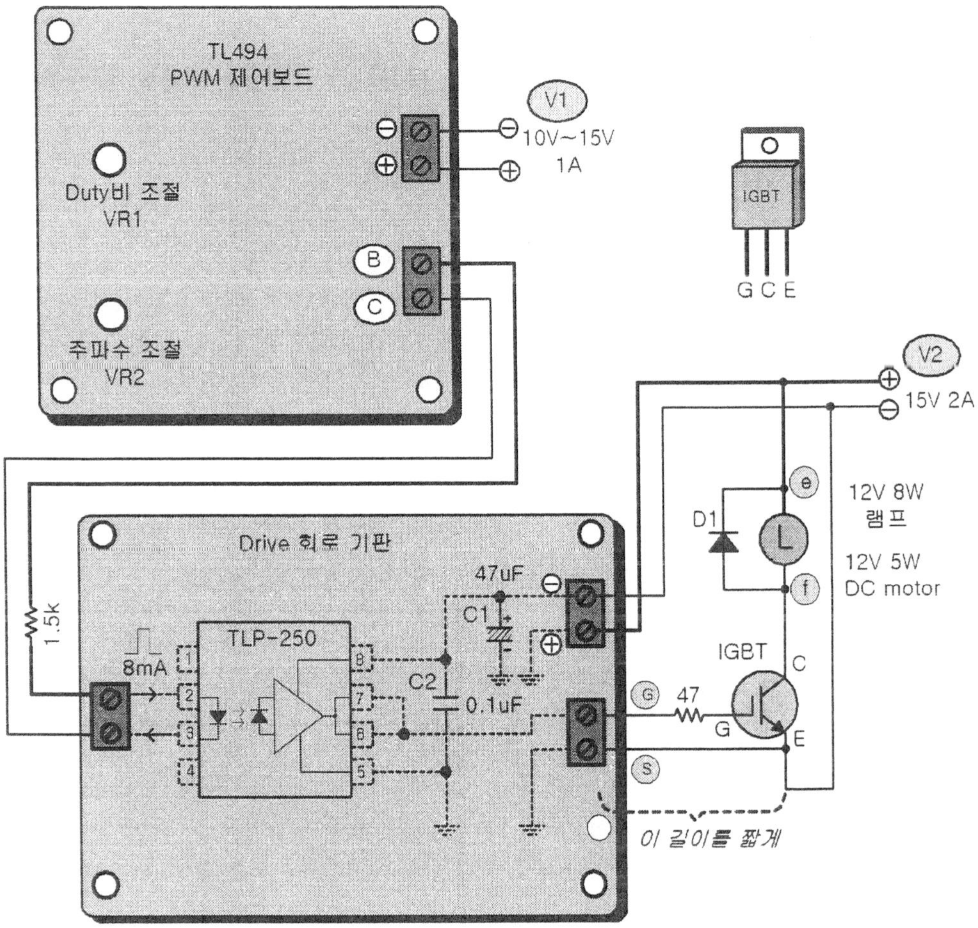

그림 5-9 IGBT의 구동 실험회로

6. 실험 방법 및 순서

① 그림 5-9와 같은 실험회로를 배선한다.

② PWM 제어보드 B, C 점에 오실로스코프의 프로브를 접속하고 VR2를 돌려서 <PWM 신호파형>의 주파수를 10kHz로 조절한다. 이 후 VR2는 조절하지 않는다.

③ PWM 제어보드의 VR1을 좌우로 돌려서 <duty ratio>를 가변하고 램프전력이 잘 제어됨을 확인한다.

④ VR1을 이용하여 PWM 신호파형(B-C간 파형)의 duty ratio를 50%로 조절한다.

⑤ 이 파형을 기록한다.(**실험결과 1**)

⑥ ⓔ, ⓕ점에 오실로스코프의 프로브를 접속하고 <IGBT PWM 출력파형>을 관측한다.

⑦ 이 파형을 기록한다.(**실험결과 2**)

실 험 보 고 서

일시 :			
학과 :	조 :	학번 :	성명 :

실험 제목 : IGBT 구동 실험

1. 실험결과 1

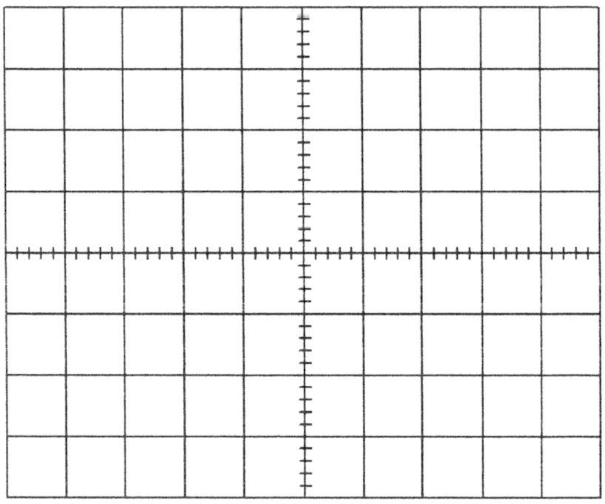

V/div : S/div :

2. 실험결과 2

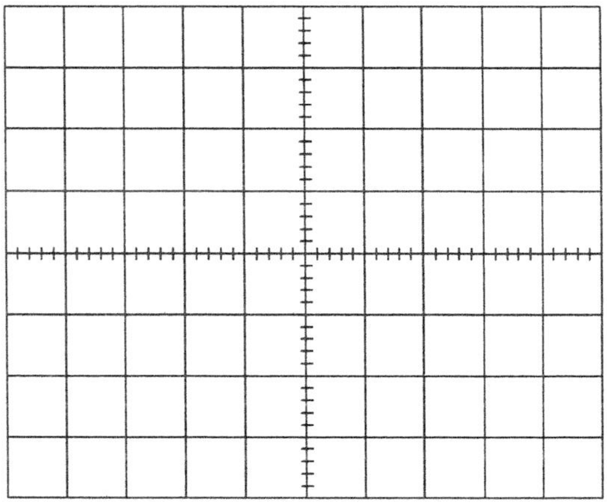

V/div : S/div :

제6장

Buck 컨버터 실험

1. 스위칭 방식의 전원회로

스위칭 방식의 DC-DC 컨버터는 SMPS(Switched-Mode Power Supply)라고 하며 고효율, 소형의 특징이 있어 산업현장에서 광범위하게 활용되고 있다.

스위칭 방식에 의한 DC-DC 컨버터의 기본 회로는 출력 전압이 입력 전압보다 낮게 나타나는 Buck(step-down) 컨버터, 출력전압이 입력전압보다 높게 나타나는 Boost(step-up) 컨버터, 위 두 컨버터의 출력 특성을 함께 갖고 있는 Buck-boost(up-down) 컨버터의 세 종류로 나눌 수 있다.

이들 세 종류의 컨버터는 forward, flyback, push-pull, half-bridge 및 full-bridge 등 현재 널리 실용되고 있는 컨버터들의 가장 기본적인 형태가 된다. 따라서 이 세가지 컨버터의 기본 특성에 대한 이해는 모든 종류의 컨버터의 특성 해석 및 최적설계로 이어지게 된다.

스위칭 전원의 회로방식은 시리즈 레귤레이터와 비교하면 회로방식이 매우 다양해서 분류도 곤란할 정도로 많다. 스위칭 레귤레이터의 회로방식에서 가장 간단한 회로방식은 변압기가 부착되어 있지 않은 비절연형(非絶緣型) 스위칭 레귤레이터이다. 이 방식은 입력과 출력의 일부가 공통되기 때문에 입출력을 절연할 수가 없으며, 이용범위가 한정되기는 하나 변압기가 없기 때문에 동작의 이해가 쉬운 회로이다. 이하의 설명에서는 다이오드나 스위칭 트랜지스터의 전압강하를 무시하고, 출력 커패시터는 충분히 크며, 출력전압 리플(ripple)이 출력전압에 대해서 무시할 수 있는 값으로 가정한다.

2. Buck 컨버터(강압형 DC-DC 컨버터)

이 회로는 그림 6-1에 나타낸 바와 같이 변압기를 사용하고 있지 않기 때문에 입력과 출력이 직류적으로 공통된 회로이다. 따라서, 입력과 출력을 절연할 필요가 없는 경우에 사용된다. 이 그림의 경우는 입력과 출력의 마이너스가 공통의 회로이지만, 역극성(逆極性)의 트랜지스터를 사용하여 플러스가 공통된 회로를 얻을 수가 있다. 이러한 회로는 변압기를 사용하고 있지 않기 때문에 변압기의 리케이지 인덕턴스에 의한 트러블도 없으며, 소형이고 효율이 높은 전원을 만들 수가 있다.

그림 6-1의 회로는 스위칭 트랜지스터로 ON-OFF한 구형파를 LC 필터로 평균화하는 방식인데, 이 방식은 입력전압보다 출력전압이 낮은 경우에 사용된다. 이 회로의 출력전압은 입력전압을 V_I, 출력전압을 V_0, 트랜지스터가 ON으로 되어 있는 시간을 T_{ON}, OFF로 되어 있는 시간을 T_{OFF}라고 하면, 트랜지스터가(Tr)가 ON 하고 있는 기간에 초크코일에 첨가되는 전압은 $V_I - V_0$가 된다. 따라서, 이 기간의 전류변화량 ΔI_L은,

$$\Delta I_L = \frac{V_I - V_0}{L} T_{ON} \tag{6-1}$$

한편, 트랜지스터(Tr)가 OFF하고 있는 기간을 정류 다이오드 D가 도통(導通)하고, 이 때 초크코일에는 $-V_0$가 첨가된다. 따라서, 이 기간의 초크코일의 전류변화량 ΔI_L은,

$$\Delta I_L = \frac{V_0}{L} T_{OFF} \tag{6-2}$$

가 된다. 초크코일의 전류가 연속적인 경우, 정상상태에서는 이 전류변화량은 동등하게 되므로 식 (6-1)과 식 (6-2)에서,

$$V_0 = \frac{T_{ON}}{T_{ON} + T_{OFF}} V_I \tag{6-3}$$

가 된다. 다음으로, 초크코일의 전류가 연속적이 아닌 경우를 생각하면, 스위칭 트랜지스터(Tr)가 ON한 경우, 입력에서부터 출력으로 공급되는 전력 P_{ON}은 입력전압이 V_I일 때, 회로로 흘러드는 전류는 $(V_I - V_0)t/L$이 되므로,

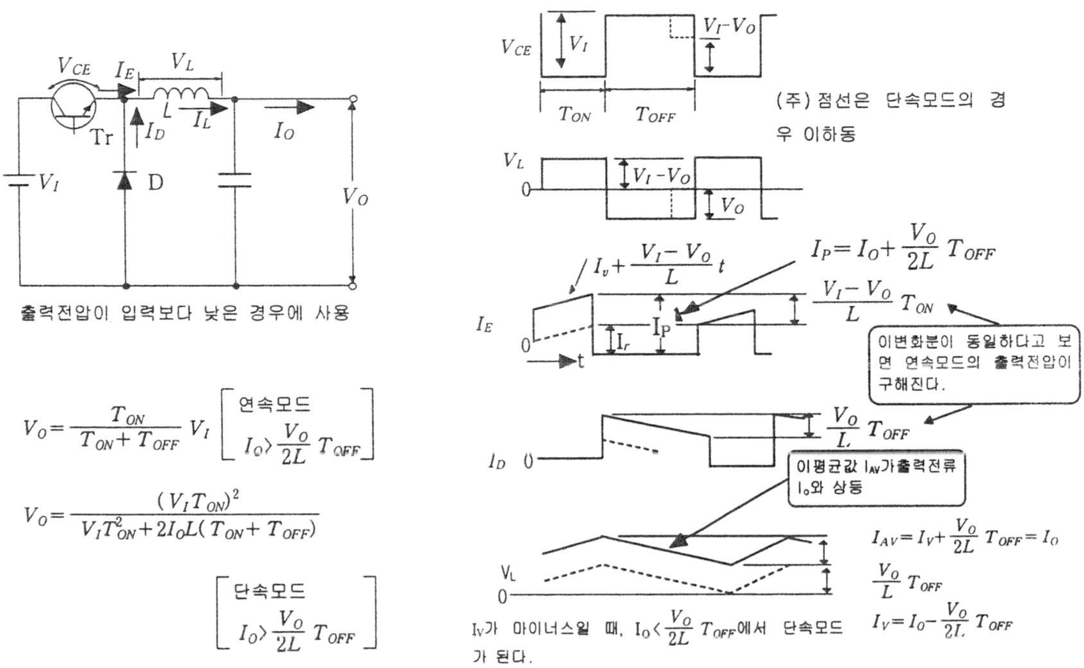

그림 6-1 BUCK 컨버터

$$P_{\mathrm{ON}} = \frac{V_I(V_I - V_0)}{L} t \tag{6-4}$$

이 전력을 $0 \sim T_{\mathrm{ON}}$까지 적분하고 1주기로 평균화하면,

$$P_{AV} = \frac{1}{T_{\mathrm{ON}} + T_{\mathrm{OFF}}} \int_0^{T_{\mathrm{ON}}} \frac{V_I(V_I - V_0)}{L} t\, dt \tag{6-5}$$

$$P_{AN} = \frac{V_I(V_I - V_0)\, {T_{\mathrm{ON}}}^2}{2L(T_{\mathrm{ON}} + T_{\mathrm{OFF}})} \tag{6-6}$$

이 된다.

이 전력은 출력전력 P_0과 같게 된다. 즉, 출력전류를 I_0, 출력전압을 V_0로 하면 다음과 같은 식이 된다.

$$P_0 = V_0 I_0 \tag{6-7}$$

즉, 식 (6-6)과 식 (6-7)은 서로 같으므로 양쪽 식에서 출력전압 V_0을 구하면,

$$V_0 = \frac{(V_I T_{ON})^2}{V_I T_{ON}{}^2 + 2I_0 L(T_{ON} + T_{OFF})} \tag{6-8}$$

가 된다. R_L은 부하저항으로서 $I_0 = V_0/R_L$을 위의 식에 대입(代入)하고 V_0을 구할 수도 있다. 그러나 이 식은 평방근이 나와서 복잡한 결과가 되므로, 변수는 전류로 하는 편이 실용적이다.

초크코일의 전류가 연속적으로 되는 임계점(臨界點)은 다음과 같이 해서 간단히 구할 수가 있다. 먼저, 그림 6-1에서 I_L이 가리키는 그림을 보자. 이 그림에 든 바와 같이 초크코일에 흐르는 전류의 평균값 I_{AV}는 초크코일을 흐르는 전류의 최저치를 I_V로 하면,

$$I_{AV} = I_V + \frac{V_0}{2L} T_{OFF} \tag{6-9}$$

여기서 I_{AV}는 출력전류 I_0와 같으므로

$$I_V = I_0 - \frac{V_0}{2L} T_{OFF} \tag{6-10}$$

가 된다. 임계점은 $I_V = 0$으로 해서 구한다. 따라서

$$I_0 = \frac{V_0}{2L} T_{OFF} \tag{6-11}$$

가 임계점이 된다. 따라서 연속모드가 되는 조건은 다음 식과 같이 된다.

$$I_0 > \frac{V_0}{2L} T_{OFF} \tag{6-12}$$

일반적인 설계의 경우, 전(全)부하시에는 연속모드가 되도록 설계하지만, 경(經)부하시에는 단속(斷續)모드로 된다. 이 경우, 펄스폭을 충분히 좁게 하지 않으면 경부하시에 출력전압이 상승하여 희망하는 안전도를 만족시키지 않게 되므로 주의가 필요하다. 초크코일 L의 값을 전부하시에 L을 흐르는 리플전류의 피크값이, 부하전류의 1/2 이하가 되도록 설계한다. 따라서, 최대 출력전류를 I_0(max)로 하면,

$$\frac{V_I - V_0}{L} T_{ON} < 0.5 I_0(\max) \tag{6-13}$$

가 된다. 따라서, 다음과 같은 관계가 성립된다.

$$I_0 > \frac{V_I - V_0}{2 I_{0(\max)}} T_{ON} \tag{6-14}$$

이 식은 뒤에 설명하는 포워드 타이프의 필터설계의 경우에도 공통되는 중요한 식이다.

3. 실험에 사용하는 장비 및 부품

품명	규격	수량
오실로스코프		1
디지털 테스터		1
인덕턴스 측정기		1
PWM 제어보드	그림 3-11	1
Power MOSFET	IRF9540	1
출력 인덕터용 E-I 페라이트 코어	단면적 1 cm^2	1
에나멜선	직경 0.5mm	약간
고속 다이오드	UF5408	1
부하저항	22Ω 10W	1
저항	각종	다수
커패시터	각종	다수
전해 커패시터	1,000μF 50V	다수
납		약간
칼라 배선		약간
기타		

4. Buck 컨버터 실험 회로정수의 결정

· 입력전압 : 15V

· 출력전압 및 출력전류 : 5V, 0.5A

· PWM 스위칭 주파수 : 30kHz

· PWM 스위칭 소자 : IRF9540 ($I_{D(ON)}=19A$, $V_{DS}=100V$, $R_{DS(ON)}=0.2\Omega$)

· FRD(고속 다이오드) : UF5408 ($V_{RRM}=1{,}000V$, $I_{F(AV)}=3.0A$, trr=75ns)

· $C_0 = 1000\mu F$ 50V 알루미늄 전해 커패시터

· 동작 듀티사이클의 결정 : $D=\dfrac{V_0}{V_i - V_{DS(sat)}}=\dfrac{5}{15-1}=0.36$

· L_0에 흐르는 리플전류 Δi_L은 I_0의 30% 정도로 잡으면 적당하므로

$\Delta i_L = 0.3\times I_0 = 0.3\times 0.5 = 0.15[A]$

· $L_0 = \dfrac{e_L}{\Delta i_L}\times t_{on} = \dfrac{V_i - V_0 - V_{DS(sat)}}{\Delta i_L}\times\dfrac{D}{f}=\dfrac{15-5-1}{0.15}\times\dfrac{0.36}{30\times 10^3}=720\mu H$

· 출력인덕터 L_0는 단면적 $1\,cm^2$의 페라이트 코어에 직경 0.5mm의 동선을 적절하게 감아서 720μH가 되도록 제작한다(인덕터 값 측정기를 이용). 자속의 포화를 방지하기 위해 E-I 철심의 결합면에 0.5mm 정도의 공극(air gap)을 둔다.

5. 실험 방법 및 순서

① 그림 6-2와 같은 벅 컨버터 실험회로를 브레드 보드(bread-board)에 배선한 후 오배선 유무를 확인한다.

· (FRD의 방향에 주의, 각 부품을 합리적으로 배치, 배선은 간결하게, 배선색 구분, 각 부분의 접속은 확실하게 한다.)

② PWM 제어보드의 ⓑ-ⓒ 간에 오실로스코프의 프로브를 접속하고 VR2 (frequency 조절)로 발진주파수를 30 kHz가 되도록 조정한다. 이 후로 VR2는 고정한다(주파수를 30 kHz로 고정시킴).

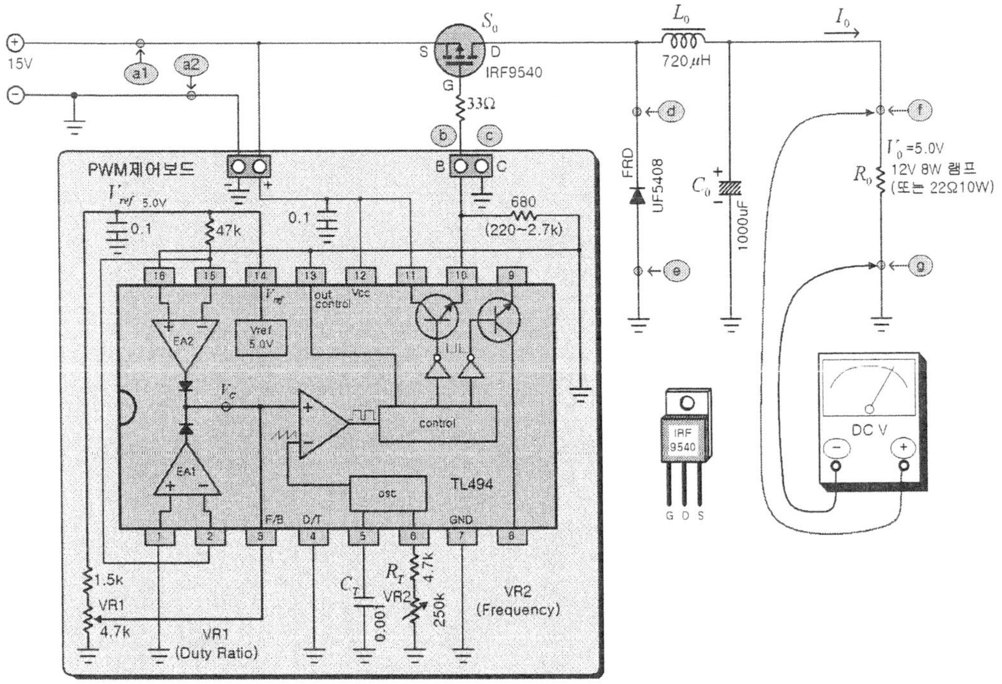

그림 6-2 Buck 컨버터 실험회로

③ ⓕ-ⓖ점에 프로브를 접속하고 VR1 (duty ratio 조절)을 조절하여 ⓕ-ⓖ 간의 출력전압이 변화되는가를 확인한다. (출력전압이 원활하게 조절되지 않으면 오배선 상태이므로 즉시 전원을 off하고 배선 상태를 잘 확인할 것).

④ ⓓ-ⓔ점에 프로브를 접속하고 VR1을 조절하여 FRD 양단 파형을 관측하고 듀티비(duty ratio)가 원활하게 변화되는가를 확인한다.

⑤ VR1을 조절하여 ⓓ-ⓔ간 duty비를 20%에서 80%로 변화시키면서 그 때의 출력전압(ⓕ-ⓖ 양단 전압)의 변화를 구하여 기록한다.**(실험결과 1)**

⑥ VR1을 돌려서 출력전압이 5V가 되게 조절한 다음 이 때의 ⓓ-ⓔ간 duty비를 조사하여 기록한다.**(실험결과 2)**

실 험 보 고 서

일시 :			
학과 :	조 :	학번 :	성명 :

실험 제목 : Buck 컨버터 실험

1. 실험결과 1

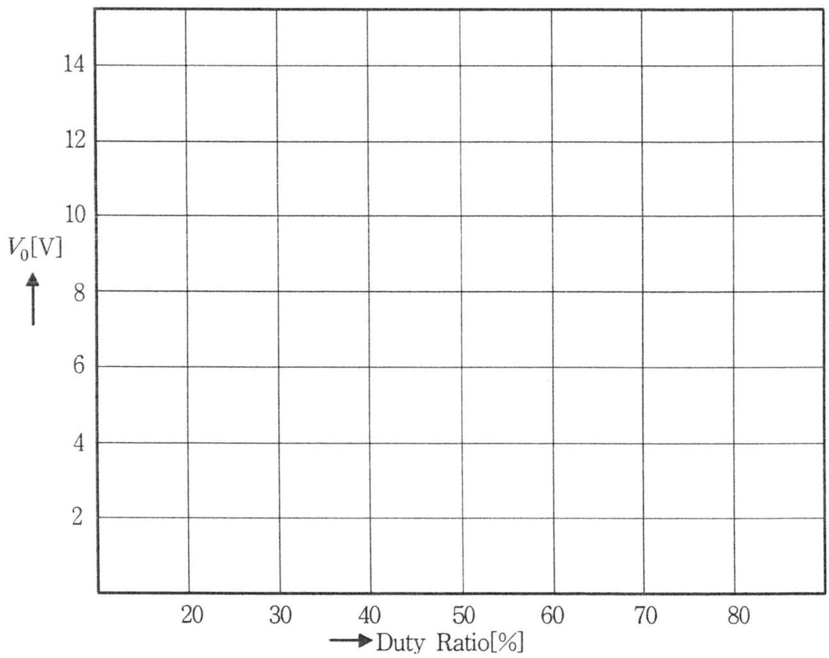

벅 컨버터의 듀티 비(duty ratio)와 출력 전압간의 관계

2. 실험결과 2

① 벅 컨버터 출력전압이 5V일 때의 ⓓ-ⓔ간 duty비 :

제7장

Boost 컨버터 실험

1. Boost 컨버터(승압형 DC-DC 컨버터)

그림 7-1은 승압형 스위칭 레귤레이터의 원리도와 동작파형을 나타낸 것이다. 이 회로는 스위칭 트랜지스터(Tr)가 ON일 때에 인덕턴스 L에 에너지를 축적하고 OFF일 때에 이 에너지를 입력전원에 중첩시켜 출력으로 빼내는 회로이다. 이 회로는 입력전압보다 출력전압을 높게 얻을 수 있는 회로이다.

트랜지스터(Tr)가 ON일 때 인덕턴스 L에 첨가되는 전압은 V_I, OFF일 때는 $V_0 - V_I$가 된다. 따라서 정상상태에서는 이 전류의 변화분이 서로 같다고 가정하면,

$$\frac{V_I}{L} T_{\mathrm{ON}} = \frac{V_0 - V_I}{L} T_{\mathrm{OFF}} \tag{7-1}$$

따라서,

$$V_0 = \frac{T_{\mathrm{ON}} + T_{\mathrm{OFF}}}{T_{\mathrm{OFF}}} V_I \tag{7-2}$$

가 된다.

단속(斷續)모드의 경우, 스위칭 트랜지스터(Tr)가 ON된 경우, 입력전압을 V_I로 하면, 입력으로부터 공급되는 전력 P_{ON}은 회로로 흐르는 전류가 $V_I t/L$이 되므로,

$$P_{ON} = \frac{V_L^{\ 2}}{L}t \qquad (7\text{-}3)$$

가 된다.

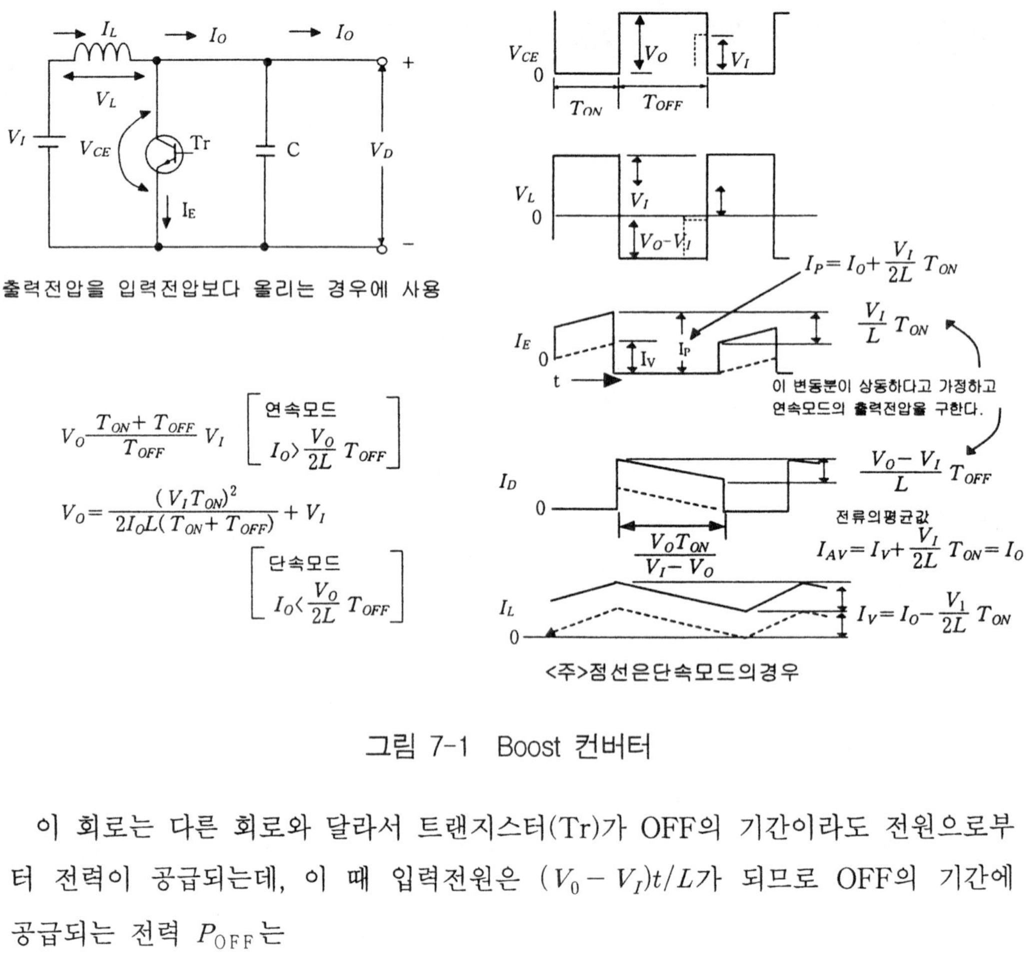

그림 7-1 Boost 컨버터

이 회로는 다른 회로와 달라서 트랜지스터(Tr)가 OFF의 기간이라도 전원으로부터 전력이 공급되는데, 이 때 입력전원은 $(V_0 - V_I)t/L$가 되므로 OFF의 기간에 공급되는 전력 P_{OFF}는

$$P_{OFF} = \frac{V_I(V_0 - V_I)}{L}t \qquad (7\text{-}4)$$

가 된다. 따라서, 출력전압 P_0은 위의 두 전력 P_{ON}과 P_{OFF}를 각각 $t = 0 \sim T_{ON}$ 및 $0 \sim T_{OFF}$의 기간, 적분한 전력의 평균값과 상등하게 된다. 따라서,

$$P_{AN} = \frac{1}{T_{ON} + T_{OFF}} \left(\int_0^{T_{ON}} \frac{V_I^2}{L} t dt + \int_0^{T_{OFF}} \frac{V_I(V_I - V_0)}{L} t dt \right) \qquad (7\text{-}5)$$

여기서, $T_{OFF} = V_I T_{ON} / (V_I - V_0)$이 되므로,

$$P_{AN} = \frac{1}{T_{ON} + T_{OFF}} \left(\frac{V_I^2}{2L} T_{ON}^2 + \frac{V_I^2}{2L} \cdot \frac{V_0}{(V_I - V_0)} \cdot T_{ON}^2 \right) \qquad (7\text{-}6)$$

이 된다. 이 식에서 출력전류 $P = I_0 V_0$로서 출력전류 V_0을 구하면,

$$V_0 = \frac{(V_I T_{ON})^2}{2 I_0 L (T_{ON} + T_{OFF}) + V_I} \qquad (7\text{-}7)$$

가 된다. 임계점은 강압형의 경우와 같이

$$I_0 = \frac{V_0}{2L} T_{ON} \qquad (7\text{-}8)$$

이 된다. 인덕턴스의 전류가 연속적으로 되는 조건은

$$I_0 > \frac{V_0}{2L} T_{ON} \qquad (7\text{-}9)$$

이 된다.

2. Buck-boost 컨버터(승강압형 DC-DC 컨버터)

그림 7-2는 Buck-boost 컨버터 회로를 나타낸다. 이 컨버터는 명칭에서도 알 수 있듯이 출력 전압이 입력 전압보다 낮을 수도 있고 높을 수도 있다. 즉, Buck형 및 Boost형의 출력 특성을 동시에 갖고 있다고 볼 수 있다.

동작을 알아보면 우선 스위치 Q가 도통일 때 인덕터 전류에 의해서 L에는 에너지가 축적되고 다이오드 D는 차단된다. 이 때 출력측에서는 출력 필터 C의 전하가 부하저항 R을 통하여 방전된다. 다음에 Q가 차단되면 L에 축적되었던 에너지는 환류 다이오드를 통하여 출력측으로 방출된다.

먼저, 인덕턴스의 전류가 연속적인 경우를 생각하면, Tr가 ON의 경우 인덕턴스

L에 첨가되는 전압은 V_I가 된다. 따라서, 이 기간의 인덕턴스의 전류변화분은 $V_I T_{\rm ON}/L$이 된다. 한편, 트랜지스터가 OFF의 경우, 다이오드 D가 도통하여 인덕턴스에 첨가되는 전압은 $-V_0$이 되고 전류변화분은 $V_0 T_{\rm ON}/L$이 된다.

정상상태에서는 $T_{\rm ON}$과 $T_{\rm OFF}$ 기간의 인덕턴스의 전류변화분은 같게 되므로,

$$\frac{V_I}{L} T_{\rm ON} = N = N = N = NL T_{\rm OFF} \tag{7-10}$$

가 된다.

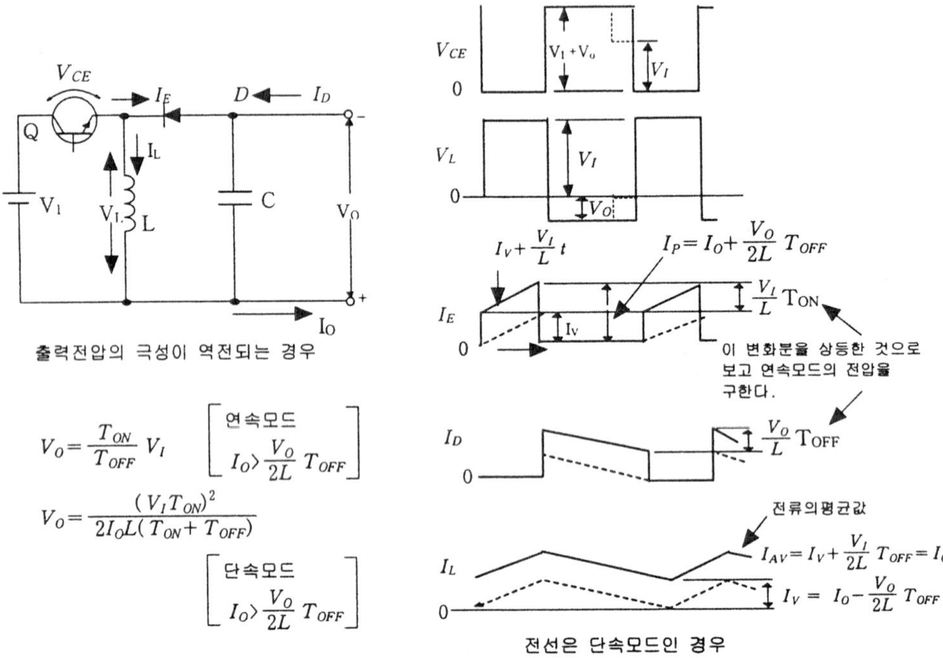

그림 7-2 Buck-boost 컨버터

따라서, 이 식에서 출력전압 V_0를 구하면,

$$V_0 = \frac{T_{\rm ON}}{T_{\rm OFF}} V_I \tag{7-11}$$

한편, 인덕턴스를 흐르는 전류가 단속적인 경우를 생각하면 트랜지스터(Tr)가 ON일 때, 인덕턴스 L에 첨가되는 전압은 V_I가 되고 전류는 $V_I t/L$이 된다. 따라

서, 이 기간에 입력측으로부터 공급되는 전력 P는,

$$P = \int_0^{T_{ON}} \frac{V_I^2}{L} t\, dt \tag{7-12}$$

가 된다. 여기서 1사이클 중의 평균 전력 P_{AV}는,

$$P_{AV} = \frac{1}{T_{ON} + T_{OFF}} \int_0^{T_{ON}} \frac{V_I^2}{L} t\, dt \tag{7-13}$$

$$P_{AV} = \frac{(V_I T_{ON})^2}{2L(T_{ON} + T_{OFF})} \tag{7-14}$$

이 된다. 이 전력 P_{AV}는 출력전압 $I_0 V_0$와 같게 되므로 다음의 식이 성립된다.

$$I_0 V_0 = \frac{(V_I T_{ON})^2}{2L(T_{ON} + T_{OFF})} \tag{7-15}$$

따라서 출력전압 V_0는,

$$V_0 = \frac{(V_I T_{ON})^2}{2L I_0 (T_{ON} + T_{OFF})} \tag{7-16}$$

가 된다.

또 임계값은 강압형의 경우와 마찬가지로

$$I_0 = \frac{V_0}{2L} T_{OFF} \tag{7-17}$$

이 되고, 초크코일의 전류가 연속적으로 되는 조건은,

$$I_0 > \frac{V_0}{2L} T_{OFF} \tag{7-18}$$

가 된다.

3. Forward 컨버터와 Flyback 컨버터

변압기가 붙어있는 절연형 DC-DC 컨버터 회로는, 지금까지 설명한 변압기가 없는 회로를 기초로 하고 있다. 포워드, 플라이백 컨버터는 각각 Buck 및 Buck Boost와 동작원리를 같이 하는 회로이며, 회로가 비슷해도 이 동작원리는 서로 다르게 되어 있어서 설계하는 경우도 이 차이를 충분히 알고 있을 필요가 있다.

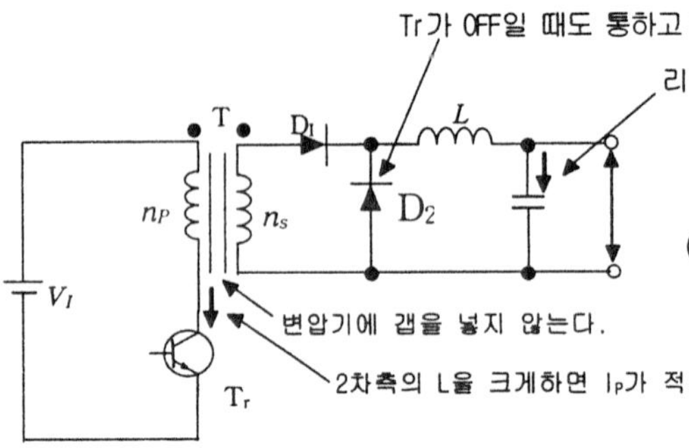

$$V_O = \frac{n_s}{n_p} \frac{T_{ON}}{T_{ON}+T_{OFF}} V_I$$

(a) 포워드방식(Tr가 ON일 때에 전력을 보낸다.)

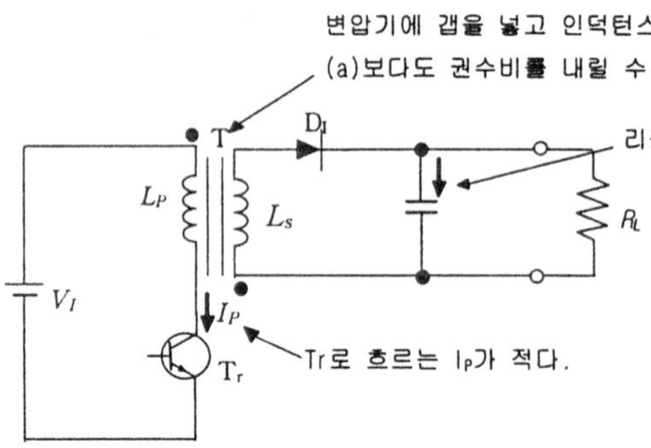

$$V_O = \sqrt{\frac{R_L}{2L_P}} \frac{T_{ON}}{\sqrt{T_{ON}+T_{OFF}}} V_I$$

(b) 플라이백방식(Tr가 ON일 때에 변압기 T에 에너지를 축적하고 OFF일 때에 전력을 보낸다.)

그림 7-3 포워드 컨버터와 플라이백 컨버터

그림 7-3 (a)와 (b)의 회로상의 차이점은 변압기 T의 극성이 반대라는 점이며, (b)의 회로에서는 초크코일과 전류(轉流) 다이오드가 없는 점이다. (a)의 회로는 포워드방식 또는 ON-ON 방식이라고도 하는데, 이 방식은 트랜지스터(Tr)가 ON일 때 출력에 전력을 이송하므로 이렇게 부르고 있다.

한편, (b)의 회로는 플라이백 방식 또는 ON-OFF식이라고 하는데, 이 방식은 트랜지스터(Tr)가 ON일 때 변압기 T에 에너지를 축적하고 트랜지스터(Tr)가 OFF일 때에 이 에너지를 출력에 이송하므로 이렇게 부르고 있다.

(a)의 회로에서는 출력전압은 변압기의 권선비(捲線比)와 트랜지스터(Tr)의 ON-OFF비로 출력전압이 결정되는데, 입력전압을 V_1, 변압기의 권수(捲數)를 1차측은 n_p, 2차측을 n_s, 스위칭 트랜지스터의 ON-OFF 시간을 각각 T_{ON} 및 T_{OFF}로 하면 출력전압 V_0은 초크코일의 전류가 연속적인 경우,

$$V_0 = \frac{n_s}{n_p} \frac{T_{\mathrm{ON}}}{T_{\mathrm{ON}} + T_{\mathrm{OFF}}} V_1 \tag{7-19}$$

가 된다.

(b)의 회로에서 2차측 전류가 단속적인 경우, 출력전압 V_0은 변압기의 권선비(捲線比)로는 결정되지 않고, 트랜지스터의(Tr)의 ON-OFF비와 1차측 인덕턴스 L_p 및 부하저항 R_L에 의해서 결정된다. 변압기의 권수비는 트랜지스터(Tr)에 첨가되는 전압에 관계되며 권수비가 올라가면 트랜지스터(Tr)에 첨가되는 전압이 증가한다. 이 회로에서 출력전압 V_0는,

$$V_0 = \sqrt{\frac{R_L}{2L_p}} \frac{T_{\mathrm{ON}}}{\sqrt{T_{\mathrm{ON}} + T_{\mathrm{OFF}}}} V_1 \tag{7-20}$$

가 된다.

포워드방식과 플라이백 방식에서는 변압기의 설계방법도 다른 것에 주의하기 바란다. 스위칭 트랜지스터의 ON-OFF비를 1대1로 한 경우 변압기의 권수비는 포워드방식에서는 입력전압과 출력전압비의 약 2배가 되고, 플라이백 방식에서는 1차 전압과 2차 전압의 비와 같게 된다. 또한, 포워드방식의 1차 권선의 인덕턴스는 일반적으로 클수록 좋아진다. 따라서, 변압기의 코어(Core)는 갭을 넣지 않고 사용하는 것이 보통이지만, 플라이백 방식에서는 식 (7-20)에 든 출력전압을 내기 때문에 변압기의 코어에는 갭을 넣어서 인덕턴스를 희망하는 값으로 조정할 필요가 있다.

포워드방식과 플라이백 방식에는 각각 특징이 있으며, 용도에 따라 구분하여 사용된다. 플라이백 타이프는 초크코일이 불필요하지만, 스위칭 트랜지스터나 필터 커패시터의 리플전류가 많이 흐르는 결점이 있다. 그러나, 출력전압이 kV급 이상

으로 높은 경우나 동일 컨버터를 병렬로 사용해서 출력전력을 올리는 경우에, 그 특징을 살리는 설계를 할 수가 있다.

4. 실험에 사용하는 장비 및 부품

품명	규격	수량
오실로스코프		1
디지털 테스터		1
인덕턴스 측정기		1
PWM 제어보드	그림 3-11	1
Power MOSFET	IRF730	1
출력 인덕터용 E-I 페라이트 코어	단면적 $1cm^2$	1
에나멜선	직경 0.5mm	약간
고속 다이오드	UF5408	1
부하저항	100Ω 10W	1
저항	1/2W형 다수	2
필름 커패시터	4.7μF 250V	1
납		약간
칼라 배선		약간
기타		

5. 컨버터 회로정수의 결정

· 입력전압 : 15V

· 출력전압 : 20V

· 최소 부하전류 : 0.1A

· 스위칭 주파수 : 30kHz

· 스위칭 소자 : Power MOSFET IRF730(400V, 5.5A, R_{DS}=1Ω)

· FRD(고속 다이오드) : UF5408 (V_{RRM}=1,000V, $I_{F(AV)}$=3.0A, trr=75ns)

· C_0 : 4.7μF 250V 필름 커패시터

· 동작 듀티사이클의 결정 : D=0.5로 선정

$$\therefore t_{on} = \frac{1}{f} \times D = \frac{1}{30 \times 10^3} \times 0.5 = 17\mu S$$

· $L_0 = \frac{(V_i - V_{DS(\text{sat})})^2 \times {t_{on}}^2}{2 \times V_0 \times I_0} \times f = \frac{(15-1)^2 \times (17 \times 10^{-6})^2}{2 \times 20 \times 0.1} \times (30 \times 10^3)$

$= 425\mu\text{H}$

· L_0는 단면적 $1\,\text{cm}^2$의 페라이트 코어에 직경 0.5mm의 동선으로 감아서 제작한다. 자속의 포화를 방지하기 위해 E-I 철심의 결합면에 0.5mm 정도의 공극(air gap)을 둔다.

6. Boost 컨버터 실험회로 및 실험방법

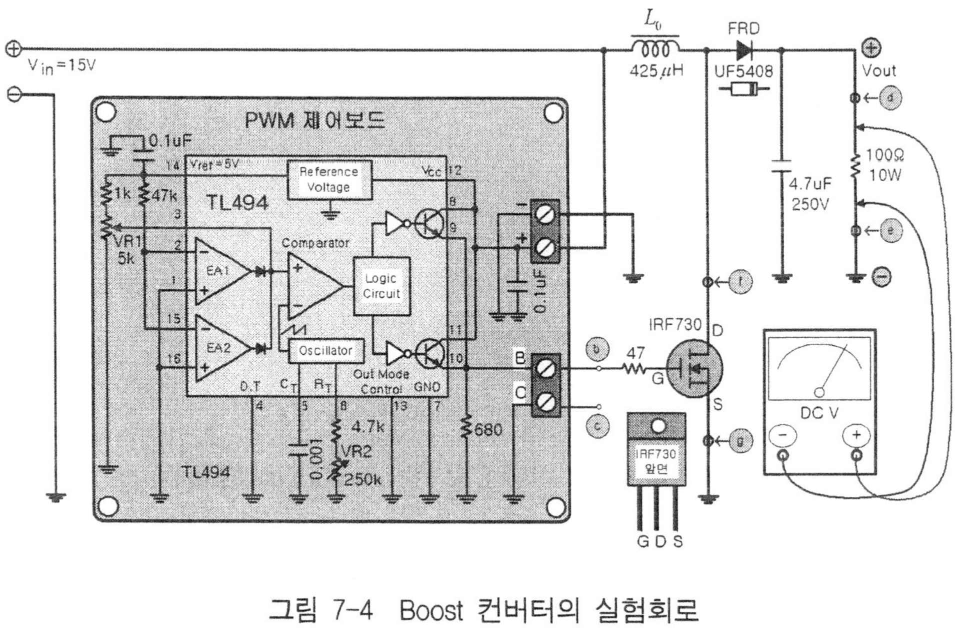

그림 7-4 Boost 컨버터의 실험회로

① 그림 7-4와 같은 실험회로를 브레드 보드(bread-board)에 배선한 후 오배선 유무를 잘 확인한다.

② ⓑ-ⓒ 간에 오실로스코프의 프로브를 접속하고 VR2(Frequency)을 조절하여 발진주파수를 30kHz가 되도록 조정한다. 이 후로 VR2는 손대지 않는다.

③ ⓓ-ⓔ 간에 테스터(전압계 range)를 접속하고 VR1(duty 비)을 조절하여 컨버터의 출력전압이 변화되는가를 확인한다.

④ ⓑ-ⓒ 간 동작 파형의 듀티비를 20~70%로 변화시키면서 부스트 컨버터 출력전압(ⓓ-ⓔ 간 전압)의 변화를 측정하여 기록한다.**(실험결과 1)**

⑤ VR1을 조절하여 컨버터의 출력전압이 20V가 되도록 한 다음, 그 때의 ⓑ-ⓒ 간 PWM 파형의 듀티비를 측정하여 기록한다.(**실험결과 2**)

실 험 보 고 서

일시 :			
학과 :	조 :	학번 :	성명 :

실험 제목 : Boost 컨버터 실험

1. 실험결과 1

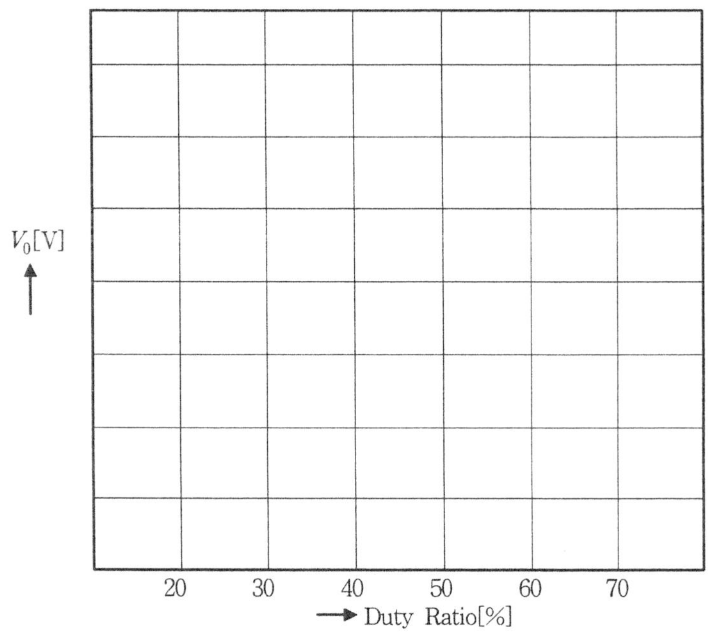

부스트 컨버터의 듀티 비(duty ratio)와 출력 전압간의 관계

2. 실험결과 2

① 컨버터의 출력전압이 20V일 때의 ⓑ-ⓒ간 PWM 파형의 듀티비 :

제8장

위상제어 회로 실험

1. 단상 위상제어의 원리

위상제어(phase control)의 원리는 그림 8-1을 참고로 하여 설명한다. 부하로의 전력의 흐름은 다이리스터 T_1의 점호각을 지연시킴으로써 제어된다.

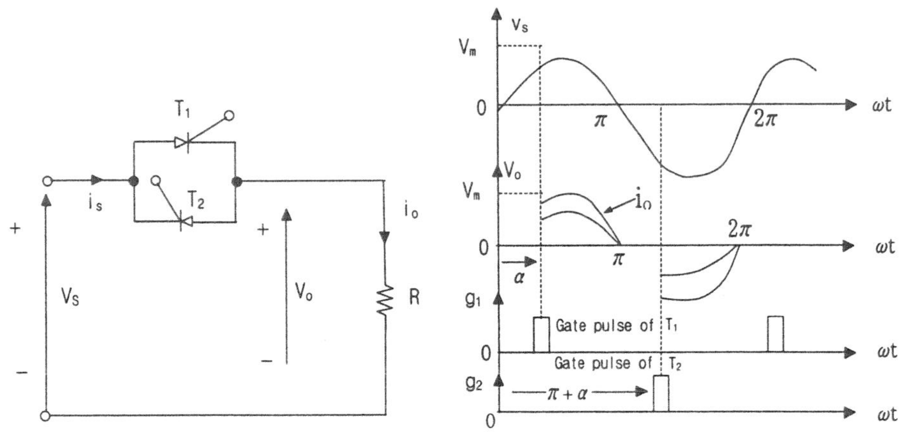

(a) 회로　　　　　(b) 파형

그림 8-1　단상전파 제어기

출력전압의 정(+)의 반주기 동안, 전력의 흐름은 다이리스터 T_1의 지연각 변화에 의해 제어된다. 그리고 다이리스터 T_2는 입력전압의 부(−)의 반주기 동안 전력의 흐름을 제어한다. T_1과 T_2의 점호각은 180°의 간격을 유지한다. 그림 8-1

(b)는 입력전압, 출력전압, T_1과 T_2의 게이트신호를 나타낸다.

$v_s = \sqrt{2}\,V_s \sin\omega t$가 입력전압이고 다이리스터 T_1과 T_2의 지연각이 $\alpha_1 = \alpha_2 = \alpha$로 같을 때, 실효출력전압은 다음 식으로 구할 수 있다.

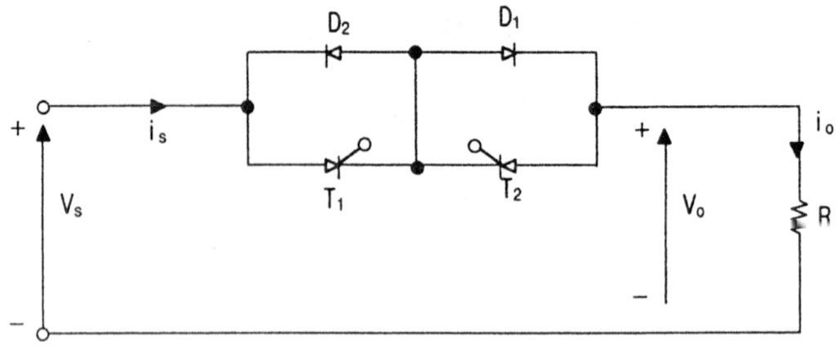

그림 8-2 공통 캐소드를 갖는 단상전파 제어기

$$V_0 = \left[\frac{2}{2\pi}\int_{\alpha}^{\pi} 2V_s^2 \sin^2\omega t d(\omega t)\right]^{1/2}$$

$$= \left[\frac{4V_s^2}{4\pi}\int_{\alpha}^{\pi}(1-\cos 2\omega)d(\omega t)\right]^{1/2}$$

$$= V_s\left[\frac{1}{\pi}(\pi-\alpha+\frac{\sin 2\alpha}{2})\right]^{1/2} \qquad (8\text{-}1)$$

α를 0에서 π까지 변화시킴으로써, V_0는 V_s로부터 0까지 변화될 수 있다.

그림 8-1 (a)에서, 다이리스터 T_1과 T_2에 대한 게이트회로는 반드시 분리되어야 한다. 그림 8-2와 같이 두 개의 다이오드를 부가함으로써 T_1과 T_2에 대한 공통 캐소드를 갖는 것이 가능하다. 다이리스터 T_1과 다이오드 D_1은 정(+)의 반주기 동안 함께 도통하며, 다이리스터 T_2와 다이오드 D_2는 부(−)의 반주기 동안 도통한다. 이 회로는 T_1과 T_2의 게이트신호를 위한 공통단자를 가질 수 있으므로, 단지 한 개의 독립회로만을 필요로 하지만, 고가인 두 개의 전력용 다이오드가 쓰인다. 두 개의 전력용 소자가 동시에 도통하기 때문에, 소자의 도통손실은 증가되며, 효율은 떨어지게 된다.

단상전파 제어기는 그림 8-3 (a)와 같이 한 개의 다이리스터와 네 개의 다이오드로도 만들 수 있다. 네 개의 다이오드는 브리지정류기로서 동작한다. 다이리스터 T_1 양단의 전압과 전류는 항상 단일방향이다. 저항부하에 대해서는 그림 8-3 (b)와 같이 각 반주기마다의 "자연전류(轉流)" 때문에 다이리스터 전류는 0으로 된다. 그러나 회로 내에 큰 인덕턴스가 존재할 때는 다이리스터 T_1은 입력전압의 각 반주기에서 턴-오프 되지 못하며, 이것은 제어손실로 귀착된다. 세 개의 전력용 소자가 동시에 도통함으로써 효율 또한 감소된다. 브리지 정류기와 다이리스터(또는 트랜지스터)는 양방향 스위치(bidirectional switch)로서 동작하는데, 이것은 비교적 낮은 온-상태 도통손실을 갖는 단일소자로서 상업적으로 유용한다.

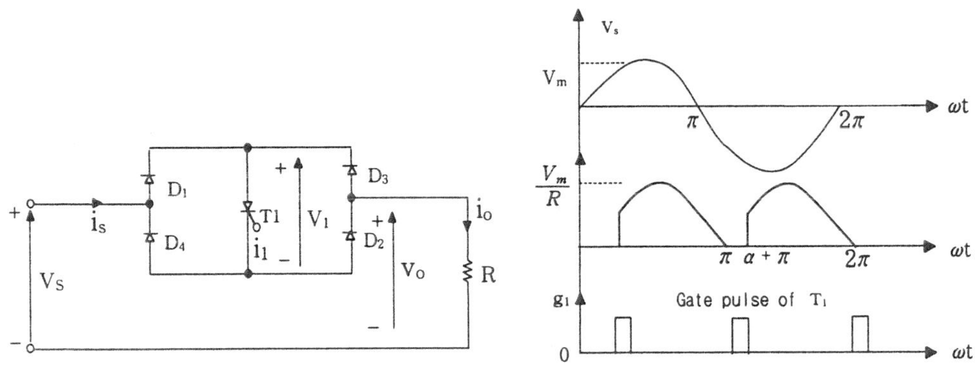

(a) 회로　　　　(b) 파형

그림 8-3　하나의 다이리스터를 갖는 단상전파 제어기

(1) 유도성 부하를 갖는 단상 제어기

지금까지는 저항부하를 가진 단상 제어기를 다루었다. 그러나 실제로 대부분의 부하는 어느 정도의 유도성을 지닌다. 그림 8-4 (a)는 RL 부하를 갖는 전파 제어기를 나타내었다. 다이리스터 T_1이 정(+)의 반주기 동안 점호되고 부하전류를 전달한다고 가정해 보자. 회로내의 인덕턴스 때문에 다이리스터 T_1의 전류는 입력전압이 부(−)로 되기 시작하는 $\omega t = \pi$에서 0으로 되지 못한다. 다이리스터 T_1은 다이리스터에 흐르는 전류 i_1이 $\omega t = \beta$점에서 0으로 떨어질 때까지 도통을 계속한다. 다이리스터 T_1의 도통각은 $\delta = \beta = -\alpha$이며, 이것은 지연각 α와 부하의 역률각 θ에 의존한다. 그림 8-4 (b)에 다이리스터 전류와 게이트펄스 및 입력전압의 파형을 나타내었다.

$v_s = \sqrt{2}\,V_s\sin\omega t$가 순시입력전압이고, 다이리스터 T_1의 지연각이 α일 때, 다이리스터전류 i_1은 다음 식으로부터 알 수 있다.

$$L\frac{di_1}{dt} + Ri_1 = \sqrt{2}\,V_2\sin\omega t \tag{8-2}$$

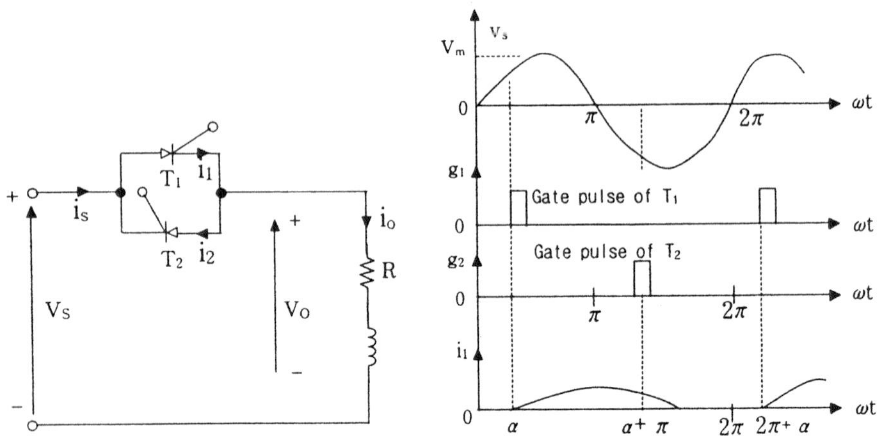

(a) 회로 (b) 파형

그림 8-4 R-L 부하를 가진 전파 제어기

다이리스터의 게이트신호는 저항부하의 제어기에 대해서는 폭이 짧은 펄스로 가능해 진다. 그러나 이러한 짧은 펄스는 유도성 부하에 대하여는 적합하지 않다. 이것은 그림 8-4 (b)를 참고로 하여 설명될 수 있다. 다이리스터 T_2가 $\omega t=\pi+\alpha$에서 점호될 때, 다이리스터 T_1은 유도성 부하로 인해 여전히 도통되어 있다. 다이리스터 T_1의 전류가 0으로 떨어지고 T_1이 $\omega t=\beta=\alpha+\delta$에서 턴-오프되는 시각에 다이리스터 T_2의 게이트신호는 이미 멈춰있고 계속해서 T_2는 턴-온되지 않을 것이다. 그 결과, 단지 다이리스터 T_1만이 동작하게 되어 출력전압과 전류의 비대칭적 파형을 초래한다. 이러한 난점은 $(\pi-\alpha)$의 지속기간 동안 연속적인 게이트신호를 이용하여 해결될 수 있다. T_1의 전류가 0으로 떨어지자마자 다이리스터 T_2는 턴-온되게 된다. 그러나 연속적인 게이트펄스는 다이리스터의 스위칭손실을 증가시키며, 게이트회로를 위한 대형의 분리된 변압기를 필요로 한다. 실제에 있어서는 일반적으로 이러한 문제를 극복하기 위하여 짧은 지속기간을 갖는 펄스의 열이 이용된다.

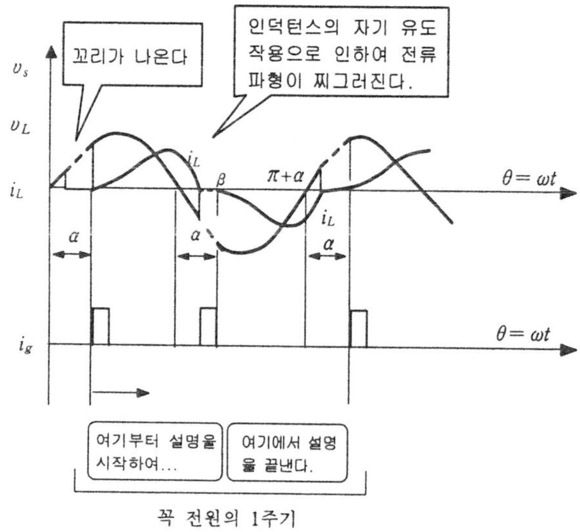

그림 8-5 R-L 부하 위상제어 파형

그림 8-5에 R-L 부하시의 동작 파형을 나타내었다.

그림 8-5에서 전류가 0이 되는 시점의 π에서 β로 뒤지는 것은 인덕턴스에 의한 것이며 동일한 전원에서 점호각 α나 저항 R을 동일하게 하여도 인덕턴스를 크게 하면 그 작용이 현저하게 되어 전류의 소호각 β가 크게 된다.

2. TRIAC을 이용한 조광회로

이 회로는 백열전구의 감광회로에 광범위하게 사용될 수 있다. 이것은 위에서 언급한 단상저항부하의 위상제어의 실제적인 예이며 교류스위치로 트라이액을 사용하고 있다. 다른 양방향 스위칭소자는 감광제어에서 트라이액의 트리거회로에서 보통 사용되며 통칭 다이악이라고 한다. 다이악은 양단의 전압이 그것의 최저 저지전압 한계를 넘어갈 때 턴온되는 양단자 소자이다. 이 회로의 구성을 그림 8-6에 나타내었다. 교류의 각 반주기마다 커패시터 C는 충전저항을 통해 충전된다. 충전비는 시정수 CR로 결정되고 저항 R값이 커질수록 느려진다. 커패시터 양단의 전압이 다이악의 최대 저지전압이 되면 다이악의 스위치가 온되고 커패시터가 트라이액의 게이트를 통해 방전되고 트라이액은 온이 된다. 다이악이 온되는 점호각은 충전저항이 변함에 따라 변한다. 이것으로 전등의 명암을 제어한다.

다이악의 최대 저지전압을 이용하여 저항 R와 커패시터 C에 대한 점호각이 다음 방식을 통해 결정된다.

소자의 온상태에서의 전압강하가 없다고 가정하자. 게이트단자에서 트라이액의 주단자(MT1)로 향한 순방향 바이어스 경로 때문에 커패시터 전압은 다이악전압과 같다고 할 수 있다.

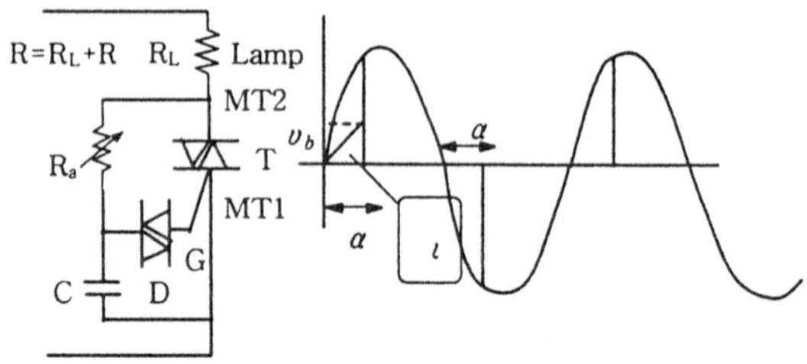

그림 8-6 트라이액 감광회로

이것은 반주기의 시작에서는 0이며 트라이액이 이전 반주기가 끝날 때까지 도통되기 때문이다. 커패시터는 새로운 반주기의 시작에서 저항 R을 통해 충전되기 시작될 것이며 이 순간에 트라이액은 오프가 된다.

그림 8-6에서 저항 R_L은 전등의 저항이며 가변저항 R_a는 대체로 수 킬로 옴 정도이다. 120V, 100W 전등의 저항은 144Ω이고 100W의 전력을 소비한다. 온도가 더욱 낮은 경우 전력소비가 더욱 낮아진다. 그리하여 전등의 충전시정수에 거의 영향을 미치지 않는다. 어떤 경우라도 전체 저항 R을

$$R = R_a + R_L \tag{8-3}$$

로 쓸 수 있을 것이다. 교류전원전압은 정현파라고 가정하고 최대값은 $V_m = \sqrt{2}\,V$이며 V는 실효치이다. 커패시터의 충전전류는 Cdv_c/dt가 되며 여기서 v_c는 커패시터 전압이다. 따라서 충전전류 루프방정식을 세워보면 다음과 같다.

$$RC\frac{dv_c}{dt} + v_c = V_m \sin\omega t \tag{8-4}$$

이 미분방정식의 해는 특수적분과 보조함수해로 표현할 수 있다. 정상상태에서의 위식의 특수적분은 교류회로이론을 적용하면 다음과 같이 표현할 수 있다. 여기서

$$\phi = \tan^{-1}\omega CR$$

$$v_c = \frac{V_m}{\sqrt{1+\omega^2 C^2 R^2}} \sin(\omega t - \phi) \tag{8-5}$$

이 방정식의 우변을 0으로 놓고 풀었을 때, 보조함수 해는 식 (8-4)의 해가 된다. 이 해는 적분에 의해 구할 수 있으며 이 해는 저항을 통해서 방전되는 커패시터의 방전방정식이다.

$$v_c = V_1 e^{-t/CR} \tag{8-6}$$

여기서 상수 V_1은 완전 해에서 초기 조건을 이용하면 구할 수 있다. 따라서 완전 해는 다음과 같이 표현될 수 있다.

$$V_1 = \frac{V_m}{\sqrt{1+\omega^2 C^2 R^2}} \sin(\omega t - \phi) + V_1 e^{-t/CR} \tag{8-7}$$

V_1을 결정하기 위해서 $t=0$에서 $v_c=0$이라는 초기조건을 이용한다. 트라이액이 이전 반주기의 끝까지 도통되고 있기 때문에 이 초기조건은 유효하다. 이 과정을 통해 V_1은 다음과 같이 주어진다.

$$V_1 = \frac{V_m}{\sqrt{1+\omega^2 C^2 R^2}} \sin\phi \tag{8-8}$$

따라서 완전 해는 다음식과 같이 표현될 수 있다.

$$v_c = \frac{V_m}{\sqrt{1+\omega^2 C^2 R^2}} [\sin(\omega t - \phi) + e^{-t/CR}\sin\phi] \tag{8-9}$$

트라이액의 턴온은 커패시터의 전압이 다이악의 최대 저지전압이 될 때 일어난다. 따라서 v_c가 최대 저지전압 v_b가 될 때, θ는 α가 된다. 여기서 α는 점호각을

나타내고 있다. 이 변환을 사용하면 v_b에 대한 방정식은 다음과 같이 쓸 수 있다.

$$\frac{v_b}{V_m}=\frac{1}{\sqrt{1+\omega^2C^2R^2}}[\sin(\alpha-\phi)+e^{-\alpha/\omega CR}\sin\phi] \tag{8-10}$$

위 식을 이용하여 특정저항 R, 커패시터 C와 최대 저지전압에서의 점호각을 결정할 수 있다. 컴퓨터를 사용하여 이 방정식의 해를 구할 수 있다.

3. 위상제어 정류회로

다이오드 정류기(diode rectifier)는 고정출력 전압만을 제공한다. 제어출력 전압을 얻기 위해서는 다이오드 대신 위상제어 다이리스터를 사용한다. 다이리스터 정류기의 출력전압은 다이리스터의 지연각(delay angle) 혹은 점호각(firing angle)을 제어하여 변화시킨다. 위상제어 다이리스터는 게이트에 짧은 펄스를 인가함으로써 턴-온되며, 자연전류(natural commutation) 또는 선전류(line commutation)로 턴-오프 된다. 높은 유도성 부하인 경우에는 입력전압의 부(−)의 반주기 동안 정류기의 다른 다이리스터를 점호함으로써 턴-오프 된다.

이러한 위상제어 정류기(phase-controlled rectifier)는 간단하며 비싸지 않다. 일반적으로, 이 정류기의 효율은 95% 이상이다. 이 위상제어 정류기는 AC를 DC로 변환시키므로 이를 AC-DC 컨버터(AC-DC converter ; AC-DC 변환기)라고도 하며, 산업 응용, 특히 분수마력(fractional horsepower)에서부터 MW(megawatt) 전력 수준까지의 키범주에 있는 가변속 구동에 폭넓게 사용된다.

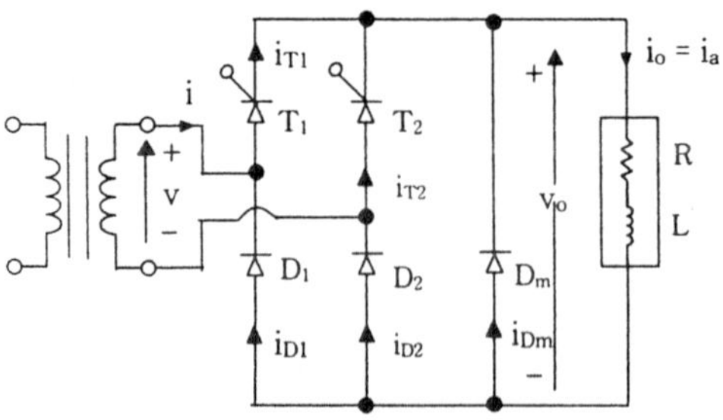

(a) 회로

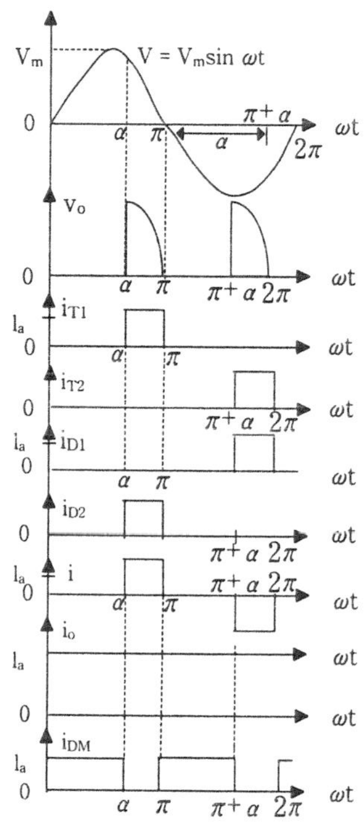

(b) 파형

그림 8-7 위상제어 정류회로의 각부 파형

위상제어 정류기는 입력전원에 따라 두가지 형, 즉 (1) 단상컨버터와 (2) 3상컨버터로 분류할 수 있다. 각 형은 다시 (a) 세미컨버터(semi converter), (b) 전파컨버터(full converter), 그리고 (c) 듀얼컨버터(dual converter)로 분류할 수 있다. 세미컨버터는 1상한 컨버터이며, 한 극성의 출력전압과 출력전류를 갖는다. 단상세미컨버터형의 위상제어 정류회로를 그림 8-7 (a)에 나타내었다.

큰 유도성 부하를 가지며 부하전류는 연속이라고 가정한다. 정(+)의 반주기 동안에 다이리스터 T_1은 순방향 바이어스 된다. 다이리스터 T_1이 $\omega t = \alpha$에서 점호될 때, 부하는 주기 $\alpha \le \omega t \le \pi$동안 T_1과 D_2를 통해 입력전원에 연결된다. $\alpha \le \omega t \le (\pi + \alpha)$주기 동안, 입력전압은 부(−)이고 환류 다이오드 D_m은 순방향바이어스된다. D_m은 유도성 부하에서 전류의 연속성을 제공하기 위해 도통한다. 부하전류는 T_1과 D_2로부터 D_m으로 전달된다. 그리고 다이리스터 T_1과 다이오드 D_2는 턴-오프 된다. 입력전압의 부(−)의 반주기 동안, 다이리스터 T_2는 순방향바이어스되고 $\omega t = \pi + \alpha$에서 다이리스터 T_2의 점호로 D_m은 역바이어스될 것이다.

다이오드 D_m은 턴-오프되며, 부하는 T_2와 D_1을 통해 전원으로 연결된다.

그림 8-7 (b)는 입력전압, 출력전압, 입력전류 및 T_1, T_2, D_1과 D_2를 흐르는 전류의 파형을 나타낸다. 이 컨버터는 환류 다이오드 때문에 좋은 역률을 가지며, 통상 1상한 동작이 받아들여지는 15kW까지의 응용에서 사용된다. 평균출력전압은

$$V_{dc} = \frac{2}{2\pi}\int_{\alpha}^{\pi} V_m \sin\omega t d(\omega t) = \frac{2V_m}{2\pi}[-\cos\omega t]_{\alpha}^{\pi} = \frac{V_m}{\pi}(1+\cos\alpha) \qquad (8\text{-}11)$$

로 부터 알 수 있으며, V_{dc}는 α를 0부터 π까지 가변함에 의해서 $2V_m/\pi$로부터 0까지 변화될 수 있다. 최대 평균출력전압은 $V_{dm} = 2V_m/\pi$이며, 정규화 평균출력전압은 다음과 같다.

$$V_n = \frac{V_{dc}}{V_{dm}} = 0.5(1+\cos\alpha) \qquad (8\text{-}12)$$

4. 위상제어 IC TCA785

AC 전력을 위상제어할 때 IC를 사용하면 개별 부품일 때보다 많은 혜택을 받을 수 있다. 출력전압을 제어하는 위상 제어회로에 전용 IC를 사용함으로써 출력전압을 보다 세밀하게, 볼륨의 회전 각도와 도통개시 각도의 관계를 리니어로 제어할 수 있다.

IC의 내부 블록도를 보면 알 수 있듯이 제어할 수 있는 램프 전압, 즉 시간=위상각에 비례한 전압발생회로와 전압 콤퍼레이터를 내장하고 있으며, 트라이액 등의 도통각을 임의로 제어할 수 있다.

그림 8-8은 TCA 785의 내부 기능을 나타낸 블록도이다. 그리고 그림 8-9는 각부 동작 파형을 나타낸 것이다.

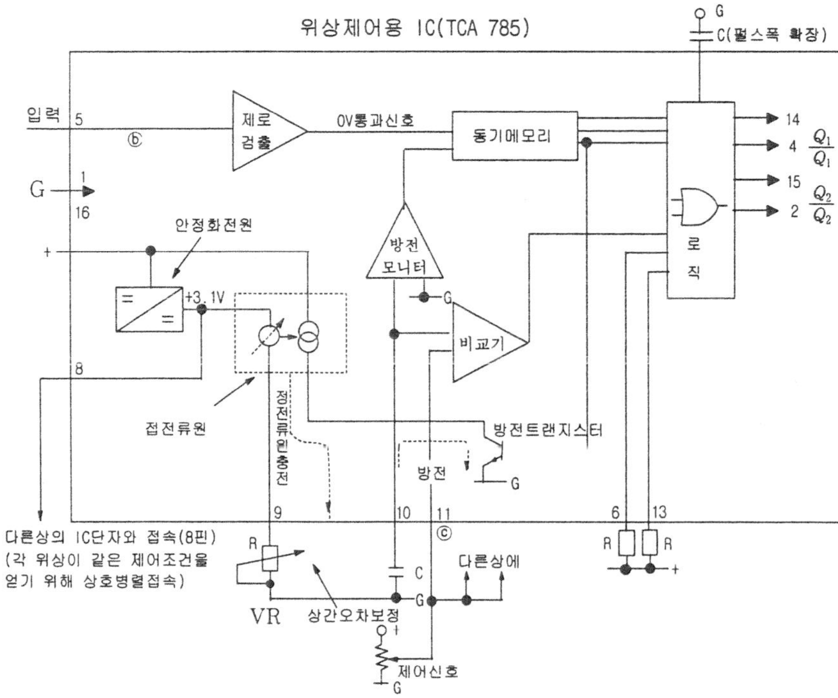

그림 8-8 TCA 785의 block diagram

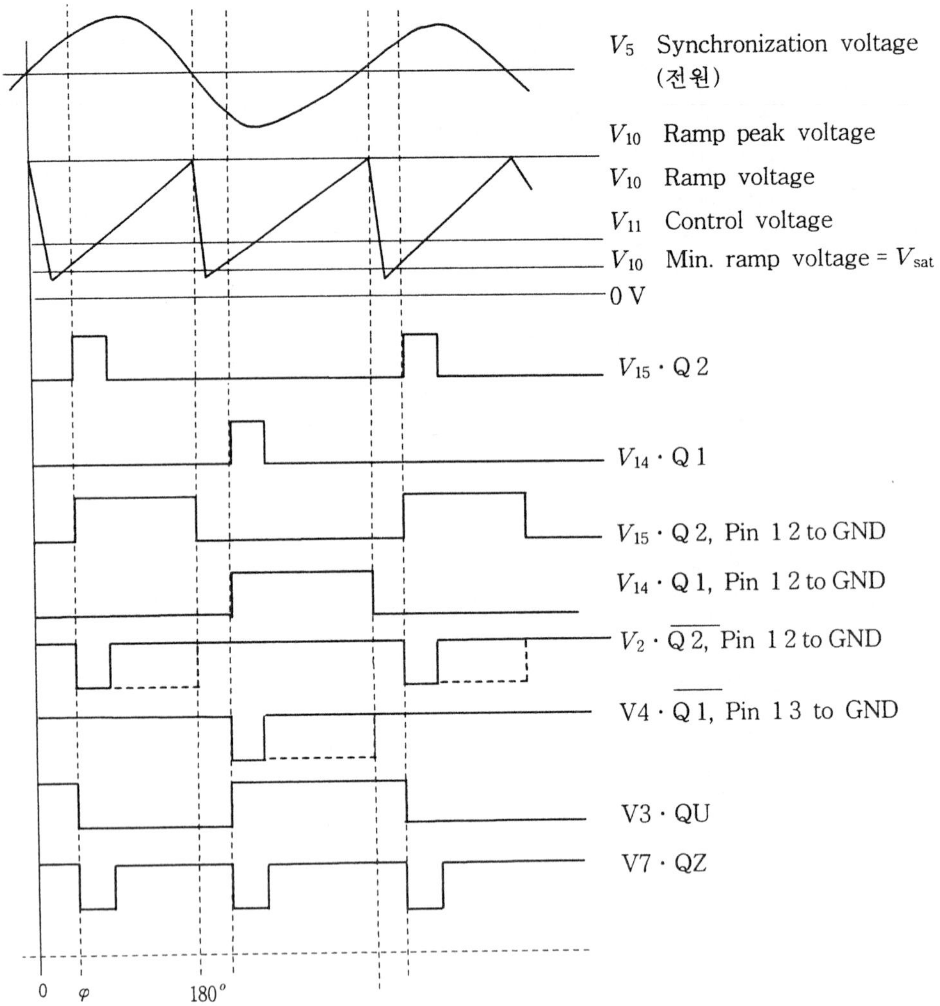

그림 8-9 TCA 785의 각부 동작 파형

그림 8-10은 TCA 785의 핀 배치도이며 표 8-1은 핀 기능을 설명한 것이다.

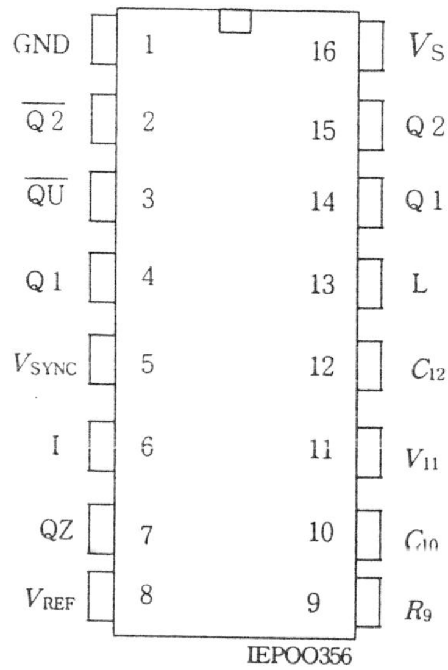

그림 8-10 TCA 785의 핀 배치도(top view)

표 8-1 Tca 785의 핀 기능표

Pin	Symbol	Function
1	GND	Ground
2	$\overline{Q\ 2}$	Output 2 inverted
3	QU	Output U
4	$\overline{Q\ 1}$	Output 1 inverted
5	V_{SYNC}	Synchronous voltage
6	I	Inhibit
7	QZ	Output Z
8	V_{REF}	Stabilized voltage
9	R_9	Ramp resistance
10	C_{10}	Ramp capacitance
11	V_{11}	Control voltage
12	C_{12}	Pulse extension
13	L	Long pulse
14	Q 1	Output 1
15	Q 2	Output 2
16	V_S	Supply voltage

그림 8-11은 TCA 785를 이용하여 설계한 단상 위상제어 회로의 예이다. 여기에서 부하전력을 제어하는 스위치로는 TRIAC이 사용되고 있다.

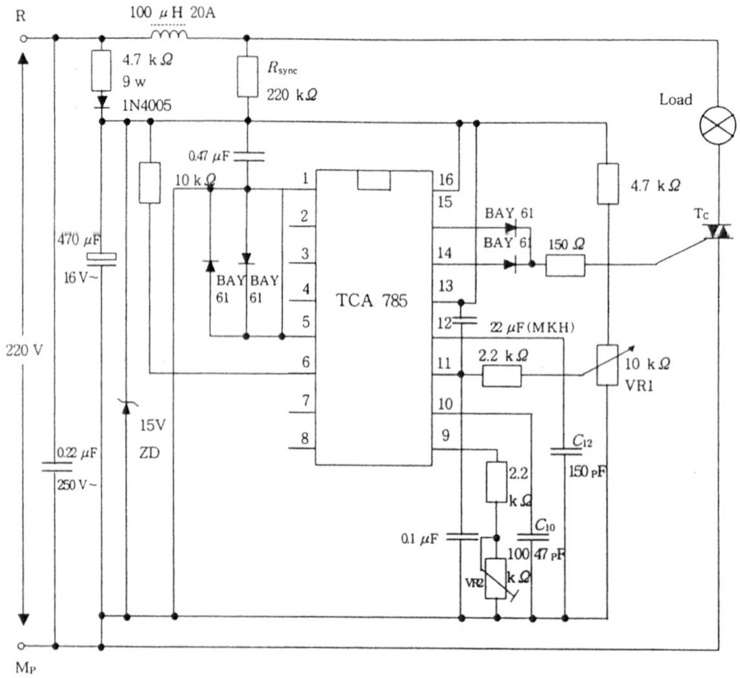

그림 8-11 TRIAC을 이용한 단상 위상제어 실험 회로

5. 실험에 사용하는 장비 및 부품

품 명	규 격	수 량
오실로스코프		1
디지털 테스터		1
전구	220V, 100W	5
TRIAC	600V, 16A	1
DIAC		1
다이오드류	각종	다수
가변저항	250kΩ, 500kΩ	2
방열판		1
저항류	각종	다수
커패시터류	각종	1
베크라이트판	500×500×6mm	1
트랜스	220V : 15V+15V	
퓨즈 및 퓨즈 홀더	250V, 3A	
납		약간
칼라 배선		약간
기타		

6. DIAC을 이용한 트리거 펄스 발생 실험

① 그림 8-12의 회로를 배선한다.

② ⓐ-ⓑ간에 오실로스코프의 프로브를 접속한다.

③ VR을 최소 위치에서 최대 위치까지 조절하면서 C 양단의 충전전압 파형을 관측하여 다음 사항을 기록한다.(**실험결과 1**)

㉠ VR 최소 위치에서의 ⓐ-ⓑ간 파형

㉡ VR 최대 위치에서의 ⓐ-ⓑ간 파형

④ ⓐ-ⓒ간에 오실로스코프의 프로브를 접속한다.

⑤ VR을 최소 위치에서 최대 위치까지 조절하면서 ⓐ-ⓒ간에 발생되는 트리거 펄스 파형을 관측하여 다음 사항을 기록한다.(**실험결과 2**)

㉠ VR 최소 위치에서의 ⓐ-ⓒ간 파형

㉡ VR 최대 위치에서의 ⓐ-ⓒ간 파형

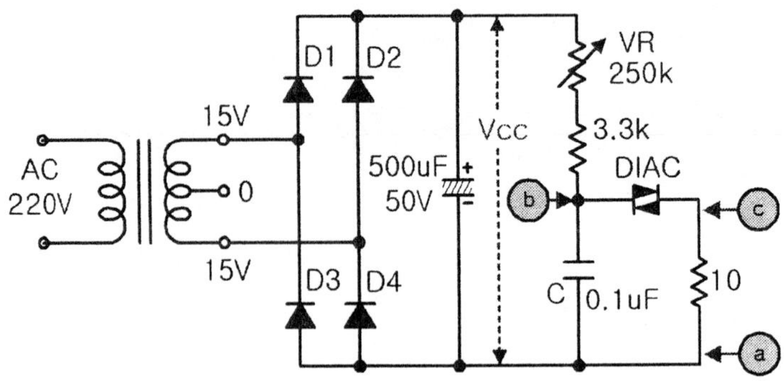

그림 8-12 DIAC을 이용한 트리거 펄스 발생 실험회로

7. DIAC과 TRIAC을 이용한 AC전력 위상제어의 실험

① 그림 8-13의 회로를 배선한다.(실험에 사용되는 전압이 높으므로 실험회로의 배선에 정확을 기하고 오배선 유무를 철저히 확인한다. 또한 감전에 주의한다.)

② VR1을 조절하여 부하 램프(100W, 220V)의 전력이 잘 제어되는가 확인한다.

③ ⓐ-ⓑ간에 오실로스코프의 프로브를 접속한다.

④ VR1을 최소 위치에서 최대 위치까지 조절하면서 C1 양단의 충전전압 파형을 관측하여 다음 사항을 기록한다.**(실험결과 3)**

㉠ VR1 최소 위치에서의 ⓐ-ⓑ간 파형

㉡ VR1 최대 위치에서의 ⓐ-ⓑ간 파형

⑤ ⓐ-ⓒ간에 오실로스코프의 프로브를 접속한다.

⑥ VR1을 최소 위치에서 최대 위치까지 조절하면서 ⓐ-ⓒ간에 발생되는 트리거 펄스 파형을 관측하여 다음 사항을 기록한다.**(실험결과 4)**

㉠ VR1 최소 위치에서의 ⓐ-ⓒ간 파형

㉡ VR1 최대 위치에서의 ⓐ-ⓒ간 파형

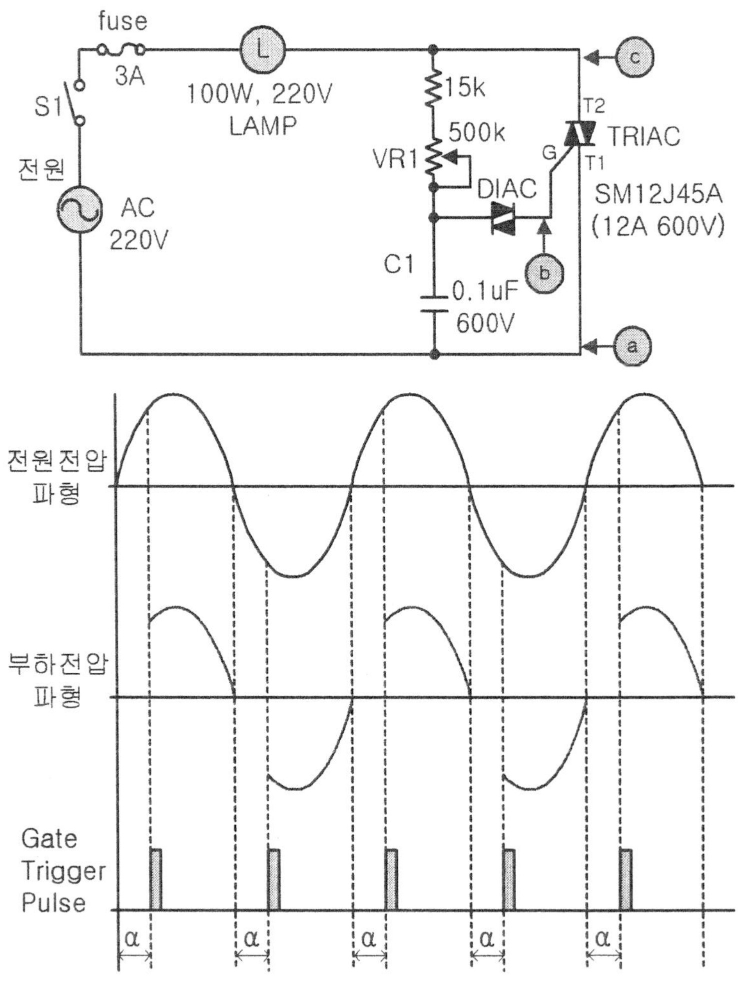

그림 8-13 DIAC과 TRIAC을 이용한 AC 위상제어 실험회로

⑦ VR1의 가변에 의해 부하전력이 제어되는 원리를 연구하여 보고서에 기록한다.(**실험결과 5**)

실 험 보 고 서

일시 :			
학과 :	조 :	학번 :	성명 :

실험 제목 : 위상제어 회로 실험

1. 실험결과 1

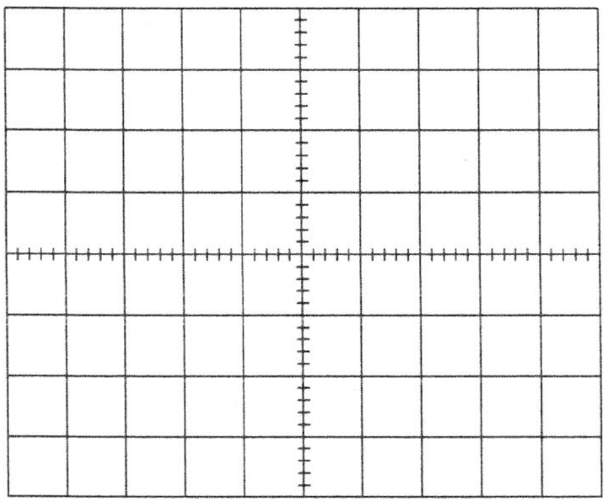

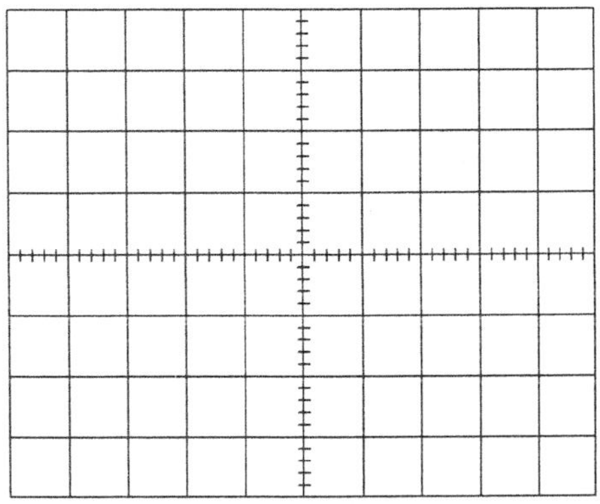

V/div :　　　　　　　　S/div :

2. 실험결과 2

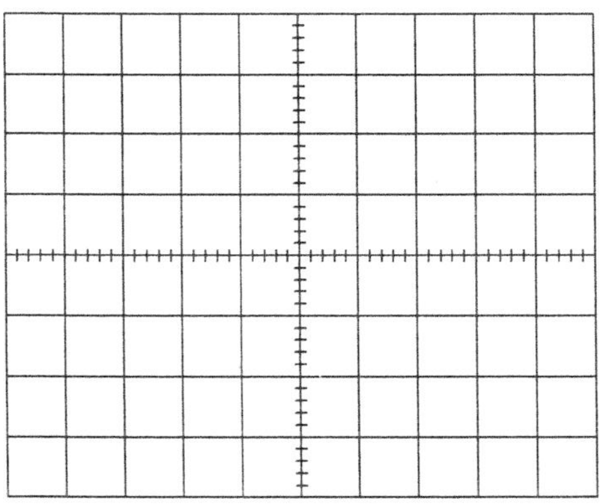

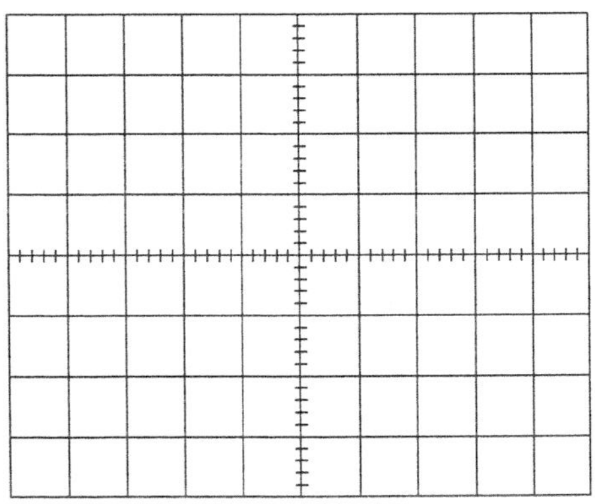

V/div :　　　　　　　　S/div :

3. 실험결과 3

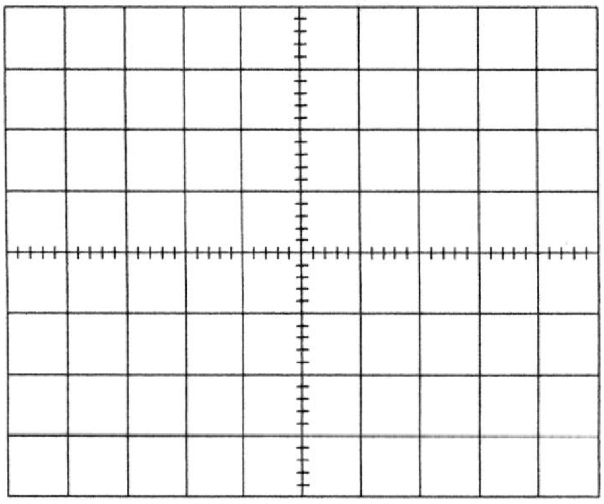

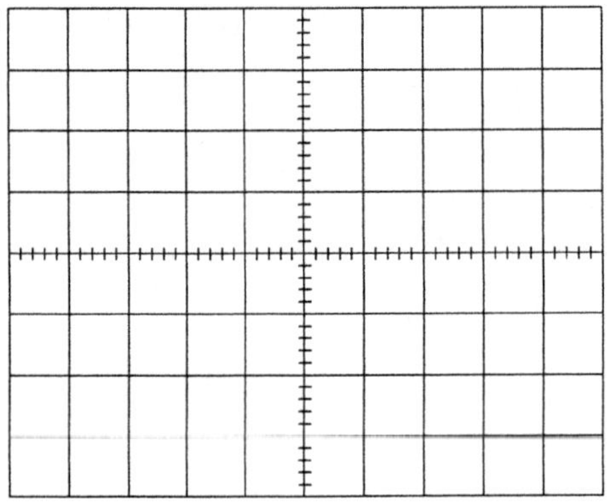

V/div :

S/div :

4. 실험결과 4

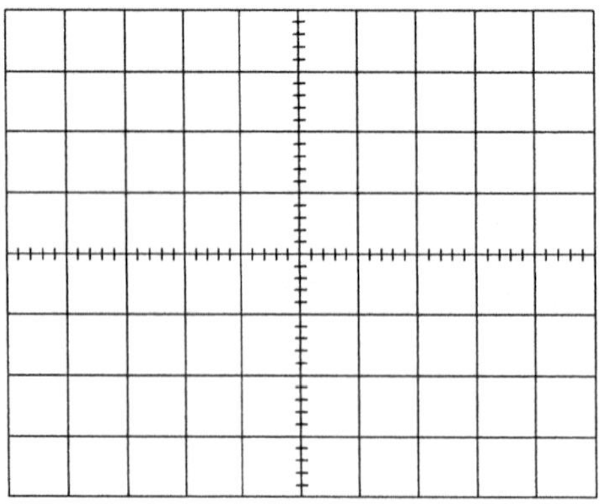

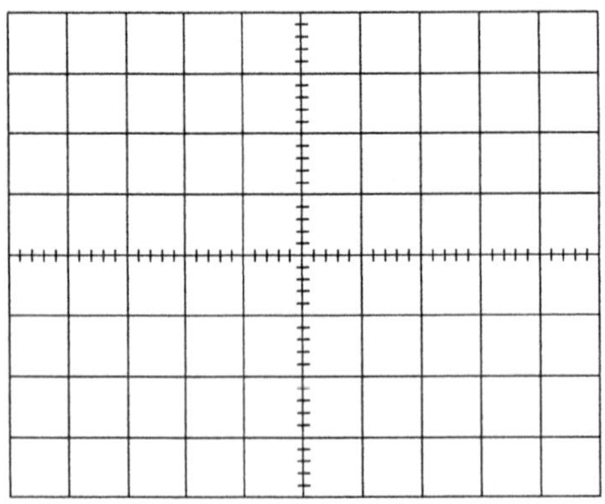

V/div :

S/div :

5. 실험결과 5

단상 인버터의 제작 및 동작 실험

제9장

1. 단상 인버터의 동작 원리

단상 인버터의 기본회로를 그림 9-1에 나타내었다. 그림 9-2는 인버터 각 스위치의 구동 파형과 AC 출력 파형을 나타낸 것이다.

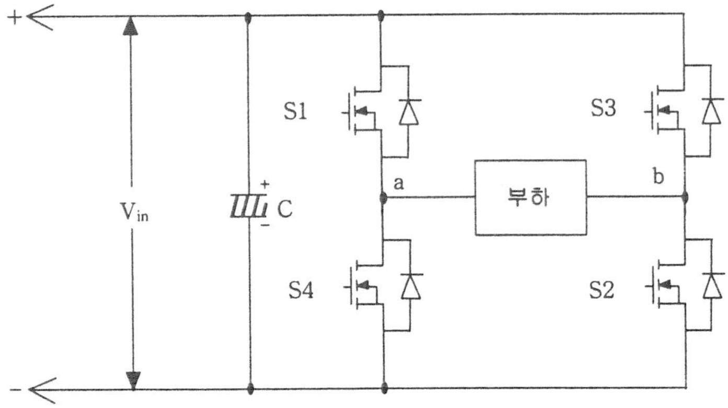

그림 9-1 단상 인버터의 기본회로

출력전압의 처음 반주기 동안에는 S1, S2에 동시에 게이트 구동신호가 가해지고 그 다음 반주기 동안에는 S3, S4에 동시에 게이트 신호가 가해진다. S1, S2 신호와 S3, S4 신호간에는 상하 스위치의 동시 도통으로 인한 단락상태를 피하기 위하여 그림 9-2에 나타낸 바와 같이 약간의 지연시간을 두는데 이것을 dead time이라고 한다.

게이트 구동신호의 주파수를 가변시키면 출력전압의 주파수가 자유롭게 가변된다.

주회로방식으로서 전압형 인버터와 전류형 인버터가 있다. 전압형은 전압원의 직류에서 교류로 변환하는 인버터이고, 전류형은 전류원의 직류에서 교류로 변환하는 방식을 말한다.

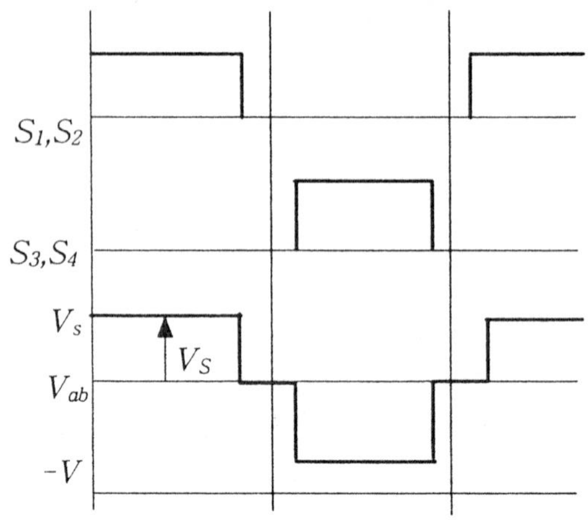

그림 9-2 게이트 제어신호 및 출력파형

이하, 기계적 스위치를 사용하여 기본동작을 설명한다. 여기서 부하는 유도전동기로 하고, 지연역률의 부하이다.

(1) 전압형 인버터

전압형 인버터의 원리도와 그 동작을 그림 9-3에서 볼 수 있다. 그림 9-3 (a)는 단상브리지 전압형 인버터로서 그림 9-3 (b)의 (다)와 같이 스위치 S1~S4를 ON-OFF하면 부하전압 v는 (가)의 실선과 같이 직류전압원 E_d와 같은 크기의 구형파의 교류전압이 된다. 여기서는 부하전류 i는 부하의 인덕턴스에 의해서 평활화되고 (가)의 파선과 같이 사인파 모양의 교류전류가 되는 것으로 가정한다.

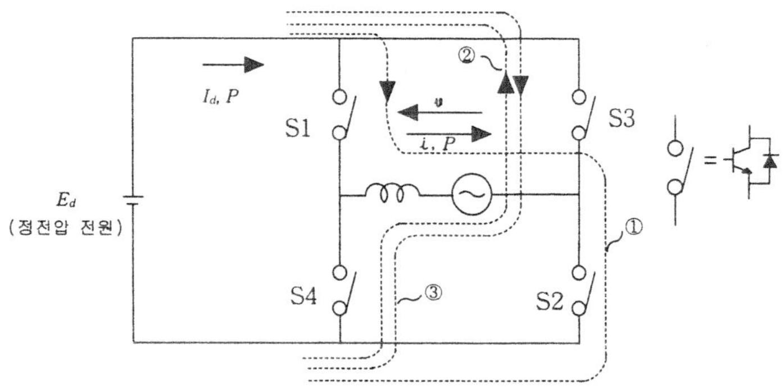

(a) 회로구성

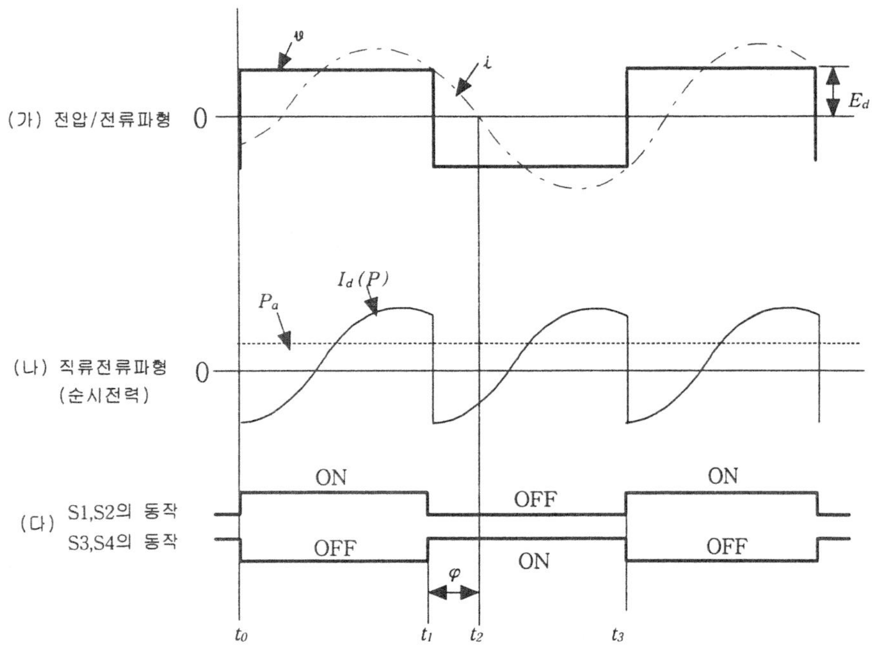

(b) 동작

그림 9-3 전압형 인버터의 동작원리

가령 스위치 S1, S2가 ON되어 있고, 직류전압원 E_d로부터 그림 9-3 (a)의 ①을 지나 부하전류 i가 공급되고 있고, 시각 t_1으로 두 스위치를 OFF하며, 동시에 스위치 S3과 S4를 ON으로 하면 부하의 무효전력을 그림의 경로 ②를 지나 직류전압원 E_d로 귀환된다.

직류전류파형 I_d는 부하전류 i와 스위치의 동작상태를 고려하면 (나)의 파형이 된다. 또 부하전압 v와 부하전류 i의 곱인 순시(瞬時) 전력 P는 직류전류 I_d와 동일한 파형이 된다. 이 순시전력 P의 평균치 P_a는 부하에 공급되는 유효전력이 된다.

시각 $t_1 \sim t_2$의 지연각 ϕ는 유도전동기의 지연역률각에 상당하고, $\phi < 90°$에서는 유효전력은 플러스(力行), $\phi < 90°$에서는 마이너스(回生)가 된다. 지연각 ϕ와 순시전력 P 및 유효전력 P_a와의 관계가 그림 9-4에 나타나 있다.

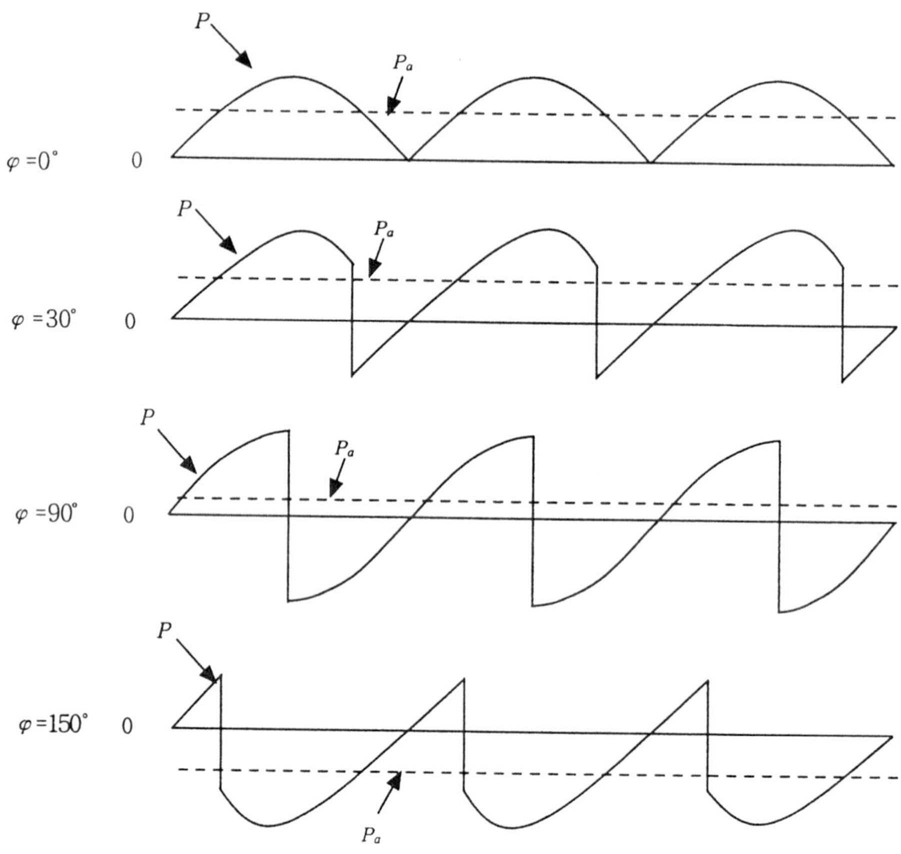

그림 9-4 지연각 ϕ와 순시전력 P, 유효전력 P_a

스위치를 1방향성의 반도체 스위치로 구성하는 경우에 대하여 트랜지스터를 예로 보면, 전원에의 귀환작용(②의 경로)을 시키기 위해서 트랜지스터와 역병렬로 귀환 다이오드를 접속한다.

전압형 인버터의 주회로 구성은 사이리스터 또는 다이오드로 구성된 컨버터부,

전압원으로 하기 위한 평활 콘덴서 그리고 인버터부로 구성된다.

(2) 전류형 인버터

전류형 인버터의 원리도와 그 동작을 그림 9-5에 나타내었다. 그림 9-5 (a)는 단상 브리지 전류형 인버터로서, 9-5 (b)와 같이 스위치 S1~S4를 ON · OFF하면 부하전류 i는 (가)의 실선과 같이 직류전류원 I_d 크기의 구형파의 교류전류가 된다. 부하전압 v는 (가) 파선과 같이 부하의 유기전압 e로 결정되는 사인파 모양의 파형이 된다. 가령 스위치 S1과 S2가 ON해 있고, 전류원 I_d에서 그림에서 보는 경로 ①을 지나 부하전류 i가 흐르고 있다고 하자. 시각 t에서 두 스위치를 OFF한 경우, 전류원이기 때문에 부하전류는 급속히 반전할 필요가 있다. 그러나 인덕턴스 부하의 전류가 순식간에 반전하는 것은 불가능하고, 부하의 양 끝에 인덕턴스에 축적된 에너지를 흡수하는 회로가 필요해진다. 이 축적에너지의 흡수기간 $l \cdot d_i/d_t$에 입각한 서지전압이 부하의 양 끝에 발생한다.

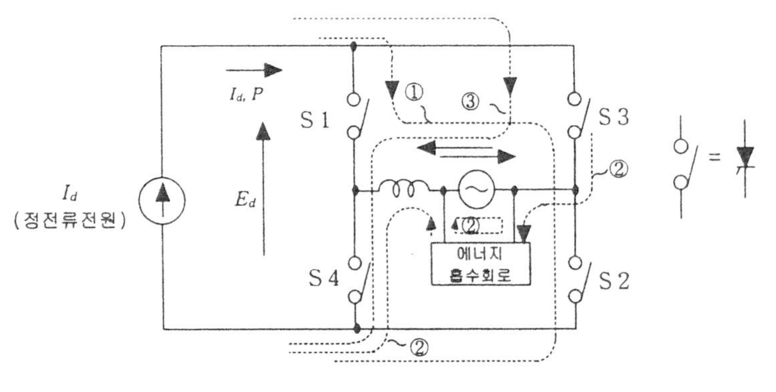

(a) 회로구성

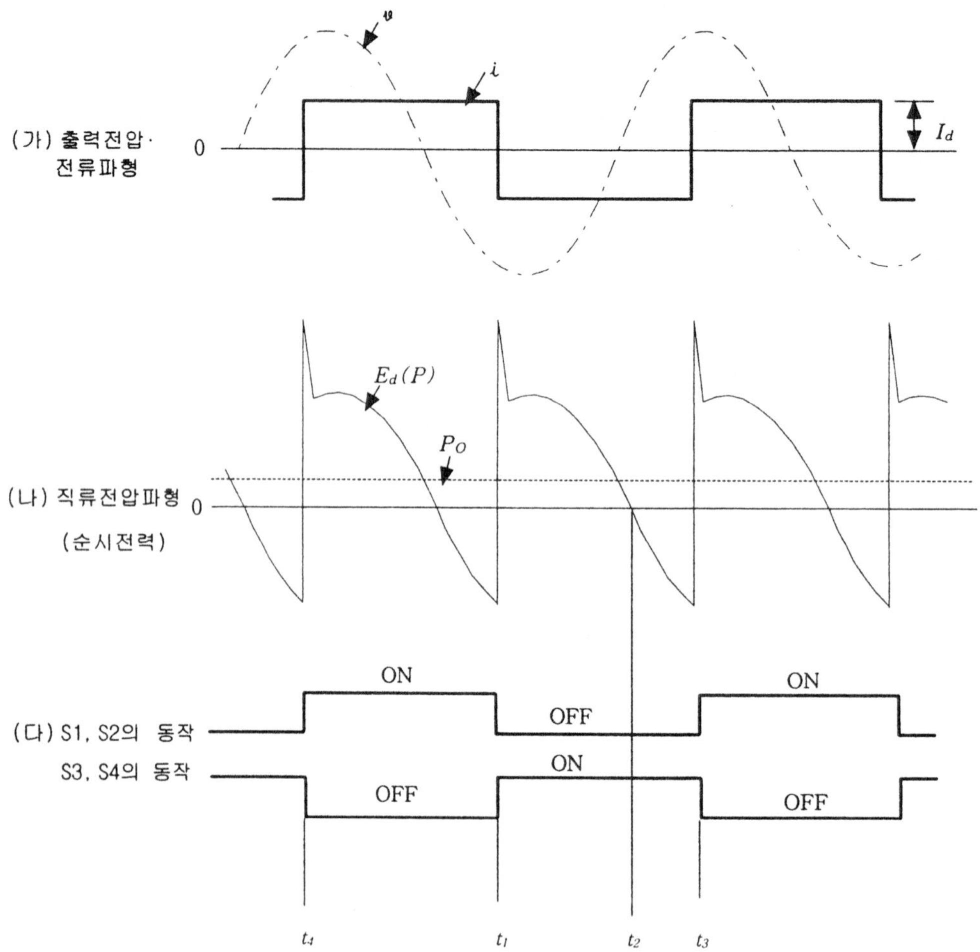

(b) 동작

그림 9-5 전류형 인버터의 동작원리

에너지 흡수회로의 작용으로 부하전류가 반전한 후, 시각 t_2까지는 전원에서 부하에 전력이 공급된다. 시각 t_3에 있어서 부하전압이 반전되고, 그런 다음 스위치 S1, S2가 다시 ON하는 시각 t_3까지의 시간은 부하에서 전원으로 전력이 다 회생되는 모드가 된다.

직류전압파형 E_d는 부하전압 v와 스위치의 동작상태를 고려하면 (나)의 파형이 된다. 또 순시전력 P는 직류전압파형과 동일하게 된다. 이 순시전력 P의 평균치인 유효전력 P_a는 (나)의 파선과 같이 된다.

유도전동기의 지연역률각 ϕ와 순시전력 P 및 유효전력 P_a와의 관계는 그림

9-4의 전압형의 경우와 유사하지만 역의 맥동파형이 된다.

스위치를 반도체 스위치로 구성하는 경우, 전류형 인버터에서는 일반적으로 사이리스터가 사용되고 있고, 전류(轉流)를 위한 회로가 필요하지만, 에너지 흡수회로와 병용되고 있다.

전류형 인버터의 주회로 컨버터 부는 MOSFET, IGBT, GTO 등으로 구성하고, 컨버터와 평활 리액터에 의하여 전류원으로서의 작용을 하게 하고 있다.

2. PAM과 PWM

출력전압 또는 출력전류의 제어는 컨버터 부분 혹은 인버터 부분에서 행해진다. 이 출력의 제어수단으로서 PAM 방식과 PWM 방식이 있다.

(1) PAM

PAM이란 Pulse Amplitude Modulation의 약칭으로써, 전압원의 전압 E_d, 혹은 전류원의 전류 I_d의 진폭을 바꾸고, 출력을 제어하는 방식이다. 따라서 인버터 부분에서는 주파수만 제어하고, 컨버터 부분에서 출력의 전압 혹은 전류를 제어한다. 그림 9-6에 PAM에 의한 전압조정시의 출력전압파형을 고전압시 및 저전압시에 대하여 나타내고 있다.

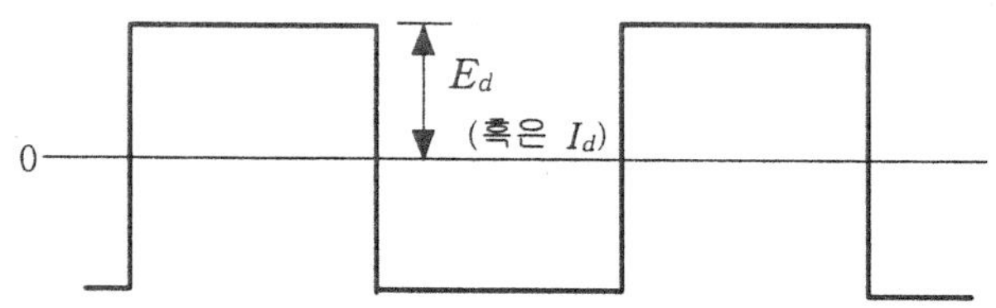

(a) 고전압 때

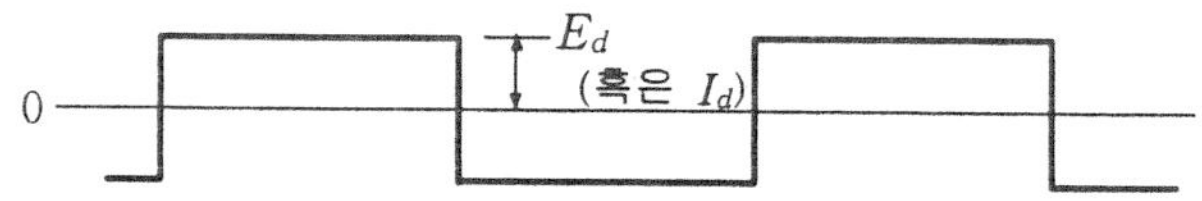

(b) 저전압 때

그림 9-6 PAM에 의한 전압 조정

사이리스터 인버터에서는 전류(轉流)시간이 100~수100μs 필요하기 때문에 고주파 스위칭이 어렵고, PWM 제어가 곤란하며, 인버터 부분에서는 주파수만을 제어하는 PAM 방식이 채용된다. 또 트랜지스터 인버터나 GTO 인버터에 있어서도 고속모터를 구동하는 용도나, PWM 제어에 기인하여 모터에서 발생하는 자기소음이 문제가 되는 용도에 대하여 초퍼 부분에서 출력전압을 제어하는 초퍼 PAM 방식이 채용된다.

(2) PWM

PWM이란 Pulse Width Modulation의 약칭으로써, 출력파형의 반사이클 안에 다수의 펄스열을 만들고, 그 펄스 폭의 등가전압을 사인파 모양으로 변화시켜 저차(低次)고조파가 적은 매끄러운 출력을 얻는 방식이다. 그림 9-7에 PWM 인버터에 의한 전압조정의 원리가 나타나 있다. 그림 9-7 (a)에서, 삼각파형의 변조파와 사인파형의 신호파를 비교하여 그 논리(신호파가 삼각파보다도 큰 때를 정(正)논리로 한다.)를 취하면 그림 (b) 및 그림 (c)와 같이 신호파의 진폭에 대응하여, 펄스폭의 등가전압이 사인파 모양으로 변조된 출력파형을 얻을 수 있다.

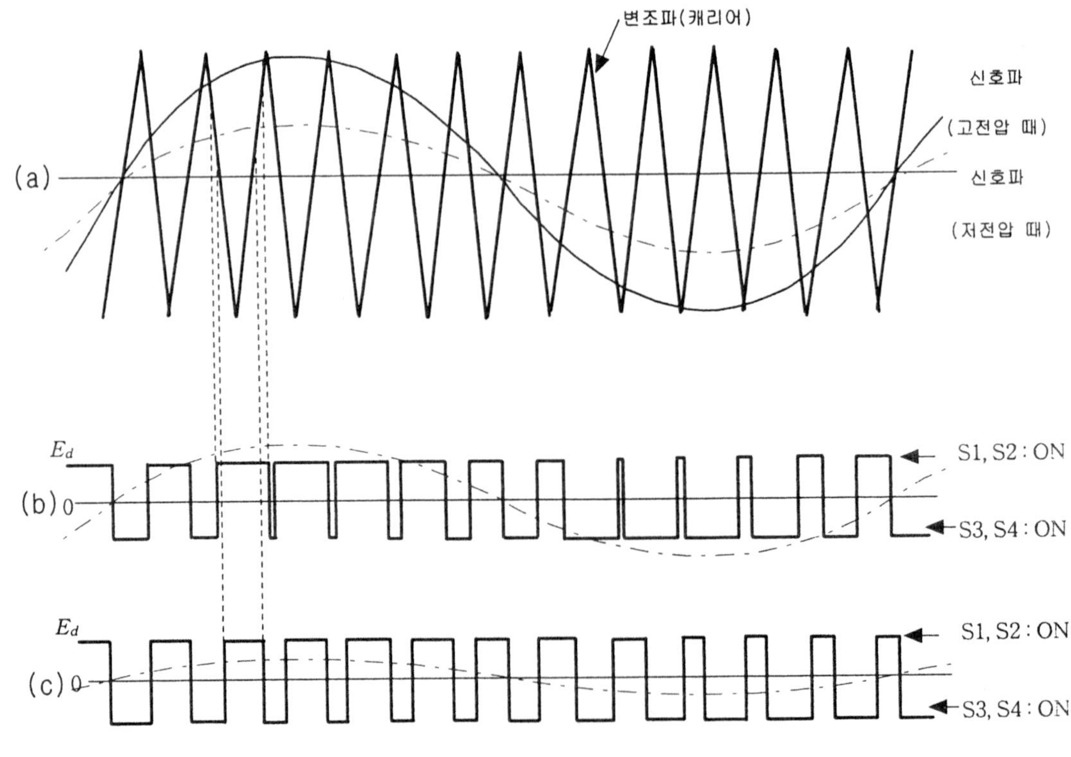

그림 9-7 PWM에 의한 전압조정

단상전압형 인버터에 있어서, 정논리로 스위치 S1, S2를 ON(S3, S4는 OFF)이라 하고, 부논리로 스위치 S3, S4를 ON(S1, S2는 OFF)이라 하면, 그 출력 파형은 신호파의 진폭에 대응하여 그림 (b) 혹은 (c)가 된다.

트랜지스터나 GTO 인버터에서는 PWM 방식의 적용이 가능하고, 인버터 부분만으로 주파수의 제어와 출력의 조정이 가능하다. 따라서 PWM 방식에서는 컨버터 부분의 출력은 일정한 전압의 직류면 되고, 컨버터 부분은 보통 다이오드로 구성되는 경우가 많다.

3. 단상 인버터의 실험회로

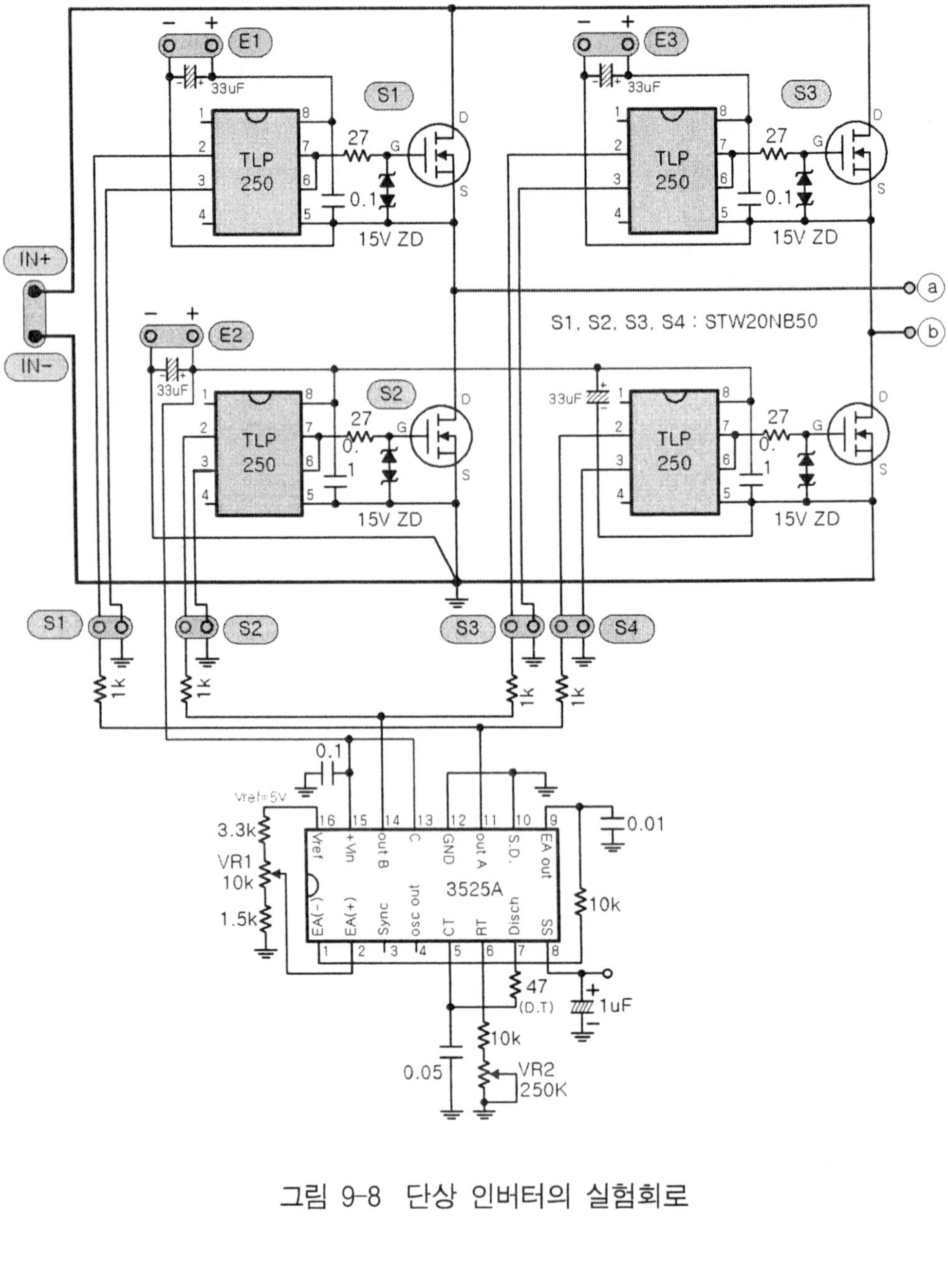

그림 9-8 단상 인버터의 실험회로

4. 실험에 사용하는 장비 및 부품

품 명	규 격	수 량
오실로스코프		1
디지털 테스터		1
직류전원장치(SMPS)	DC 15V, 1.5A	3
직류전원장치	DC 37~48V, 5A	1
부하저항	100Ω 500W	2
단상 인버터 실험보드	그림 9-8	1
베크라이트 판	600×500×6mm	1
커패시터류	각종	다수
전구	12V, 8W	4
납		약간
칼라 배선		약간
기타		

5. 실험 방법 및 순서

① 그림 9-8의 단상 인버터 실험 보드를 제작한다.

② 인버터 실험보드의 출력 단자 ⓐ, ⓑ에 12V 8W 전구 4개를 직렬로 접속한다.

③ 인버터 실험보드의 [E1], [E2] 및 [E3] 단자에 DC 15V 전원을 극성에 유의하여 각각 개별적으로 접속한다.

④ 인버터 실험보드의 [IN+]와 [IN-] 단자에 DC 48V 전원을 극성에 유의하여 접속한다.

⑤ 인버터 실험보드의 VR1을 서서히 돌려서 부하 전구의 밝기가 원활하게 변화되는가를 확인한다. 램프의 잘 조절되지 않으면 회로 전체의 이상 유무를 다시 조사하여 동작되도록 한다.

⑥ 인버터 실험보드의 출력 단자 ⓐ, ⓑ간에 오실로스코프의 프로브를 접속한다.

⑦ 인버터 실험보드의 VR2를 돌려서 출력 파형의 주파수가 100Hz가 되도록 조절한다.

⑧ VR1을 돌려서 출력 파형의 duty cycle을 변화시키면서 그 파형을 관측하여 다음 사항을 기록한다.**(실험결과 1)**

㉠ 듀티비가 20%일 때의 인버터 출력전압 파형

㉡ 듀티비가 50%일 때의 인버터 출력전압 파형

㉢ 듀티비가 80%일 때의 인버터 출력전압 파형

⑨ 인버터 실험보드의 VR2를 돌려서 출력파형의 주파수를 10 kHz로 조절한다.

⑩ VR1을 돌려서 출력파형의 duty cycle을 변화시키면서 그 파형을 관측하여 다음 사항을 기록한다.(**실험결과 2**)

㉠ 듀티비가 20%일 때의 인버터 출력전압 파형

㉡ 듀티비가 50%일 때의 인버터 출력전압 파형

㉢ 듀티비가 80%일 때의 인버터 출력전압 파형

실 험 보 고 서

일시 :			
학과 :	조 :	학번 :	성명 :

실험 제목 : 단상 인버터의 제작 및 동작 실험

1. 실험결과 1

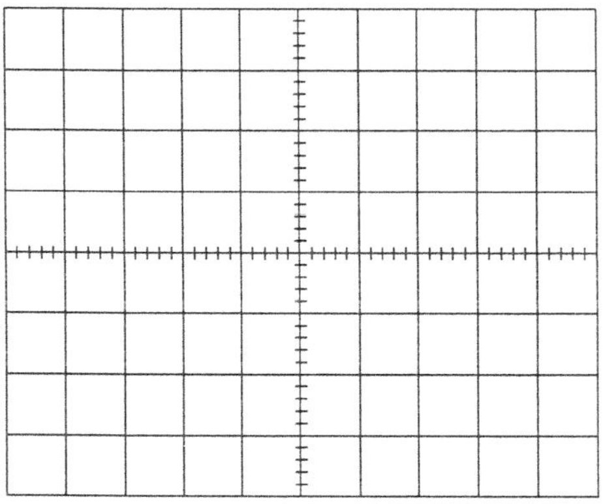

V/div :　　　　S/div :

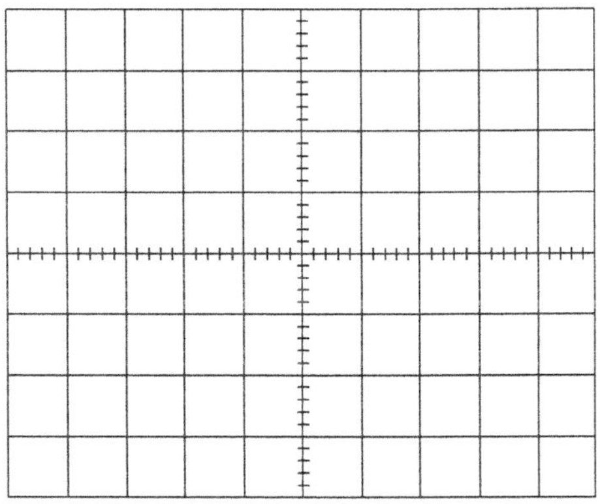

V/div :　　　　S/div :

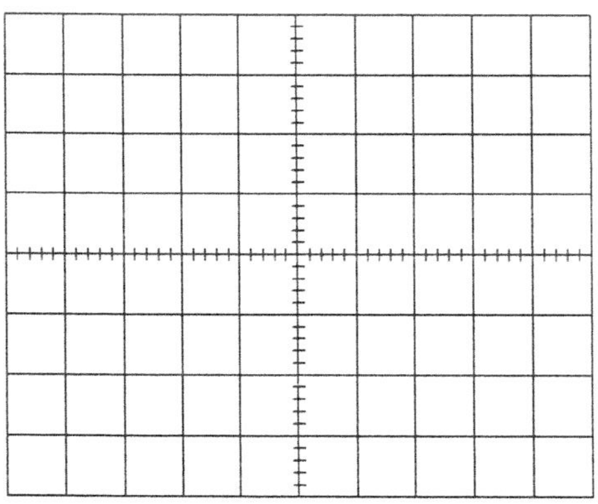

V/div :　　　　S/div :

2. 실험결과 2

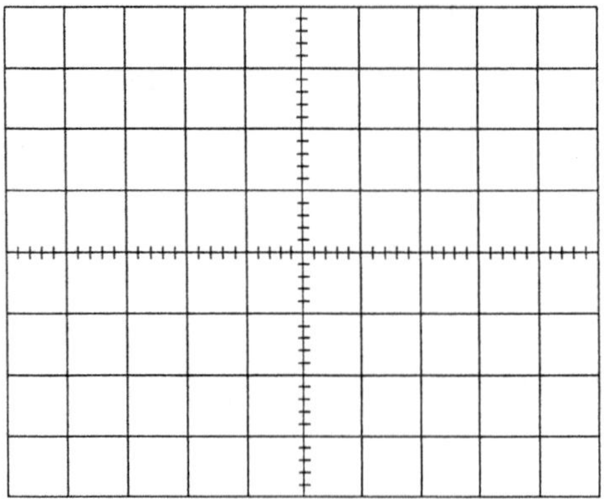

V/div :　　　　　　S/div :

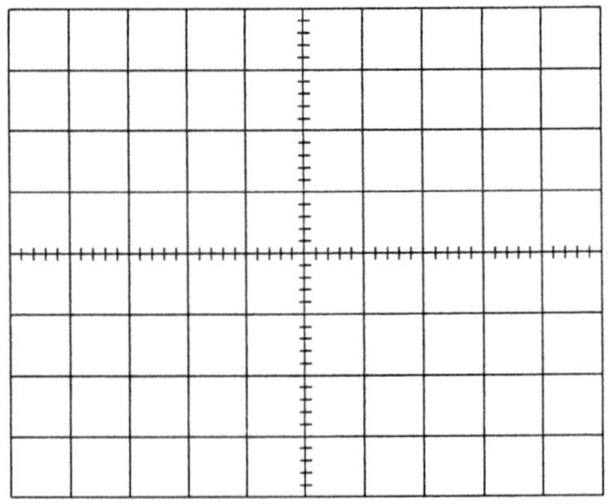

V/div :　　　　　　S/div :

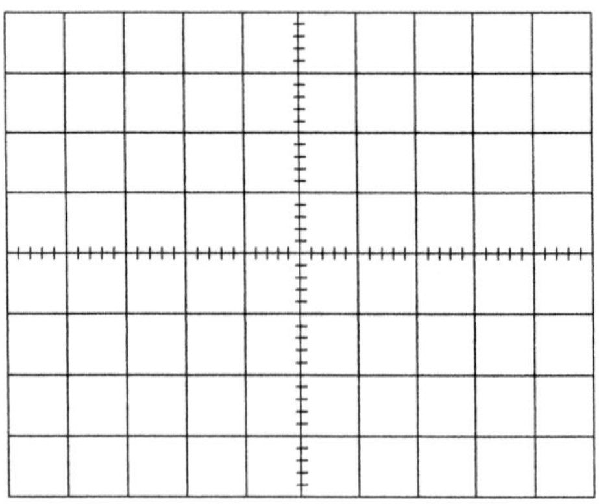

V/div :　　　　　　S/div :

제10장 조명용 고출력 LED의 정전류 구동 실험

1. LED 소자와 LED 조명

LED(Light Emitting Diode) 소자는 기본적으로 다음과 같은 특징을 가진다.

① 필라멘트나 점화기가 필요 없다.
② 장수명, 저발열 소자이다.
③ 발광 특성은 전류보다 전압변동에 민감하다.
④ LED는 단색광을 발생시킨다. 형광체를 사용할 경우는 백색광도 가능하다.
⑤ LED는 다이오드의 일종으로 극성이 있고 단방향으로만 전류가 흐른다.
⑥ LED의 광도는 전류에 비례한다.
⑦ LED는 흐르는 전류와 자체 순전압의 곱에 따라 손실이 발생한다.
⑧ 광색의 시인성 및 색재현성이 우수하다.
⑨ 점등 예열시간이 필요 없으며, 점·소등 속도(수 10ns)가 매우 빠르다.

2. 파워 LED와 LED 조명

최근 LED 소자와 패키징 기술이 비약적으로 향상되어 1W 이상의 고출력 LED가 속속 등장하였으며, 기존 조명광원보다 발광효율이 높아서 고효율 LED가 상용화 단계에 이르고 있으며 이를 이용한 LED 조명분야는 차세대 성장동력산업의 중심과제로 주목받고 있다.

LED의 고효율화, 고출력화에 따라 경관조명, 가로등, 실내조명, 생활 조명산업

등에 급속히 침투하고 있다. LED의 특징인 초박형 소형·경량화, 장수명, 수십 ns 단위의 고속응답 속도, 광색의 시인성 및 색재현성 등은 IT, BT, NT 기술과 융합되어 의료, 농업, 환경, 디스플레이, 정보가전 등의 넓은 응용 분야로 확대되고 있다.

이러한 고출력 LED(power LED)를 조명에 이용하면 다음과 같은 이점이 있다.

① 기존 광원보다 광변환 효율이 높으며 에너지 소비량이 매우 적다.
② LED 광원 및 시스템의 소형화, 박형화, 경량화를 이룰 수 있다.
③ 고체 반도체소자로써 약 3만 시간 이상의 장수명 및 내구성을 가진다.
④ 방전등처럼 수은 및 방전용 가스를 사용하지 않으므로 환경 친화적이다.
⑤ 안정적인 직류 점등방식으로 반복성 펄스 동작이 가능하며, 시신경의 피로를 감소시킬 수 있다.
⑥ 서로 다른 광색과 특성을 가진 LED를 조합하여 다양하고 다이내믹한 광원의 모양과 광색을 표현할 수 있다.
⑦ LED 패키지의 고효율화, 고출력화에 따라 경관조명, 가로등, 실내조명 등에 급속히 보급되고 있다.
⑧ IT, BT, NT 기술과 융합되어 의료, 농업, 환경, 디스플레이, 정보가전 등의 넓은 응용 분야로 확대되고 있다.

한편, LED 조명은 배광각이 좁고, 높은 휘도에 의해 눈부심이 발생하며, 주위 온도 및 자체 발열에 의해 수명단축 및 광출력이 저하하며, 기존 광원에 비해 가격이 높다는 점 등의 문제점들이 있어 향 후 해결해야할 과제이다.

LED를 광원으로 이용한 응용제품들이 일반조명 분야 뿐만 아니라 자동차, 해양조선, 디스플레이, 농업, 의료장비 등 다양한 분야에 응용되고 있다. 특히 다양한 광색 및 색온도가 얻어지고, 광출력에 대한 인공지능제어가 가능하고, 광원의 초박형화가 실현되어 다양한 디자인과 제품 슬림화 및 조명기구의 일체화가 실현되는 LED 장점 때문에 미래 조명 광원에 주류가 될 것으로 예상된다.

또한 IT 기술을 기초로 디지털 컨버전스와의 융합이 가능한 조명통신(Visual Lighting Communication)과 신재생에너지(태양광, 풍력 등)와 결합된 독립형 LED 조명시스템의 구현이 실현되어 미래 사회의 변화를 예고하고 있다.

이러한 응용제품은 LED를 부착할 수 있는 PCB와 LED를 고정시킬 수 있는 기

구부분, 그리고 LED를 구동시키기 위한 회로부분들로 구성되어 있다. 특히 LED부와 기구부는 LED의 발광으로 인해 발생하는 발열의 열적평형을 유지하기 위해 방열효과를 위한 방열재료와 구조들을 포함하고 있다.

LED 구동회로 부분은 LED의 안정적인 구동 및 제어를 실현하기 위해 필요한 전압 및 전류를 인가하는 다양한 형태의 회로들이 적용되고 있다.

최근 LED 구동 및 제어회로는 회로 수명 향상, 컴팩트화, LED 온도 및 방열특성 정합에 따른 고효율화, 다양한 응용분야에 따른 고기능화를 실현하기 위해 기술개발이 활발히 이루어지고 있다. 고출력 LED는 순전압(순전류를 흘려 애노드-캐소드 사이에 발생하는 전압, 일반적으로 V_F라 표기한다. 순방향 전압이라고도 한다) V_F의 분산이 크기 때문에 구동방법은 일반적으로 정전류구동법이 권장되고 있다.

또한 고출력 LED는 큰전류가 흐르므로 발열이 심하고 이 발열은 수명과 발광특성에 큰 영향을 미치므로 방열판을 부착하는 등의 효율적인 방열설계가 필수적이다.

그림 10-1은 일반 LED와 조명용 고출력 LED의 패키지 구조를 나타내고 있다.

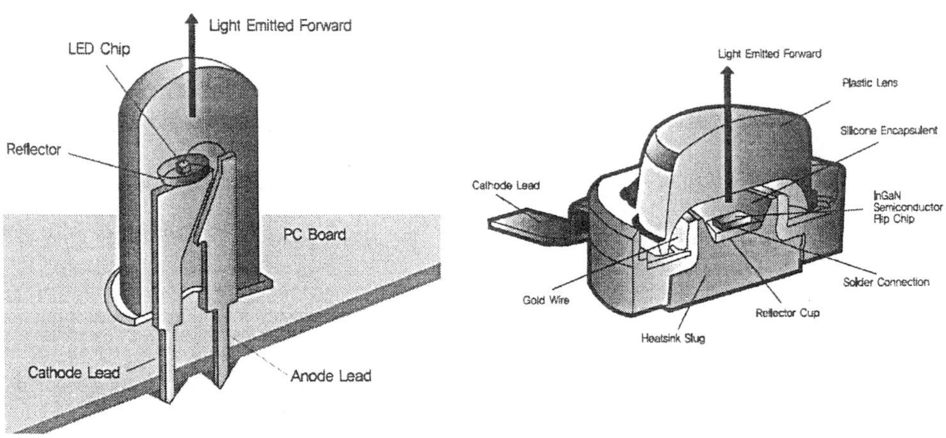

(a) 일반 램프형 LED 패키지 (b) 고출력 LED 패키지

그림 10-1 고출력 LED 패키지의 구조

3. LED의 분류

(1) 일반 LED

· 녹색, 황색, 적색
· 1W 미만의 저출력, 20mA

(2) Power LED(High Bright LED)

· 1W 이상, 30mA, 75mA, 150mA

(3) High Power LED(Ultra Bright LED)

· 3W 이상, 350mA, 750mA, 1000mA
· Lumileds Luxon, Osram Dragon

4. 고출력 LED를 정전류로 구동해야 하는 이유

조명용 고출력 LED는 가급적 정전류방식으로 구동해야 하는데 그 이유는 다음과 같이 정리할 수 있다.

① 조명용 고출력 LED는 발광소자(optical device)이기 때문이다. 우리가 LED를 사용할 때에 중요하게 고려하는 것은 얼마의 광량(luminous flux)을 얻을 수 있는가 하는 것이다. 일반적으로 LED의 발생 광속은 공급되는 전류에 비례한다. LED에 흐르는 전류는 광속에 가장 큰 영향을 미치므로 전류를 기준으로 LED를 구동하여야 광학적특성(optical characteristic)을 파악하고 조절하기가 용이하다.

② LED의 발생 광속은 전류값에 거의 비례한다. 그런데 LED는 순방향전압의 작은 변화에도 전류값이 크게 변화하는 특성을 가진 소자이기 때문에 전류를 고정시키는 것이 LED의 특성을 유지시키기가 더 쉽다. 또한 각 LED에서 예측 가능하고 재현성 있는 광도와 색도를 얻기 위함이다. 백색 LED의 광도 및 색도는 이를 정전류로 구동함으로써 최상으로 제어된다는 점이 중요하다.

③ 조명용 고출력 LED는 순방향 전압 V_F의 편차가 크다. 따라서 일반적으로 간편하게 LED에 직렬저항을 접속하여 전류를 제한하는 방식으로 구동하는 경우 고출력 LED 자체의 순전압에 분산이 크기 때문에 구동전류가 계산대로 흐

르지 않는다. 최악의 경우 전류가 LED 정격을 초과하여 파괴되는 경우도 생길 수 있다. 따라서 안정되고 정밀하게 구동하려는 경우 LED 개체 편차에 영향을 받지 않는 정전류 구동이 필수적이다.

④ 고출력 LED는 구동중 칩 온도가 올라감에 따라 LED의 순방향전압은 낮아진다. LED의 구동가능한 전류는 구동시 발생하는 열과 주변온도와 관련이 있으며, 과도한 전류로 LED를 구동하면 LED의 성능을 저하시키고 LED의 수명을 크게 단축시킨다. 적절한 값의 정전류 구동은 LED 칩 수명 연장에 유리하다. LED의 열적 특성변화를 고려할 때 여러 가지 특성을 최적화하기 위해서는 우선적으로 적절한 전류값이 유지되어야 한다. 즉, 정전류 구동이 필수적이다.

⑤ 고출력 LED 칩은 전압 규격보다 전류 규격이 더 까다롭게 생산된다. 절대로 LED의 최대전류값을 넘지 않도록 하여 신뢰성 하락을 피해야 한다. 출력전류값이 항상 일정한 정전류방식의 구동 드라이버가 LED 칩의 전류규격을 맞추기가 훨씬 수월하다.

⑥ 정전류방식 구동 드라이버는 전선을 이용하여 LED 조명등과 분리설치할 때 유리하다. LED 가로등, 보안등, 터널등 설치시 구동 드라이버 및 SMPS를 지면 가까이 설치할 수 있어 유지보수 시간을 절감할 수 있다. 반면, 정전압방식의 경우 조명과 거리가 멀어지면 드라이버 출력이 저하되는 탓에 조명등에 근접하여 설치해야 하는 단점이 있다. 정전압방식을 이용하면 지면과 최소 5미터 이상 떨어진 곳에 드라이버를 설치해야만 한다. 평균 수명이 1만 시간 내외인 구동 드라이버 SMPS 특성상 유지보수 비용이 증가할 수 밖에 없다.

5. LM2576HV-ADJ를 이용한 LED 정전류 구동회로의 설계

(1) 설계 조건

· LED 정전류 구동 보드(LED constant current driver, 정전류 드라이버)의 입력전압 범위 V_{in} : DC 7V~40V

· 정전류 구동 보드의 출력전류 능력 I_{out} : 300mA~2,000mA

· 동작주파수(Switching Frequency) f는 내부적으로 52kHz로 고정된다.

· 고출력 LED(V_F = 3.3V 정도)를 1~10개 직렬구동이 가능할 것.

· LED 드라이버는 정전류출력 기능을 가지므로 LED의 직렬접속 갯수에 따라

정전류 구동 보드의 출력전압은 3.3V~33V 정도의 범위에서 자동적으로 적절하게 가변되면서 조절되어야 한다.

(2) 고출력 LED 정전류 구동회로

위의 설계 조건에 따라 설계한 고출력 LED 정전류 구동회로는 그림 10-2와 같다. 그림 10-3은 그림 10-2의 정전류 구동 회로를 PCB 제작하여 조립 완성한 고출력 LED 정전류구동 보드이다.

그림 10-2 회로에 나타낸 바와 같이 LM2576HVT-ADJ의 피드백 라인에 JFET1, VR1, R1로 구성된 전류센싱 보조회로가 부가되어 있다. 이는 전류센싱저항 Rs에서의 전력손실을 절감하기 위한 것이다.

JFET1은 기본적으로 정전류 동작의 회로구성을 하고 있다. 입력전압이 7V에서 37V까지 폭넓게 변동하더라도 R1에 항상 0.93mA의 정전류가 흐르도록 하는 역할을 한다. R1에 흐르는 0.93mA의 전류값은 VR1으로 정밀 조정하고 고정시킨다.

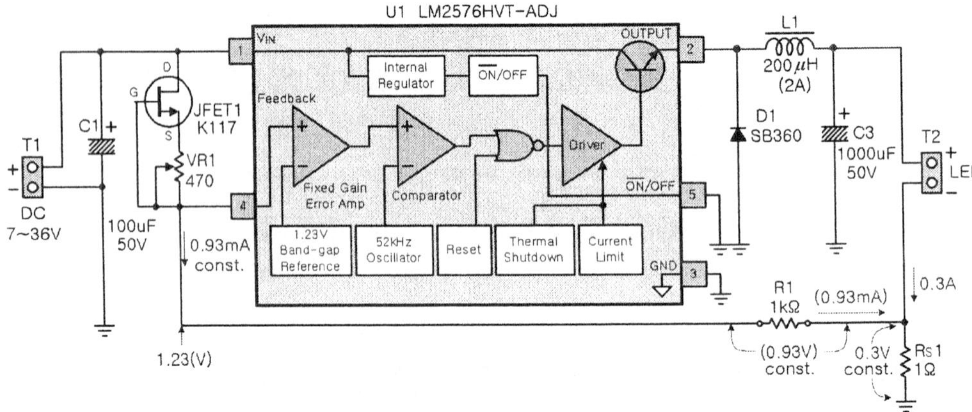

그림 10-2 설계한 LED 정전류 구동회로

그림 10-3 고출력 LED 정전류 구동보드

따라서 JFET1와 직렬로 접속된 R1의 양단전압은 LED 구동회로의 입력전입과는 상관없이 다음의 식과 같은 일정한 값으로 된다.

$$V_{R1} = V_{R2} = 0.93 \times 10^{-3} \times 1 \times 10^{3} = 0.93\mathrm{V} \qquad (10\text{-}1)$$

여기서, V_{R1} : R1 양단의 전압(V), V_{R2} : R2 양단의 전압(V)

그런데 LM2576HVT-ADJ의 피드백 핀인 4번 핀의 전압은 항상 1.23V가 유지되도록 설계되어 있으므로 LED 전류 센싱저항 양단의 전압강하 V_{Rs}는 다음과 같이 된다.

$$V_{Rs} = 1.23 - 0.93 = 0.3\mathrm{V} \qquad (10\text{-}2)$$

즉, JFET1, R1의 정전류회로로 인해, V_{Rs}가 원래의 값인 1.23V에서 0.3V로 대폭 감소됨으로서 센싱저항에서의 전류검출로 인한 전력손실이 대폭 감소하게 된다.

예를 들면, 어떤 파워 LED에 필요한 전류값이 600mA일 때, 원래의 센싱 전압 1.23V의 경우에는 2.05Ω의 센싱 저항이 필요하게 된다. 이 때의 센싱저항 전력손실은 $0.6^2 \times 2.05 = 738\,\mathrm{mW}$가 되는 반면, 센싱전압을 0.3V로 감소시키도록 하면 센싱 저항값은 0.5Ω으로 감소되고 센싱저항의 전력손실은 $0.6^2 \times 0.5 = 180\mathrm{mW}$로 되어, 약 1/4로 감소하게 되는 것을 알 수 있다.

고출력 LED 정전류 구동회로의 입력측에는 안정된 동작을 위하여 알루미늄 전해 캐패시터 100μF를 접속하였다. 이 캐패시터의 값은 50μF~1000μF 사이에서 적당한 값을 선정하면 된다.

환류 다이오드 D1, D2는 스위칭 손실을 줄이기 위하여 역회복시간이 짧고 순방향 전압강하가 적은 SBD를 사용해야 한다. 여기서는 SB360을 사용하였다. 입력전압이 30 V 이내이면 1N5822도 사용할 수 있다.

출력 인덕터 L1, L2에는 100~300μH, 3A 정격의 토로이덜 인덕터를 사용하면 된다. 여기서는 200μH로 하였다. 단, 최대 LED전류에서도 인덕터가 자기적으로 포화되지 않는 것을 선정해야 한다.

LED 전류 센싱저항 Rs는 표 10-1에 따라 각각의 경우 계산된 전력손실값의 2배 정도의 전력용량을 가진 저항을 선정한다. 예를 들면 LED 전류가 600 mA인 경우 전력손실은 표 10-1에서 보면 180 mW로 되어 있으므로 180×2=360 mW 이상의 전력손실에 견딜 수 있는 저항을 사용하면 된다.

LED 정전류 구동회로의 출력측에 LED를 직렬로 접속할 수 있는 최대 개수 N은 입력전압을 V_{in}이라고 할 때, 다음과 같이 된다.

$$N = \frac{V_{\text{in}} - 2}{V_F} \tag{10-3}$$

여기서, V_F : 고출력 LED의 순방향 전압강하[V]

예를 들면, 사용하는 어떤 고출력 LED의 $V_F = 3.2$V이고, LED 구동회로의 입력전압 $V_{\text{in}} = 36$V인 경우, 출력측에 접속하는 직렬 1회로의 LED 개수를 식 (10-3)에 의해 계산해보면 약 10개가 됨을 알 수 있다. 따라서 LED 정전류 구동 보드의 출력측에는 고출력 LED를 직렬로 1~10개 범위에서 접속하여 LED 정전류 구동을 실험한다. 물론 이러한 직렬회로군을 병렬로 다수 접속할 수 있으므로 결과적으로 구동할 수 있는 LED의 숫자를 더 증가시킬 수 있게 된다. 단 이 경우 LED 구동보드의 정전류 출력값은 그에 맞추어 적절하게 설정하고 설계해야 한다.

(3) LED 정전류 구동 전류값의 조절

그림 10-4의 파워 LED 정전류 구동 회로에서 파워 LED에 흐르는 전류 I_{LED}는 다음의 식으로 나타낼 수 있다.

$$I_{LED} = \frac{1.23 - V_{R1}}{V_{Rs}} [A] \qquad (10\text{-}4)$$

여기서, V_{R1} : 저항 R1 양단의 전압[V]

V_{Rs} : 전류센싱저항 양단의 전압[V]

식 (10-4)를 이용하여 각각의 파워 LED 전류정격에 따른 Rs의 값과 Rs에서의 전력손실을 계산해 보면 표 10-1과 같이 된다.

점등하고자 하는 고출력 LED의 전류정격에 따라 정전류 구동보드가 LED를 구동하는 정전류 값은 표 10-1에서 알 수 있는 바와 같이 Rs의 회로정수를 바꾸면 쉽게 원하는 값을 얻을 수 있다.

표 10-1 Rs에 의한 LED 정전류 구동 보드 출력전류값의 조절

R1의 값	Rs의 값	드라이버의 정전류 출력전류값	Rs에서의 전력손실
1kΩ	10Ω	30 mA	9 mW
1kΩ	4.7Ω	64 mA	19 mW
1kΩ	2.2Ω	136 mA	40 mW
1kΩ	1Ω	300 mA	90 mW
1kΩ	0.5Ω	600 mA	180 mW
1kΩ	0.2Ω	1,500 mA	450 mW
1kΩ	0.15Ω	2,000 mA	600 mW

6. 실험에 사용하는 장비 및 부품

품명	규격	수량
오실로스코프		1
전류 프로브	오실로스코프용	
디지털 테스터		1
직류전원장치	DC 7~36V, 3A	1
파워 LED 정전류 구동 보드	그림 10-4	1
베크라이트 판	600×500×6mm	1
파워 LED	각종	다수
납		약간
칼라 배선		약간
기타		

7. 고출력 LED의 정전류 구동 실험

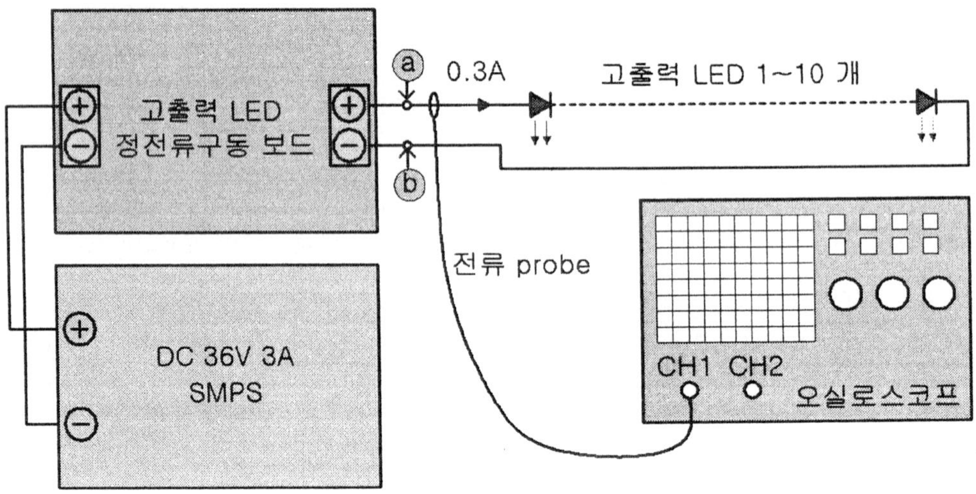

그림 10-4 고출력 LED의 정전류 구동 실험

① LED 정전류 구동 보드의 Rs1의 값을 1Ω으로 하여 정전류 구동 출력값을 300mA로 설정한다.

② 그림 10-4와 같은 실험회로를 배선한다.

③ LED 정전류 구동 보드의 LED 출력 단자에 고출력 LED(I_F=300mA 이상인

것)의 직렬접속 개수를 1개부터 10개까지 변화시키면서 다음을 실험한다.

(실험결과 1)

LED 직렬접속 개수	ⓐ-ⓑ 간의 출력전압	LED 전류
1개		
2개		
3개		
4개		
5개		
6개		
7개		
8개		
9개		
10개		

④ LED 정전류 구동 보드의 Rs1의 값을 0.5Ω으로 하여 정전류 구동 출력값을 600mA로 설정한다.

⑤ 그림 10-5와 같은 실험회로를 배선한다.

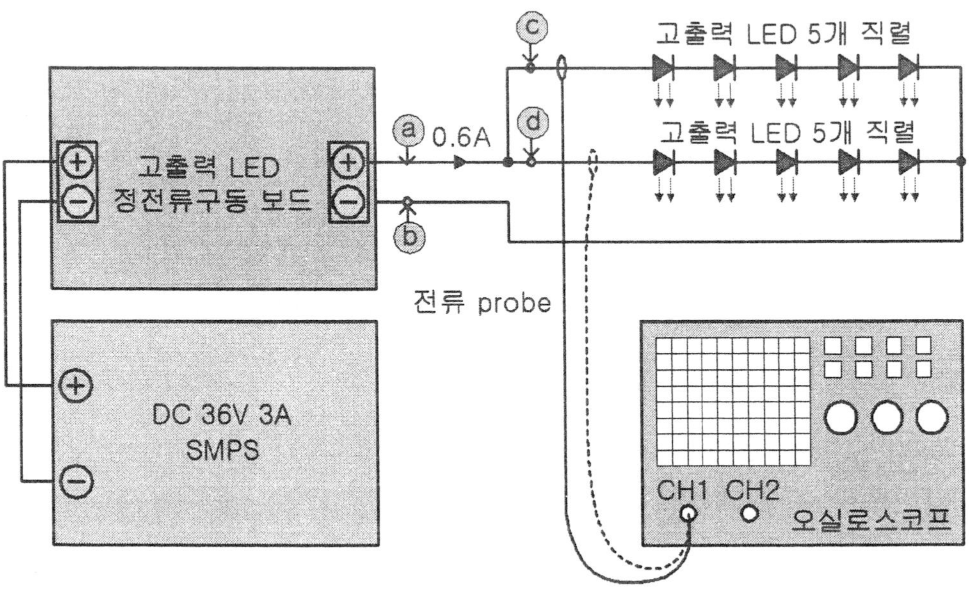

그림 10-5

⑥ 다음 사항을 측정하여 기록한다.(**실험결과 2**)

ⓐ-ⓑ 간의 출력전압	ⓒ 라인의 전류	ⓓ 라인의 전류

실 험 보 고 서

일시 :			
학과 :	조 :	학번 :	성명 :

실험 제목 : 조명용 고출력 LED의 정전류 구동 실험

1. 실험결과 1

LED 직렬접속 개수	ⓐ-ⓑ 간의 출력전압	LED 전류
1개		
2개		
3개		
4개		
5개		
6개		
7개		
8개		
9개		
10개		

2. 실험결과 2

ⓐ-ⓑ 간의 출력전압	ⓒ 라인의 전류	ⓓ 라인의 전류

제11장 MOSFET Buck 쵸퍼에 의한 DC 전동기의 속도 제어

1. 실험 목적

① MOSFET buck chopper를 이용하여 DC 전동기를 운전한다.

② 다양한 기계적 부하상태에서 개루프와 폐루프제어를 실행한다.

2. 동작원리

그림 11-1은 DC 전동기를 운전하기 위한 PWM buck converter의 간단화된 그림이다. converter는 고정된 DC 전압으로 동작하고 전동기 양단의 평균전압 V_m을 제어한다. 평균전압 V_m은 MOSFET를 on, off 스위칭하는 제어신호인 수정된 듀티사이클 α에 의해서 제어된다. 그림 11-2는 DC 전동기를 저속도로 제어할 때의 buck converter의 전류와 전압의 파형을 나타낸다. 고속도에서도 파형들이 듀티사이클 α가 변화할 때를 제외하고는 비슷하다. 출력전압 V_m과 DC power source 사이의 관계식은 다음과 같다.

$$V_m = \alpha \times V_s$$

여기서 $\alpha = t_1/t_2$

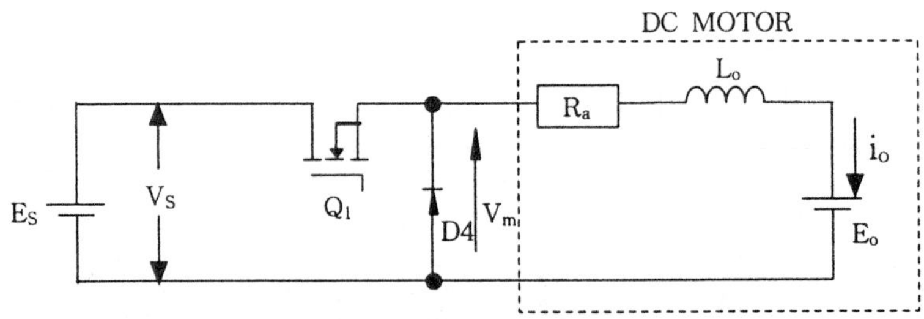

그림 11-1 DC 전동기 속도제어용 Buck 컨버터

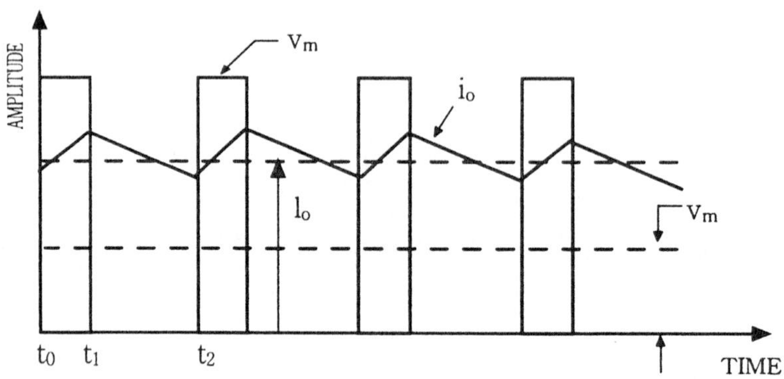

그림 11-2 저속에서의 전압, 전류 파형

MOSFET가 t_0에서 켜질 때, amature 전류는 인덕턴스가 에너지를 흡수하기 때문에 증가하고, DC power source E_s, $R_a I_a$와 전동기 기전력 E_c 사이의 차이에 비례하여 MOSFET가 t_1 시간 이후에 꺼질 때, 인덕턴스에 저장된 에너지를 회로에서 방출하기 위하여 freewheeling 다이오드 D_1은 amature 전류를 위하여 회로를 제공한다.(마찰에 기인한 기계적 손실, $I_a^2 R_a$은 amature 권선에서 손실된다.)

이 converter는 단지 DC power source에서 전동기로 power를 흘러가게 할 수 있다. DC 전동기가 고 관성 부하에 연결되었을 때 converter가 no braking capability를 가지기 때문에 전동기의 속도를 제어하기가 매우 어려워진다. 이러한 형태의 회로는 1상한 속도제어를 제공하기 위한 것으로 불려진다. 왜냐하면 이것은 기계의 회전 방향으로 되돌릴 수가 없고 또한 기계의 braking 토크를 공급하지 못하기 때문이다.

역기전력으로 인하여, 위의 방정식을 항상 적용하지 않는다. 예를들어, 여러분이 이 실험에서 보듯이, 감속하는 동안의 전압파형은 그림 11-2에서 보여지는 것과는 다르다. 그림 11-3에서 보여지는 것과 같이 MOSFET 트랜지스터가 꺼질 때, buck converter 출력전압은 0으로 된다. 전기자 인덕터에 의해서 저장된 에너지는 전류가 free-wheeling 다이오드 D_4를 통하여 천천히 0으로 되게 한다. 전류가 0으로 되었을 때, 다이오드 D_4는 차단된다. 이 순간에 회로에는 전류의 흐름이 없기 때문에 전기자 전압은 직류전동기 기전력 E_c가 된다. 부수적인 전압은 방정식으로부터 예상되어지는 것보다 더 높은 값은 컨버터 출력전압을 올린다.

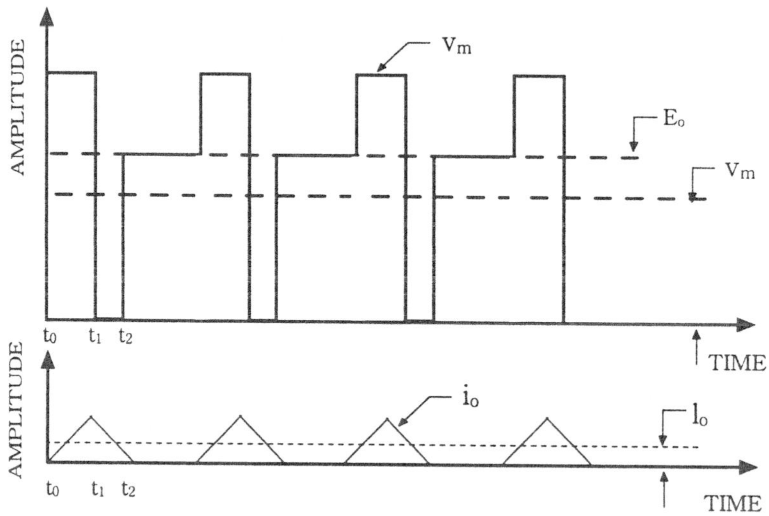

그림 11-3 감속기간 중의 전류와 전압파형

3. 실험의 개요

이 실험의 첫 번째 해야 할 일은, 여러분이 이 실험을 수행하기 위하여 요구되는 장비를 갖추어야 할 것이다. 실험의 두 번째 해야 할 일은, 여러분은 DC 전동기를 운전하기 위한 벅 쵸퍼의 개루프제어를 연구하기 위하여 그림 11-4와 같은 회로를 사용하여야 할 것이다. 관성부하가 시스템의 동적 특성을 논증하기 위하여 DC 전동기에 부착될 것이다. 여러분은 최소에서 최대 속도로 가는데 요구된 시간과 최대에서 최소 속도로 바뀌는데 요하는 시간을 측정해야 한다. 오실로스코프를 이용해서 직류전동기의 전기자 전압과 전류를 관찰해야 한다. 또한 전동기가 감속

할 때 제어신호의 off cycles동안 전동기의 기전력을 보아야 할 것이다.

이 실험에서 세 번째 해야 할 일은, 관성부하를 치우고 동기발전기에 직류전동기를 연결해야 한다. 동기발전기의 저항성 부하의 스위칭에 의해서, 여러분은 부하란에 대한 시스템의 응답을 관찰할 것이다.

이 실험에서 마지막으로 해야 할 일은, 여러분이 P.I.D 제어기를 사용해서 직류전동기의 폐루프 속도제어를 실행하여야 한다. 직류전동기는 동기발전기를 운전할 것이고, 여러분은 제어시스템의 동적특성을 연구해야 한다.

4. 실험 장비

① Function Generator

② Personal Computer

③ Oscilloscope

④ 전력전자 실습 장비 set(Lab-volt)

⑤ 벡터제어 실습 장비 set(Lab-volt)

5. 실험 방법 및 절차

주 의

이 실험에는 고전압을 사용한다. 사용설명서 있는 것을 제외하고는 power에 있는 어떠한 banana jack connection을 수정하거나 만들지 말라.

(가) 실험장비 구성

① 파워 서플라이, Enclosure/파워 서플라이, 직류 전동기/발전기, 파워 MOSFETS, 직류전압계/전류계 그리고, Mobile workstation에 있는 smoothing inductors를 준비하라.

Enclosure/파워 서플라이에 연결할 쵸퍼/인버터 제어 unit와 전류/전압 isolators를 준비하라.

② 직류 전동기/발전기의 축의 관성 휠을 준비하라. 직류전동기의 축에 연결된 관성 휠이 안전하게 연결되어 있는지 확인하라.

③ 파워 서플라이의 주 전력스위치가 off 위치에 있는지 확인하라. 파워 서플라이를 3상 벽 콘센트에 연결하라.

Enclosure/파워 서플라이의 rocker switch를 off 위치로 고정하라. Enclosure/파워 서플라이 line cord를 벽 콘센트에 연결하라.

④ 그림 11-4와 같이 모듈을 연결하라.

⑤ Enclosure/파워 서플라이의 rocker switch를 on 위치로 고정시키고 다음을 고정시켜라.

on the power supply

voltage selector 7-N

on the power MOSFETS

interconnection switch S1 O

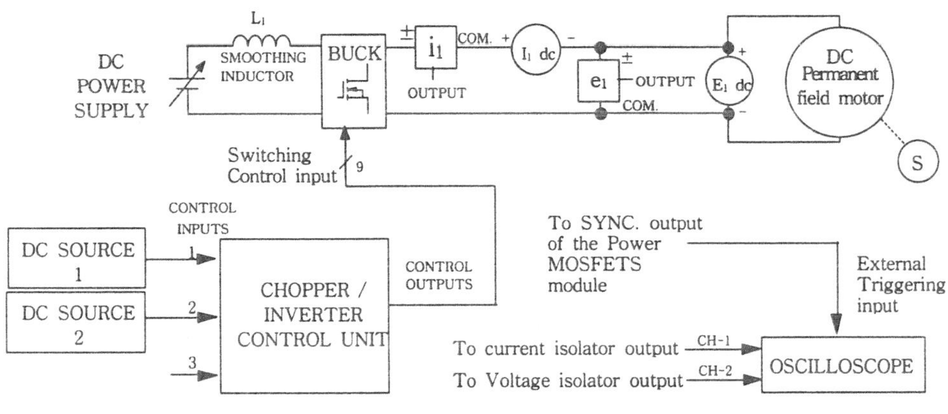

LINE VOLTAGE (Vac)	L_1 (H)	E_1dc (V)	I_1dc (A)	E_1 (V)	I_1 (A)
120	0.2	150	2.5	300	1
220	0.8	300	1.5	600	0.5
240	0.8	300	1.5	600	0.5

그림 11-4 직류전동기 구동용 MOSFET buck 컨버터 회로

on the Chopper/Inverter Control Unit

DC SOURCE 1 MINimum

DC SOURCE 2 MAXimum

MODE	CHOP.PWM.
on the Oscilloscope	
Channel-1 Sensitivity	5V/DIV.(DC coupled)
Channel-2 Sensitivity	2V/DIV.(DC coupled)
Vertical Mode	CHOPped
Time Base	0.2ms/DIV.
Trigger Source	EXTernal
Trigger Slope	positive(+)
Trigger Coupling	HF REJection

(나) The buck chopper driving a DC moter with an inertia wheel

⑥ 파워 서플라이에서, 전압 제어노브가 0 위치에 고정되어 있는지 확인하고, 그 다음 24V-교류 전력 스위치와 on 위치의 주 전력스위치를 고정하라. 전압제어 노브를 100 위치로 조정하라.(선전압의 100%)

직류 전동기/발전기 자계전류를 자계 가감저항기를 사용해서 작은값을 고정하라.

⑦ 오실로스코프에서, 각각 화면의 위와 아래 반을 채널 1과 2로 나누어서 사용하여라.

쵸퍼/인버터 제어 unit에서, 직류전동기가 대략 300rpm의 속도로 회전하게 하기 위하여 DC SOURCE 1 제어노브를 고정하라. 신호들을 측정하고 DISCUSSION에서 본 곡선과 비교하여라. 어떤 것이 다른가?

____

____

____

____

⑧ 직류전동기의 다양한 속도조절을 위하여 쵸퍼/인버터 제어 unit에서 DC SOURCE 1(Duty Cycle) 노브를 사용하여라.

N_{min} = r/min.

N_{max} = r/min.

⑨ 쵸퍼/인버터 unit에서 DC SOURCE 1 제어노브를 MIN 위치로 재빠르게 바꿀때의 시계를 사용하여 직류전동기가 최대 속도에서 최소 속도로 갈 때에 걸리는 시간을 구하라.

Braking time :

⑩ 쵸퍼/인버터 unit에서 DC SOURCE 1 제어노브를 MAX 위치로 고정시키고 직류전동기가 최소 속도에서 최대 속도로 갈 때의 걸리는 시간을 기록하여라.

Acceleration time :

⑪ DC SOURCE 1 제어노브를 최대의 1/4로 고정하여라. 전동기가 감속하는 동안 전기자 전압을 오실로스코프로 측정하여라. 그림 11-5에 전압과 전류의 파형을 그려라.

____

____

____

____

⑫ 파워 서플라이에서 제어노브를 0으로 바꾸고(완벽하게 반시계방향으로) 전력을 꺼라. Enclosure/Power Supply를 꺼라. 직류전동기가 다음 단계로 가기 전에 완전히 정지할 때까지 기다려라. 직류전동기/발전기 축으로부터 관성 휠을 제거하라.

(다) Buck converter driving a DC motor and a synchronous generator

⑬ 3상 동기 전동기/발전기, 교류 전류측정기와 Mobile Workstation의 저항부하를 설비하라.

직류 전동기와 동기 전동기/발전기에 타이밍 벨트를 설치하고 그림 11-6과 같이 연결하여라.

⑭ 저항부하 선택기의 스위치를 O(no load) 위치로 고정시켜라. Enclosore /Power Supply의 rocker 스위치를 1(on) 위치로 고정시켜라.

다음과 같이 세트하라.

on the Chopper/Inverter Control Unit

DC SOURCE 1	MINimum
DC SOURCE 2	MAXimum
MODE	CHOP.PWM

on the Three-Phase Synchronous Moter/Generator

Toggle Switch	1(close)
EXCITER control knob	~40% of MAX

on the Oscilloscope

Channel-1 Sensitivity	2V/DIV.(DC coupled)

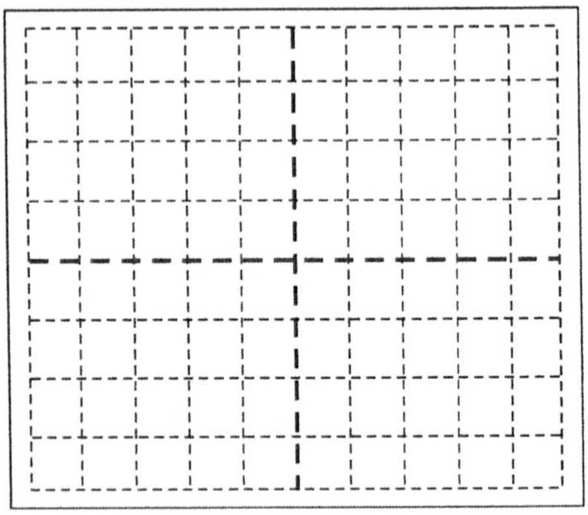

그림 11-5 DC Motor 전기자 전압과 전류

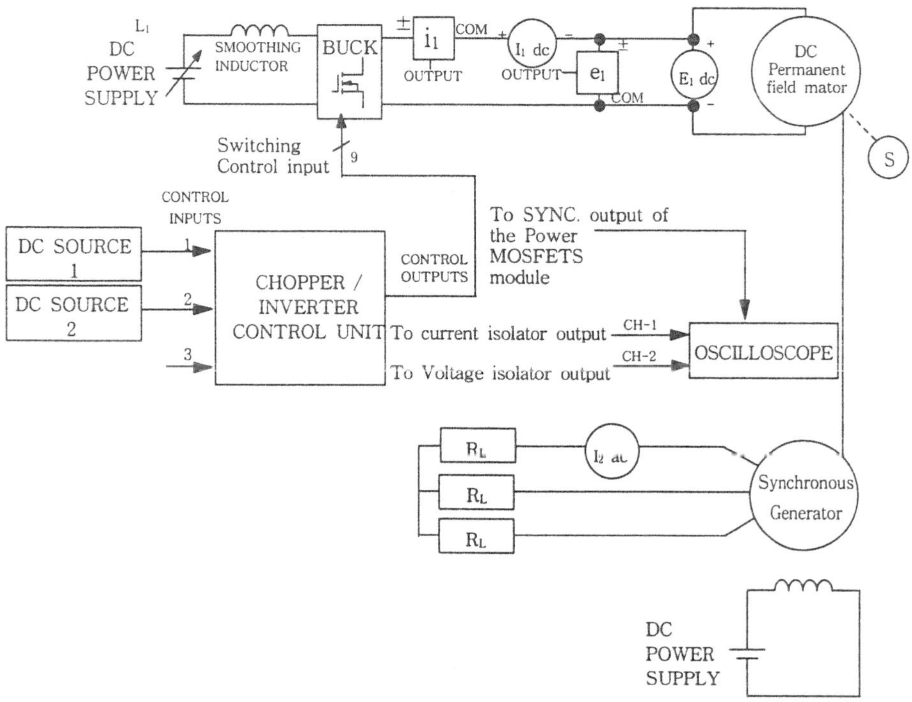

LINE VOLTAGE (Voc)	L1 (H)	E1dc (V)	I1dc (A)	e1 (V)	i1 (A)
120	0.2	200	2.5	0.5	10
220	0.8	733	1.5	0.25	5
240	0.8	800	1.5	0.25	5

그림 11-6 DC MOTOR와 동기발전기를 구동하는 buck 쵸퍼

Channel-2 Sensitivity	2V/DIV.(DC coupled)
Vertical Mode	CHOPPED
Time Base	0.2ms/DIV.
Trigger Source	EXTernal
Trigger Slope	positive(+)
Trigger Coupling	HF REJection

⑮ 파워 서플라이에서, 전압 제어노브가 0 위치에 세트되어 있는지 확인하고, 그 다음 24V-교류 전력 스위치와 on 스위치 주 전력스위치를 고정하라. 전압제어

노브를 100 위치로 조정하라.(선전압의 100%)

⑯ 직류전동기의 속도를 다양하게 하기 위하여 DC SOURCE 1 제어노브를 사용하고 속도변화에 대하여 시스템이 어떻게 변화하는지 관찰하여라.

____

____

____

⑰ 그림 11-6의 표에서 지시한 값을 저항부하 모듈에서 toggle 스위치로 고정하라. 직류전동기의 속도를 변화시키기 위하여 DC SOURCE 1 제어노브를 사용하고 속도변화에 대하여 시스템이 어떻게 변화하는지 관찰하여라. 관찰한 것을 기록하여라. 저항부하를 동기발전기에 적용하면 더 빨리 정지하는가? 그 이유를 설명하여라.

____

____

____

⑱ DC SOURCE 1 제어노브를 최소 속도로 고정하여라.

파워 서플라이에서 제어노브를 0으로 바꾸고(완벽하게 반시계방향으로) 전력을 꺼라. Enclosure/Power Supply를 꺼라. 직류전동기가 다음 단계로 가기 전에 완전히 정지할 때까지 기다려라.

실 험 보 고 서

일시 :			
학과 :	조 :	학번 :	성명 :

실험 제목 : MOSFET Buck 쵸퍼에 의한 DC 전동기의 속도제어

1. Buck 쵸퍼 컨버터의 출력에서 전압동작 범위는?

2. 시스템에 저항부하를 운전하는 동기기를 부착하였을 때 속도제어가 가능한 이유를 설명하시오.

3. 컨버터의 출력전압 증가에 미치는 듀티사이클의 영향을 쓰시오.

제12장 3상 전압형 인버터를 이용한 유도전동기 구동

1. 실험 목적

① 3상 VSI(Voltage-Source Inverter)를 이용한 유도전동기의 구동원리를 이해한다.

② 일정한 V/f의 개념을 이해한다.

2. 3상 VSI를 이용한 유도전동기의 구동

오늘날 유도전동기가 제작비용의 절감과 견고함, 보수 용이 등의 이유로 인해 점점 더 많이 사용되고 있다. 유도전동기의 속도는 공급되는 교류전원의 주파수에 의존한다. 그러므로 가변주파수 교류전원은 유도전동기의 속도제어에 필수적이다.

자려식 인버터는 직류전원을 교류전원으로 변환하는 장치이다. 이러한 인버터는 가변주파수와 가변전압을 가지는 단상, 2상, 3상 교류전원을 출력할 수 있다. 그러므로 자려식 인버터는 유도전동기 드라이브에 가장 적합하다.

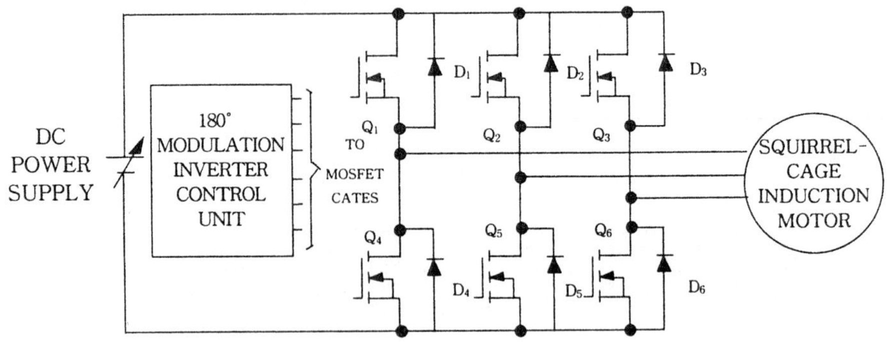

그림 12-1 3상 전압원 인버터의 유도전동기 드라이브

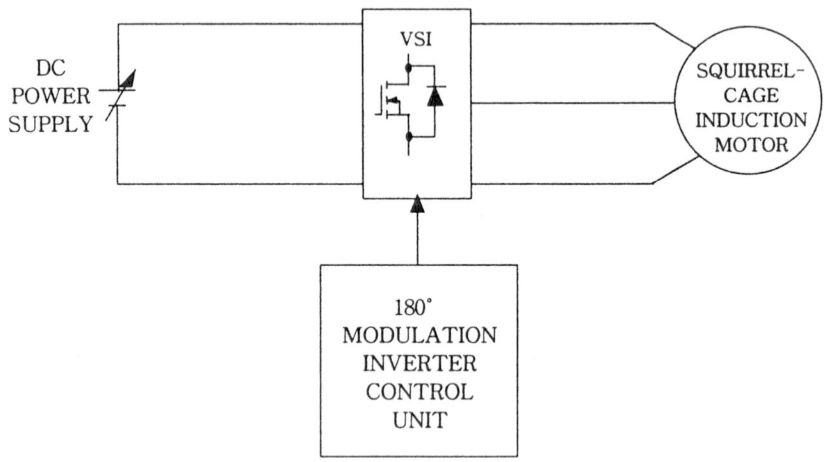

그림 12-2 그림 12-1을 단순화한 블록 다이아그램

그림 12-1은 농형 유도전동기를 구동하고 있는 3상 VSI를 보여주고 있다. 이러한 드라이브는 3상 VSI 유도전동기 구동이라 일컬어진다. 그림 12-1에서는 180° 변조방식을 사용하고 있지만, 120° 변조방식, programmed-waveform modulation, 펄스폭 변조방식 등도 사용할 수 있다. 그림 12-2는 VSI를 블록도로 나타낸 유도전동기 구동이다.

직류전원의 전압을 가변하는 것은 인버터의 출력이자 유도전동기에 공급되는 교류전압이 가변되게 한다. 또한 인버터의 동작 주파수를 가변하는 것은 유도전동기에 제공되는 교류전압의 주파수가 변환함을 의미한다. 인버터의 주파수가 증가하면 유도전동기의 속도가 증가하고 반대의 경우는 감소한다. 두상의 연결을 반대로

함으로써 전동기의 회전방향을 바꾸지만, 실제적으로는 인버터 출력 교류전압의 두상을 인버터 제어기에서 전자적으로 바꿈으로써 회전방향을 전환할 수 있다.

(가) 유도전동기에 있어서 토크와 자속의 관계

유도전동기에서의 토크는 회전자의 전류와 전동기의 자속이 비례한다. 그러므로 가능한 가장 높은 토크에 이를 수 있도록 유도전동기의 자속을 유지하는 것이 바람직하다.

전압 E와 주파수 f, 자속 ϕ의 관계식은 다음 식으로 표현된다.

$$E = kfN\phi$$

여기서 E는 유도전동기에 공급되는 교류전압의 실효치

k : 유도전동기의 극수와 고정자 권선 및 전압 E에 관계되는 상수.

f : 전압 E의 주파수.

N : 유도전동기의 극수당 고정자 권선수.

ϕ : 유도전동기의 극수당 자속.

이 수식은 고정된 주파수 f에서 자속 ϕ가 증가함에 따라 전압 E가 증가함을 보여주고 있다. 전압 E가 증가함에 따라 자속 ϕ가 증가하고 마침내 유도전동기의 코어를 포화하게 하는 어떤 값이 도달하게 된다.

포화가 일어나기 전 자속 ϕ는 여자전류에 비례하며, 이것이 유도전동기에서의 자속을 발생시키는 전류이다. 그러므로 고정자 권선에서 열로서 사라지는 전력은 자속 ϕ가 증가함에 따라 증가한다. 게다가 전동기에서 철손 역시 자속의 증가에 따라 비례하여 증가한다.

포화가 될 때, 고정자 권선의 여자전류는 자속 ϕ의 양간의 증가에도 크게 증가한다.

이로 인해 고정자 권선에서의 전력손실은 증가하게 된다. 따라서 포화상태 이상으로 자속을 증가시키는 것은 바람직하지 않다. 왜냐하면, 자속이 약간 증가함에도 불구하고 전동기에서의 손실은 크게 증가하기 때문이다. 즉 최대 자속은 전동기 코어의 포화에 의해 제한된다.

실제적으로, 유도전동기에서의 자속은 전동기의 코어를 약간 포화하는 수준으로 유지되고 이는 포화곡선의 굴곡부분에서 동작함을 의미한다. 또한 이것은 상대적으

로 적은 전류로 최대 자속이 얻어진다는 것을 의미한다. 즉 유도전동기가 무시할 수 있는 정도의 손실을 내는 범위에서 가능한 최대 토크를 낼 수 있음을 말한다.

(나) VSI를 이용한 유도전동기 구동에서 주파수와 전압의 관계

VSI를 이용한 유도전동기 구동에 있어서, 전동기의 속도는 인버터의 주파수를 넓은 범위로 변환시킴으로써 조절할 수 있다. 전형적으로 인버터의 주파수는 수십 Hz에서 100Hz 이상까지 조절할 수 있다.

전압 E가 고정된 상태에서, 주파수 f가 증가하면 자속 ϕ는 감소한다. 또한, 주파수가 감소함에 따라 자속 ϕ는 증가하며 마침내 전동기의 코어를 포화시키기 시작하는 어떤 값이 도달한다. 이 경우에 있어서, 전압 E는 자속 ϕ를 감소시키고 포화를 막기 위해 감소시킬 수 있다. 그러므로 VSI를 이용한 유도전동기 구동에 있어서, 주파수 f가 감소함에 따라 전압 E를 감소시키는 것이 가장 바람직하다. 즉 전압과 주파수의 비, V/f는 자속 ϕ를 일정하게 유지하기 위해 일정하게 유지되어야 한다. 게다가, V/f는 유도전동기가 동작하는 포화곡선의 동작점뿐만 아니라 자속 ϕ의 값을 결정한다. V/f는 전동기의 코어를 약간 포화시키는 정도의 자속 ϕ 값으로 고정된다. 결과적으로 유도전동기에서는 주어진 속도범위에서 최대 토크를 낼 수 있다.

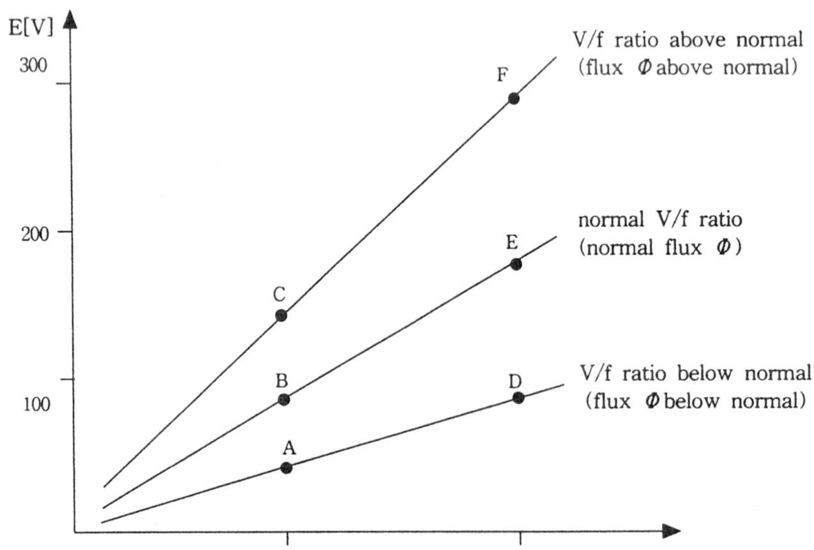

그림 12-3 유도전동기 드라이브에서 전압과 주파수의 관계

그림 12-3은 전압 E와 주파수 f 사이의 관계를 나타낸다. V/f의 비는 각각 normal인 경우와 normal보다 큰 경우와 작은 경우를 표시하였으며, 주파수가 50Hz와 100Hz인 경우를 나타내었다.

그림 12-4는 50Hz와 100Hz에서의 전동기의 포화곡선을 보여주고 있다. 그림 12-3에서의 A에서 F까지의 점들이 그림 12-4와 일치하고 있음을 알 수 있다. 그림 12-3과 12-4는 V/f가 일정하면 고정자에서 발생하는 자속 ϕ도 일정하다는 것을 명백하게 보여주고 있다. 예를들어 V/f가 normal이면 유도전동기는 주파수에 관계없이 포화곡선의 굴곡부분에서 동작한다.(두 그림의 B와 E 참조). 그러므로 유도전동기는 약간 포화가 된다. V/f가 normal 이상이면 주파수에 관계없이 굴곡부분 위에서 동작한다(두 그림의 C와 F 참조). 한편, V/f가 normal 이하이면 역시 주파수에 관계없이 굴곡부분 아래에서 동작한다.(두 그림의 A와 D 참조)

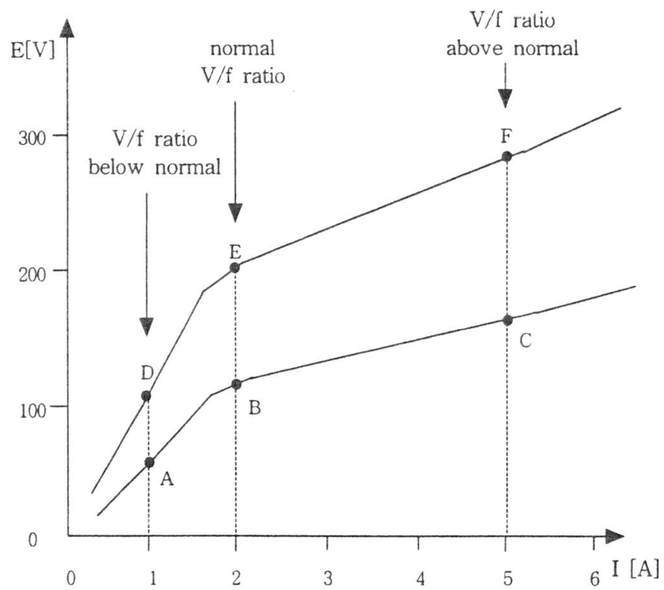

그림 12-4 주파수가 50에서 100Hz까지 유도전동기를 구동할 때의 포화 곡선

3. 실험 요약

이 실험에서 첫 부분에서, 이 실험에 필요한 실험장비를 준비한다.

이 실험의 두 번째 부분에서는 여러분은 VSI를 이용한 유도전동기의 동작을 살

피기 위해 그림 12-5의 회로를 이용한다. 이 회로에서 가변 교류전원, 3상 다이오드 정류기, 인덕터 L_1과 저항 R_1, R_2, R_3 등이 가변 직류전원을 만들기 위해 필요하다. 저항은 직류전원의 전류를 조절하며, 사용된 전동기는 농형 유도전동기이다.

유도전동기의 회전방향과 속도를 관찰하면서 동작 주파수와 인버터 출력의 상전압의 연결을 바꾸어 본다. 또한 유도전동기에 공급되는 전압을 변화시키면서 인버터 출력단의 선전류를 관찰한다.

이 실험에서 세 번째 부분에서, 여러 주파수에서 필요한 선전류를 얻기 위해 공급되는 상전압을 측정한다. 이렇게 함으로써 일정한 자속을 가지고 동작하는 유도전동기의 상전압과 주파수의 관계를 도식적으로 표현할 수 있다.

4. 실험 장비

① Function Generator
② Personal Computer
③ Oscilloscope
④ 전력전자 실습장비 세트(Lab-volt)
⑤ Vector 제어 실습장비 세트(Lab-volt)

5. 실험 방법 및 절차

주 의

이 실험에서는 고전압이 사용되고 있으므로 함부로 전원연결을 변경하지 않는다.

① Power Sopply, Enclosure/Power Supply, Power MOSFETS, Power Diodes, 4극용 농형 유도전동기, 인덕터, 직류전압·전류계, 교류 전압계, 그리고 저항부하 등을 설치한다.

② Enclosure/Power Supply의 Chopper/Inverter Control Unit와 Current/Voltage Isolators 등을 설치한다.

③ Power Supply의 주스위치를 O(OFF)의 위치에 놓는다. Power Supply를 3상 소켓에 연결한다.

④ Enclosure/Power Supply의 선을 콘센트에 연결하고 Enclosure/Power Supply의 잠금 스위치를 I(ON)의 위치에 놓는다.

⑤ 저항부하의 토글스위치를 모두 O(Open)위치에 놓는다.

(가) 3상 USI를 이용한 유도전동기 구동의 동작원리 실험

⑥ 4극 농형 유도전동기의 샤프트에 Speed Sensor/Tachometer의 다이나모를 설치하고 다이나모를 Speed Sensor/Tachometer의 TRANSDUCER 잭에 연결한다.

모듈을 그림 12-5와 같이 연결한다.

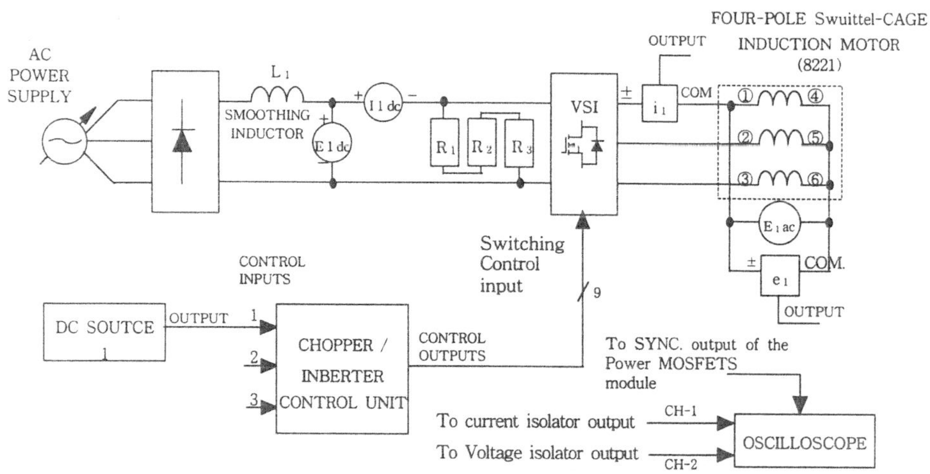

LINE VOLTAGE (Vac)	R_1 (Q)	R_2 (Q)	R_3 (Q)	L_1 (H)	I_1dc (A)	E_1dc (V)	E_2dc (V)	i_1 (A)	e_1 (V)
120	171	171	171	0.8	2.5	300	250	10	300
220	629	629	629	3.2	1.5	600	500	5	600
240	686	686	686	3.2	1.5	600	500	5	600

그림 12-5 3상 전압원 인버터의 유도전동기 드라이브

⑦ 다음과 같은 값으로 세팅한다.

On the Power Supply

Voltage selector 4-N

On the Chopper/Inverter Control Unit

DC SOURCE 1	MAXimum
MODE	3~180°
On the Power MOSFETS module	
Interconnection switch S1	I
On the Power Diodes module	
Interconnection switch S1	I
On the Speed Sensor/Tachometer	
ROTATION	clockwise
On the oscilloscope	
Channel-1 Sensitivity	5V/DIV(DC coupled)
Channel-2 Sensitivity	1V/DIV(DC coupled)
Vertical Mode	CHOPped
Time Base	10ms/DIV
Trigger Source	EXTernal
Trigger Slope	positive(+)
Trigger Coupling	HF REJection

⑧ 오실로스코프상에서 상대적으로 스크린의 밑부분과 윗부분에 채널 1과 2가 적당한 위치에 놓일 수 있도록 세팅한다. 스코프상에 나타난 신호는 3상 VSI의 MOSFET Q_1에 가해질 제어신호이다.

Chopper/Inverter Control Unit에서 MOSFET Q_1에 공급되는 스위칭 제어신호의 주파수가 0이 되도록 DC SOURCE 1의 제어손잡이를 천천히 위치시킨다(신호는 4V나 0V로 고정된다.). 제어신호의 스위칭 주기가 약 80ms 정도가 되도록 DC SOURCE 1의 제어손잡이를 돌린다.

Power MOSFETS 모듈에서, SWITCHING CONTROL INPUT 1에 연결된 케이블을 떼고 voltage isolator의 OUTPUT에 연결하며, 이 때 검은선은 common terminal에 연결한다.

⑨ Power Supply에서, 전압조절 손잡이를 0의 위치에 놓고 24V 교류전원스위치와 주스위치를 I(ON) 상태로 놓는다. Power MOSFETS 모듈의 POWER ON LED가 불이 켜지면 모듈이 전원공급을 잘 받고 있다는 것이다.

Power Supply의 전압조정 손잡이를 30의 위치에 천천히 놓는다(선간전압의 약 30%). 유도전동기는 서서히 회전하기 시작하며, 3상 VSI에서 공급되는 상전압과 선전류가 오실로스코프에 나타난다.

Speed Sensor/Tachometer에서 유도전동기는 어느 방향으로 회전하고 있는가?

⑩ 오실로스코프에서 시간축을 5mV/DIV에 위치시킨다.

Chopper/Inverter Control Unit에서 DC SOURCE 1의 제어손잡이를 Speed Sensor/Tachometer가 가리키는 속도를 관찰하면서 상전압 주기가 약 20ms 정도로 감소하도록 천천히 돌린다.

어떤 현상이 일어나는지 기술하라.

⑪ Power Supply에서 전압조절 손잡이를 0의 위치에 놓고 주스위치를 0의 위치에 놓는다. 4극 농형 유도전동기에서 단자 2와 3을 바꾸어 연결한다.

Power Supply에서 주스위치를 I(ON) 위치에 놓고 전압조절 손잡이를 30의 위치에 놓는다. 유도전동기는 회전하기 시작한다.

필요하다면 Speed Sensor/Tachometer에서 ROTATION 스위치를 tachometer가 전동기의 속도를 가리킬 수 있도록 변경한다.

전동기가 전과 같은 방향으로 회전하는지 설명하라.

⑫ Power Supply에서 전압조절 손잡이를 0의 위치에 놓고 주스위치를 O(Open)의 위치에 놓고, 4극 농형 유도전동기에서 전과 같이 되도록 단자 2와 3을 다시 바꾼다.

Power Supply에서 주스위치를 I(ON)의 위치에 놓고 전압조절 손잡이를 30의 위치에 천천히 놓는다. 유도전동기는 시계방향으로 회전하기 시작한다.

Speed Sensor/Tachometer에서 ROTATION 스위치를 tachometer가 전동기의 속도를 가리킬 수 있도록 시계방향으로 돌린다.

주 의

필요하다면 tachometer가 전동기의 속도를 가리킬 수 있도록 ROTATION 스위치의 세팅을 변환한다.

Chopper/Inverter Control Unit에서 유도전동기가 회전을 멈추도록 DC SOURCE 1의 제어손잡이 반시계방향으로 천천히 돌린 수에 상전압 주기가 약 20ms 정도가 되도록 이 손잡이를 계속해서 반시계방향으로 돌린다. 이렇게 하는 동안 Speed Sensor/Tachometer에 나타난 속도를 관찰한다.

주 의

높은 직류전류가 전동기에 흐를 수 있으므로 너무 오랫동안 전동기가 멈춰있게 하면 안된다. 이것은 Power Diode 모듈을 파괴할 수 있다.

어떤 현상이 일어나는지 설명하라.

⑬ Chopper/Inverter Control Unit에서 유도전동기가 시계방향으로 회전할 수 있도록 상전압 주기가 약 20ms 정도가 되도록 DC SOURCE 1의 제어손잡이를 천천히 조절한다.

그림 12-6에 3상 VSI의 선전류와 상전압의 파형을 그린다.

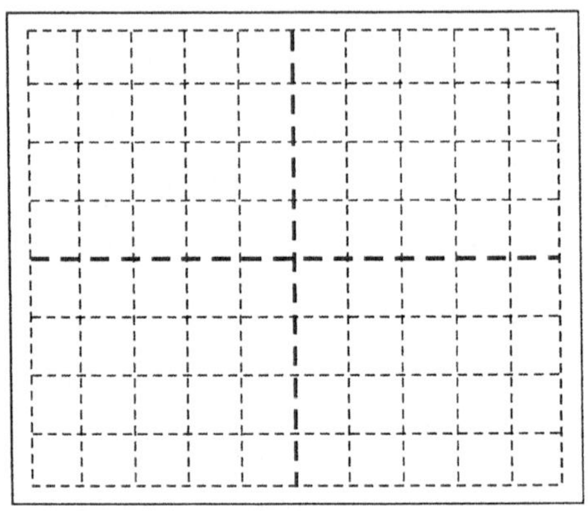

그림 12-6 3상 전압형 인버터에 의한 선전류와 상전압의 파형

⑭ 오실로스코프의 상전압과 선전류의 파형과 Speed Sensor/Tachometer의 전동기의 속도를 관찰하면서 Power Supply의 전압조절 손잡이를 80과 90 사이의 위치에 놓는다(선간전압의 85% 정도).

그림 12-7에 3상 VSI의 선전류와 상전압의 파형을 그린다.

3상 VSI에서 공급되는 상전압이 증가함에 따라 어떤 현상이 일어나는가 설명하라.

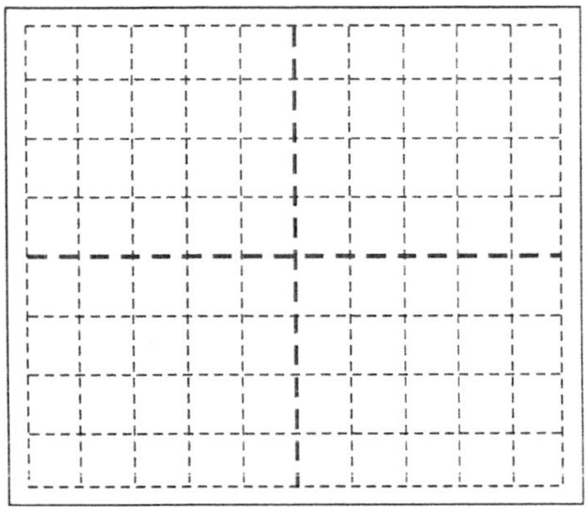

그림 12-7 3상 전압형 인버터에 의한 선전류와 상전압의 파형

(나) 유도전동기 구동에서 전압과 주파수의 관계

⑮ Power Supply의 전압조절 손잡이를 10의 위치에 놓는다.
오실로스코프에 다음과 같은 세팅을 한다.

Channel-1 Sensitivity	1V/DIV(DC coupled)
Channel-2 Sensitivity	0.5V/DIV(DC coupled)
Time Base	10ms/DIV

Chopper/Inverter Control Unit에서 유도전동기가 시계방향으로 회전하도록 상전압의 주기가 약 80ms 정도가 되도록 DC SOURCE 1의 제어손잡이를 천천히 위치시킨다.

주 의

이 때 오실로스코프가 불안정할 수 있다. 만약 그렇다면, 가능한 한 최대로 안정할 수 있도록 오실로스코프의 HOLD OFF를 조절한다.

⑯ Power Supply에서 3상 VSI의 선전류의 피크치가 표 12-1과 같이 되도록 전압조절 손잡이를 천천히 조절한다. 이 전류는 유도전동기의 고정자가 약간 포화되도록 하는 자속을 발생시킨다.

표 12-1 Peak line current(ILINEpeak) required to slightly saturate the stator of the induction motor.

LINE VOLTAGE	$I_{LINEpeak}$
Vac	A
120	0.9
220	0.45
240	0.45

교류전압계에 나타난 3상 VSI의 상전압을 측정하고 이 전압을 표 12-2에 기록한다.

주기 T의 역수인 주파수를 계산하고 이 결과를 표 12-2에 기록한다.

표 12-2 Phase voltage required to slightly saturate the stator of the induction motor versus frequency

T	f	VPHASE
ms	Hz	Vac
80		
60		
40		
25		
20		
16		
12		
10		

⑰ 표 12-2에서 주어진 각각의 주기 T가 되도록 Chopper/Inverter Control Unit에서 DC SOURCE 1의 제어손잡이를 시계방향으로 돌리고 각 주기 T에 대해 ⑯번을 반복한다.

주 의

필요하다면 오실로스코프의 Channel-1 Sensitivity와 time base를 조절한다. 주기가 12 또는 10ms일 때 요구되는 선전류의 피크치는 교류 선전압에 의존하지 않을 수도 있다.

⑱ Power Supply에서 전압조절 손잡이를 0의 위치에 놓고 주스위치와 24V 교류 전원 스위치를 0의 위치에 놓는다.

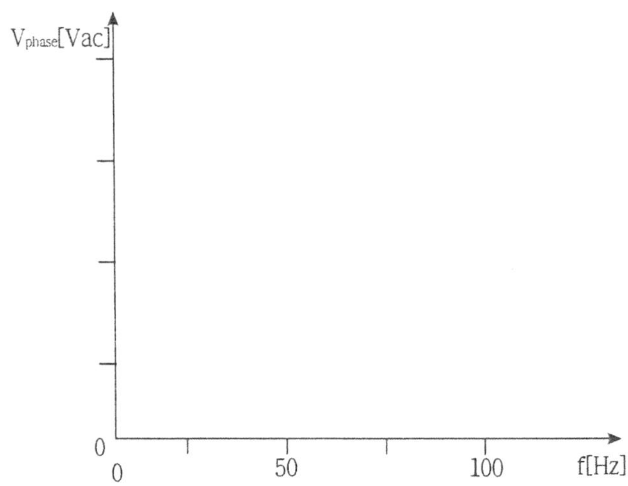

그림 12-8 유도전동기의 고정자측 상전압과 주파수와의 관계

표 12-2의 결과로부터 유도전동기의 고정자를 약간 포화시키기 위해 필요한 상전압과 주파수의 관계를 그림 12-8에 그린다.

그림 12-8의 관계로부터 주파수에 따라 전동기의 회전속도가 변화할 때 유도전동기의 고정자의 자속이 일정하게 되기 위해서는 어떤 상태가 되야 하는지를 설명하라.

⑲ Enclosure/Power Supply의 잠금 스위치를 O(open)의 위치에 놓고 모든 선과 프로브 등을 제거한다.

6. 결과

이 실험으로부터 여러분은 3상 VSI를 이용한 유도전동기 드라이브에서 인버터의 동작주파수가 높아짐에 따라 전동기의 속도가 증가하고 반대의 경우에는 감소하는 것을 확인했다. 또한 전동기에 공급되는 인버터 출력 상전압의 연결을 바꿈으로써 전동기의 회전방향이 바뀌는 것을 확인할 수 있었고 주파수가 고정된 상태에서 전동기에 공급되는 전압이 증가함에 따라 전동기의 전류와 자속이 증가한다는 것을 알 수 있었으며, 마침내 이것은 전동기의 고정자를 포화시킨다는 것도 확인할 수 있었다.

여러 주파수에서 원하는 선전류를 얻기 위해 유도전동기에 공급되는 상전압을 각각 측정하였다. 이 결과로부터 일정한 자속을 가진 상태에서 유도전동기의 상전압과 인버터의 동작주파수의 관계를 그림으로 그렸다. 이러한 관계로부터 유도전동기 고정자의 자속이 일정하게 유지되기 위해서는 V/f가 일정한 비로 유지되어야 한다는 것을 알았다.

실 험 보 고 서

일시 :			
학과 :	조 :	학번 :	성명 :

실험 제목 : 3상 전압형 인버터를 이용한 유도전동기 구동

1. 인버터가 유도전동기의 구동에 적합한 이유를 간략히 설명하라.

2. 인버터의 동작주파수와 구동되는 유도전동기의 속도와의 관계를 설명하라.

3. 유도전동기 구동에서 V/f의 비를 일정하게 유지하는 것이 바람직한 이유를 설명하라.

제13장

일정 V/f PWM 인버터를 이용한 유도전동기 구동

1. 실험 목적

① PWM(Pulse-Width-Modulation) VSI(Voltage-Source Inverter)의 동작원리를 이해한다.

② 일정 V/f를 가지는 PWM 인버터를 이용한 유도전동기 드라이브의 동작원리를 이해한다.

2. 예비지식

(가) PWM 인버터를 이용한 유도전동기 구동에서 180° 변조와 펄스폭 변조

자려식 인버터는 유도전동기에 공급되는 주파수와 교류전압을 조절할 수 있으므로 유도전동기 드라이브에 가장 적합하다. VSI를 이용한 유도전동기 드라이브 180° modulation을 이용하면 V/f를 일정하게 유지하기 위해서 인버터의 입력에 공급되는 직류전압을 가변해야 한다. 이것은 일정 자속을 유지하며, 유도전동기의 포화를 방지한다. 실제적으로 180° 변조방식을 이용한 유도전동기 드라이브에는 인버터의 동작주파수가 증가함에 따라 인버터 입력에 공급되는 직류전압을 자동으로 증가시키는 회로가 존재한다. 이 부가적인 회로는 V/f가 일정하게 유지되기는 하지만 복잡성과 비용이 높아지는 단점이 있다.

PWM VSI는 입력 직류전압이 고정된 상태에서 출력 교류전압을 가변 할 수 있는 자려식 인버터이다. PWM VSI의 출력 교류전압의 주파수 역시 어떠한 자려식 인버터에서도 변환 할 수 있다. 즉 입력 직류전압을 가변하지 않고도 PWM VSI 출력을 일정한 V/f를 유지 할 수 있다. 결과적으로 일정한 V/f를 얻기 위해 직류전압을 가변하는 추가적인 회로가 불필요하다는 것을 알 수 있으며, 비용절감과 복잡하지 않다는 것이 유도전동기 구동에 있어서 180° 변조방식보다 PWM VSI가 우월하다는 것을 말해준다. 그러나 높은 스위칭 속도가 유도전동기를 구동하는데 있어서 최대전력전달을 제한한다. 이러한 이유로 PWM VSI는 저·중용량의 유도전동기 드라이브에 적당하며, 180° 변조방식 VSI는 대용량 유도전동기 드라이브에 적당하다.

(나) PWM 인버터의 동작원리

PWM VSI에서 동상의 PWM은 반도체 스위치를 제어하는 신호를 발생한다. 그림 13-1에서 3상 PWM VSI에서 발생된 제어신호를 보여주고 있다. 또한 제어신호를 내부적으로 발생하는 제어기에 의한 삼각파와 사인파를 보여주고 있다. 사인파와 삼각파의 전압이 비교되어 제어신호 1을 발생한다. A의 정펄스는 사인파의 크기가 삼각파보다 클 때는 무조건 발생된다. 제어신호 1은 제어신호 4를 만들기 위해 논리회로에 의해 반대로 된다. 제어신호 1과 4는 120°와 240° 이동되어 나머지 4개의 제어신호를 만든다. 제어신호의 펄스폭은 인버터의 제어기에서 내부적으로 발생하는 사인파의 순간적인 전압에만 가변된다. 사인파의 순간적인 전압이 커짐에 따라 펄스폭은 커지고 반대의 경우에는 작아진다. 게다가 사인파의 크기를 조절하면 최대 펄스폭에서 최소 펄스폭으로 조절된다.

제어신호의 펄스폭이 변하는 비율은 인버터 제어기에서 내부적으로 발생하는 사인파의 주파수에 의존한다. 이 비율은 사인파의 주파수가 증가하면 비례하여 증가하고 반대의 경우에는 감소한다.

간략히 말해서 최대 펄스폭과 최소 펄스폭의 비는 사인파의 크기에 의존한다. 게다가 펄스폭이 변하는 비율은 사인파의 주파수에 비례한다.

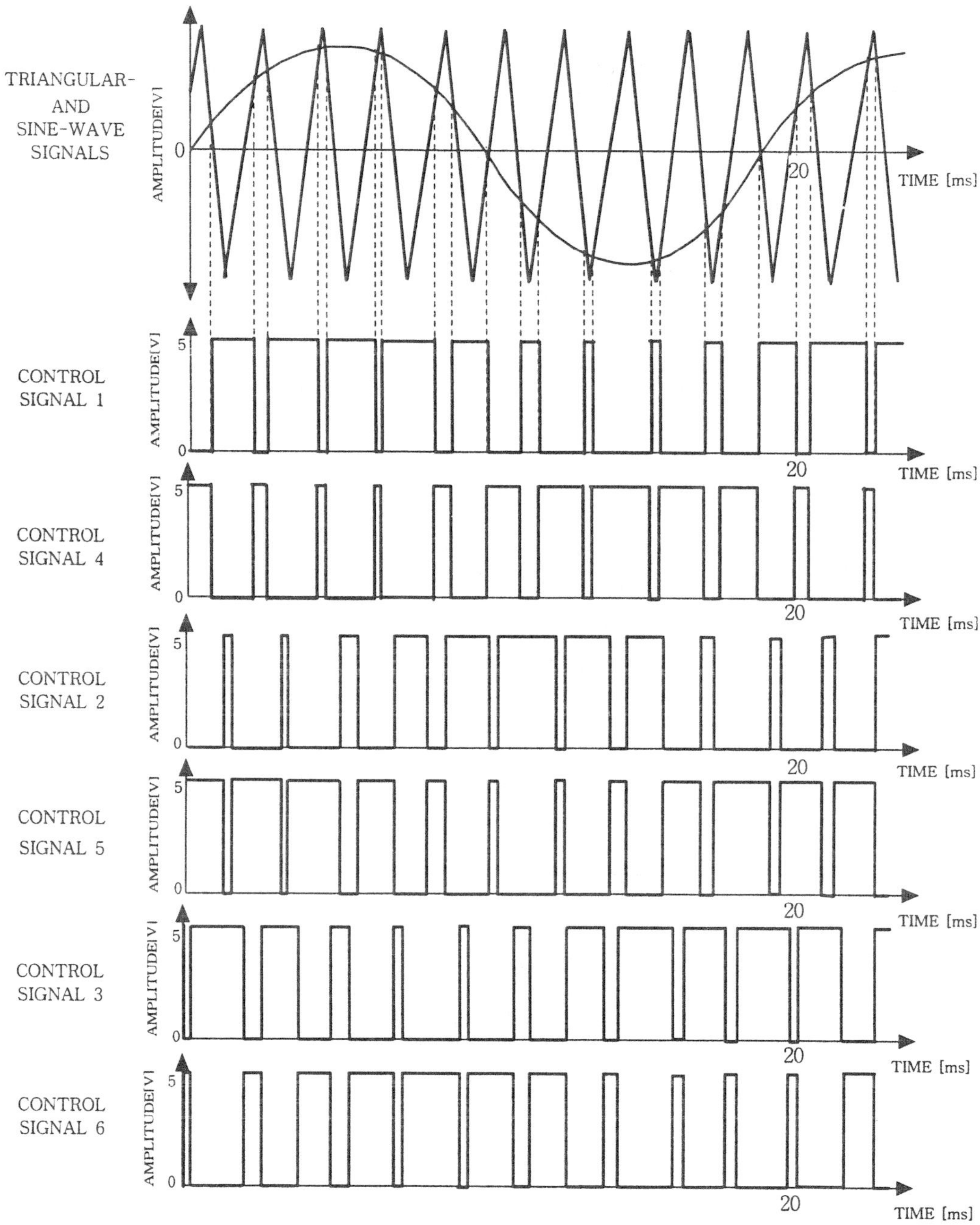

그림 13-1 PWM 전압형 인버터에서 발생된 제어신호

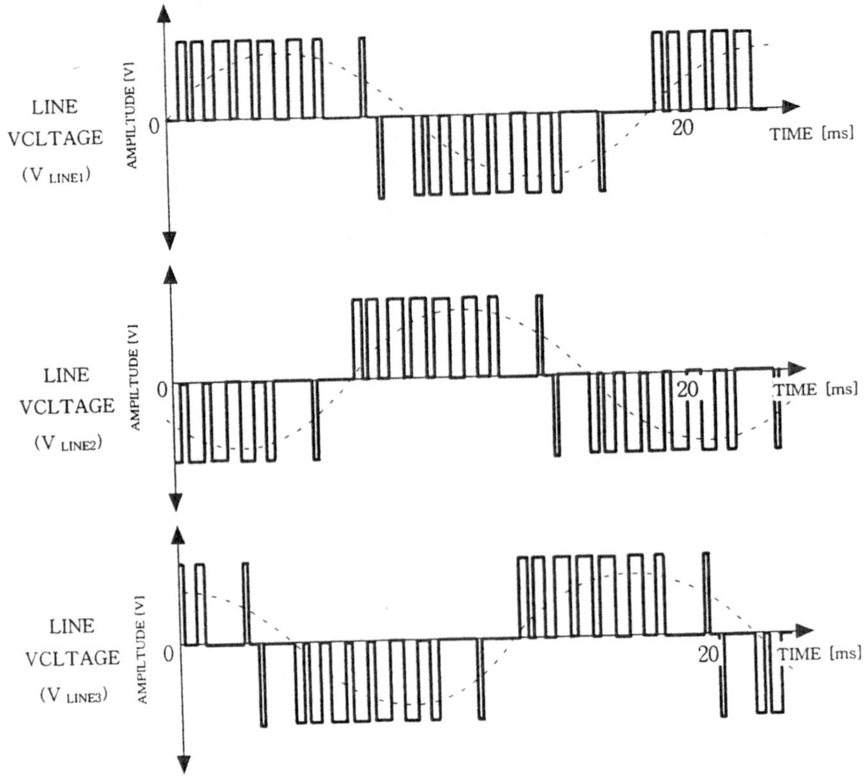

그림 13-2 PWM 전압형 인버터 출력에서 선전압의 파형

그림 13-2는 그림 13-1에 나타낸 제어신호로부터 얻어진 PWM VSI 출력의 선간전압 파형을 보여주고 있다. A 선간전압은 인버터의 두 출력 사이의 전압이다. 선간전압은 보통 선전압이라 일컬어진다. 이것은 그림 13-2의 전압파형에 V_{LINE1}, V_{LINE2}, V_{LINE3}라고 명명한 이유를 말해준다. PWM VSI 출력 선전압 파형은 120° 이동된 사인파에 근접하는 양극성 펄스이다. 양극성 펄스가 근접하는 사인파의 주파수와 크기는 인버터 제어기가 내부적으로 발생하는 크기와 주파수에 비례한다. 다시 말해서 PWM VSI 출력전압의 크기와 주파수는 제어기에서의 사인파의 크기와 주파수에 의존한다.

삼각파의 주파수와 사인파 사이에 고정된 비율 때문에 PWM은 동기화되어야 하는 것에 주의해야 한다. 그림 13-1에서 보듯이 삼각파의 주파수는 사인파의 9배이다. 같은 비율이 Chopper/Inverter Control Unit의 3~V/f MODE에서 사용된다.

(다) 일정한 V/f를 이용한 PWM 인버터의 유도전동기 구동

PWM VSI를 이용해 유도전동기를 구동하면 인버터 제어기에서는 주파수에 비례하는 사인파를 만들어 낸다. PWM VSI의 출력단 선전압은 상대적으로 제어기 내부의 사인파에 비례하며 이로 인해 V/f가 일정하게 유지된다. 그림 13-3은 PWM VSI의 출력단 전압의 크기와 주파수의 전형적인 관계를 보여주고 있다. V/f를 일정하게 하기 위해 전압의 크기와 주파수는 비례한다. 전압은 어떤 값이 되면 증가하는 것을 멈추게 되며, 이 값이 유도전동기가 구동되는 전압이 된다.

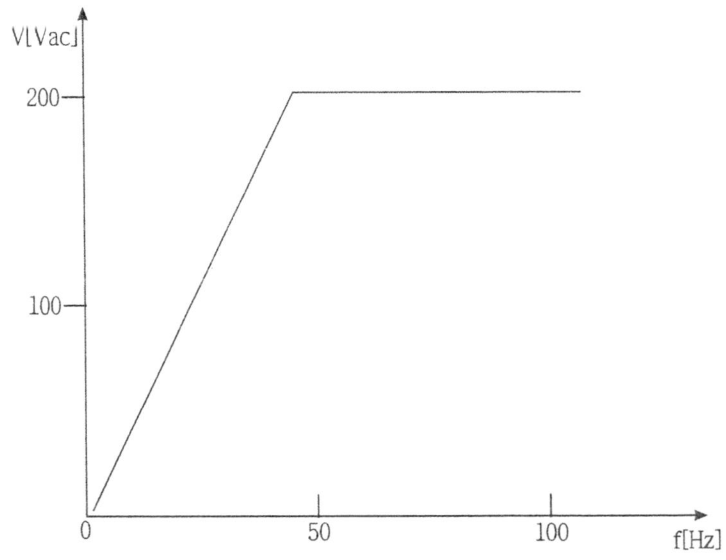

그림 13-3 PWM 전압형 인버터의 출력에서 주파수와 전압과의 전형적인 관계

3. 실험의 개요

이 실험의 첫 번째 부분에서는 실험을 행하기 위해 필요한 장비들을 세팅한다.

이 실험의 두 번째 부분에서는 유도전동기 드라이브에 있어서 180° 변조방식과 PWM을 비교하기 위해서 그림 13-4의 회로를 이용한다. 이 회로에서 가변직류전원을 구성하기 위해 3상 가변교류전원, 3상 정류기, 인덕터 L_1, 저항 R_1, R_2, R_3이 필요하다. 저항은 직류전원의 전류를 조절하며, 이 회로에서 사용된 전동기는 농형 유도전동기이다.

세 번째 부분에서, PWM VSI의 출력단의 선전류와 선간전압의 파형을 관찰하

고 주파수를 가변하면서 선전압을 관찰한다. 이것은 일정 V/f를 가지는 PWM VSI의 동작을 이해하는데 도움이 된다.

이 실험의 마지막에서는 주파수를 변화시키면서 PWM VSI 출력단의 선전압을 측정한다. 이 결과로부터 PWM VSI 출력의 전압과 주파수의 관계를 그릴 수 있다.

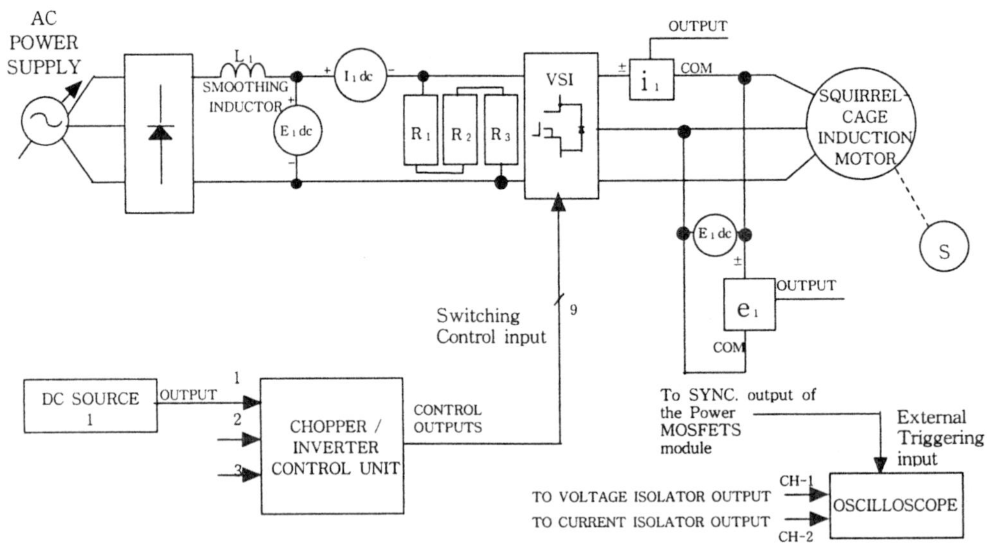

LINE VOLTAGE (Vac)	R_1 (Ω)	R_2 (Ω)	R_3 (Ω)	L_1 (H)	I_1dc (A)	E_1dc (V)	E_1ac (V)	i_1 (A)	e_1 (V)
120	171	171	171	0.8	2.5	300	250	10	300
220	629	629	629	3.2	1.5	600	500	5	600
240	686	686	686	3.2	1.5	600	500	5	600

그림 13-4 3상 전압형 인버터의 유도전동기 드라이브

4. 실험 장비

① Function Generator

② Personal Computer

③ Oscilloscope

④ 전력전자 실습장비 세트(Lab-Volt)

⑤ Vector 제어 실습장비 세트(Lab-Volt)

5. 실험 방법 및 절차

> **주 의**
> 이 실험에서는 고전압이 사용되므로 함부로 연결을 바꾸지 않는다.

(가) 장비 세팅

① Power Supply, Enclosure/Power Supply, Power MOSFETS, Power Diode, 4극 농형 유도전동기, 인덕터, 직류 전압·전류계, 교류 전압계, 저항부하 등을 설치한다.

② Enclosure/Power Supply의 Chopper/Inverter Control Unit와 Curent/Voltage Isolators를 설치한다.

③ Power Supply의 주스위치를 O(OFF)의 위치에 놓고 Power Supply를 3상 콘센트에 연결한다.

④ Enclosure/Power Supply의 선을 콘센트에 연결하고 Enclosure/Power Supply의 잠금스위치를 I(ON)의 위치에 놓는다.

⑤ 저항부하의 모든 토글 스위치를 O(open)의 위치에 놓는다.

(나) PWM 인버터를 이용한 유도전동기 구동에서 180° 변조와 펄스폭 변조

⑥ 4극 농형 유도전동기의 샤프트에 Speed Sensor의 다이나모를 설치한다.

⑦ 다음과 같이 세팅한다.

On the Power Supply

Voltage selector	4-N

On the Chopper/Inverter Control Unit

DC SOURCE 1	MAXimum
MODE	3~180°

On the Power MOSFETS module

Interconnection switch S1	I

On the Power Diodes module

Interconnection switch S1	I
On the Speed Sensor/Tachometer	
ROTATION	clockwise
On the oscilloscope	
Channel-1 Sensitivity	5V/DIV(DC coupled)
Channel-2 Sensitivity	0.5V/DIV(DC coupled)
Verical Mode	CHOPped
Time Base	10ms/DIV
Trigger Source	EXTernal
Trigger Slope	positive(+)
Trigger Coupling	HF REJection

⑧ 오실로스코프상에서 상대적으로 스크린 밑부분과 윗부분에 채널 1과 2가 적당한 위치에 놓일 수 있도록 세팅한다.

⑨ Power Supply의 전압조절 손잡이를 0의 위치에 놓고 24V 교류전원 스위치와 주스위치를 I(ON)의 위치에 놓는다. Power MOSFETS에 전원공급이 제대로 되면 POWER ON LED에 불이 켜진다.

Power Supply의 전압조절 손잡이를 천천히 80의 위치에 놓는다.(교류 선전압의 약 80%) 유도전동기는 서서히 회전하기 시작하며 오실로스코프에는 선간전압(채널 1)과 선전류(채널 2)가 나타난다.

⑩ Chopper/Inverter Control Unit에서 유도전동기의 속도가 약 2500rpm/min이 되도록 DC SOURCE 1의 제어손잡이를 천천히 돌린다.

Power Supply의 전압조절 손잡이를 60%의 위치에 놓으면 유도전동기의 속도는 약 2500rpm/min 정도로 된다.

Chopper/Inverter Control Unit의 DC SOURCE 1 제어손잡이를 전동기의 속도가 500rpm/min 정도로 되도록 시계방향으로 돌린다. 이 때 아래의 표에 주어진 값을 넘지 않도록 Power Supply의 전압조절 손잡이를 시계방향으로 돌린다.

회전속도가 변할 때 유도전동기 드라이브에 180° 변조방식을 사용함으로써 나쁜 점은 무엇인가를 설명하라.

표 13-1 Peak line current(ILINEpeak) required to slightly saturate the stator of the induction motor

LINE VOLTAGE	$I_{LINEpeak}$
Vac	A
120	1.0
220	0.5
240	0.5

⑪ 다음과 같은 세팅을 한다.

On the Chopper/Inverter Control Unit

MODE 3~V/f

On the oscilloscope

Channel-2 Sensitivity 1V/DIV(DC coupled)

유도전동기는 회전을 멈춘다.

Power Supply의 전압조절 손잡이를 100%의 위치에 놓는다. 유도전동기는 약 500rpm/min의 속도로 다시 회전하기 시작한다.

유도전동기의 속도가 500rpm에서 2500rpm 정도가 되도록 Chopper/Inverter Control Unit의 제어손잡이를 시계방향으로 돌리고 다시 2500rpm에서 500rpm이 되도록 반시계방향으로 돌린다. 이 때 VSI의 출력전압과 전류를 관찰한다.

주 의

필요하다면 오실로스코프의 시간축을 조절한다.

(다) 일정한 V/f를 이용한 유도전동기 구동에서의 PWM 인버터의 동작원리

⑫ 유도전동기의 속도가 100rpm이 되도록 Chopper/Inverter Control Unit의 DC SOURCE 1 제어손잡이를 시계방향으로 돌린다.

오실로스코프의 시간축을 5ms/DIV로 놓는다.

그림 13-5에 선전류와 선간전압의 파형을 그린다.

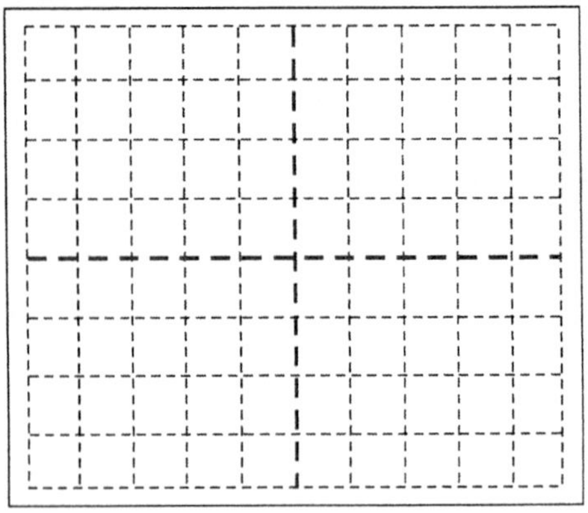

그림 13-5 PWM 전압형 인버터의 선전압과 선전류의 파형
(1000rpm, time base=5ms/DIV)

PWM VSI 출력인 선간전압을 측정하고 기록한다.

V_{LINE}(1000rpm/min= Vac

⑬ 유도전동기의 속도가 2000rpm/min 정도가 되도록 Chopper/Inverter Control Unit의 DC SOURCE 1 제어손잡이를 시계방향으로 돌린다.
오실로스코프의 시간축을 2ms/DIV로 놓는다.
그림 13-6에 선전압과 선전류의 파형을 그린다.

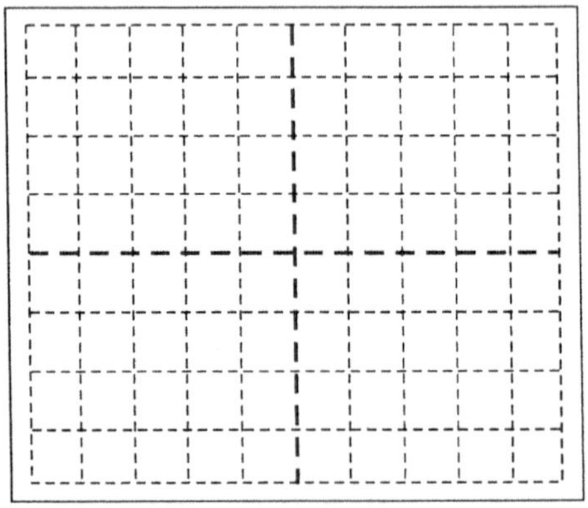

그림 13-6 PWM 전압형 인버터의 선전압과 선전류의 파형
(2000rpm, time base=2ms/DIV)

PWM VSI 출력인 선간전압을 측정하고 기록한다.

V_{LINE}(2000rpm/min = Vac)

지금까지의 측정결과로부터 일정한 V/f를 가지는 PWM VSI를 이용한 유도전동기 구동에 관해 간략이 설명하라.

(라) 일정한 V/f를 가지는 유도전동기의 구동에서의 PWM 인버터 출력의 전압과 주파수의 관계

⑭ 오실로스코프의 시간축을 10m/DIV로 놓는다.
전동기가 시계방향으로 회전하도록 하며 선간전압의 주기가 약 70ms 정도가 되도록 Chopper/Inverter Control Unit의 DC SOURCE 1 제어손잡이를 천천히 돌린다.

주 의

오실로스코프가 불안정 할 수 있으므로 필요하다면 HOLD OFF를 조절한다.

⑮ PWM VSI의 출력인 선간전압 V_{LINE}을 측정하고 각각의 주기에 대해 주파수를 구해 표 13-2에 기록한다.

표 13-2 Line voltage(V_{LINE}) at the output of the PWM voltage-source inverter versus frequency

T	f	VPHASE
ms	Hz	Vac
80		
60		
40		
25		
20		
16		
12		
10		

⑯ Chopper/Inverter Control Unit의 DC SOURCE 1 제어손잡이를 시계방향으로 돌리면서 표에 각각 주어진 주기로 조절한 다음 ⑭를 반복한다.

주 의

필요하다면 오실로스코프의 시간축을 조절한다.

⑰ Power Supply의 전압조절 손잡이를 0의 위치에 놓고 주스위치와 24V 교류전원스위치를 O(open)의 위치에 놓는다.

표 13-2의 결과로부터 전압 V_{LINE}과 주파수 f의 관계를 도식적으로 표현한다.

그림 13-7의 결과로부터 PWM VSI의 입력전압이 유도전동기의 속도변화를 위해 가변되지 않아도 되는 이유를 설명하라.

주파수가 어떤 값에 도달하면 전압 V_{LINE}가 증가하지 않는 이유를 간략히 설명하라.

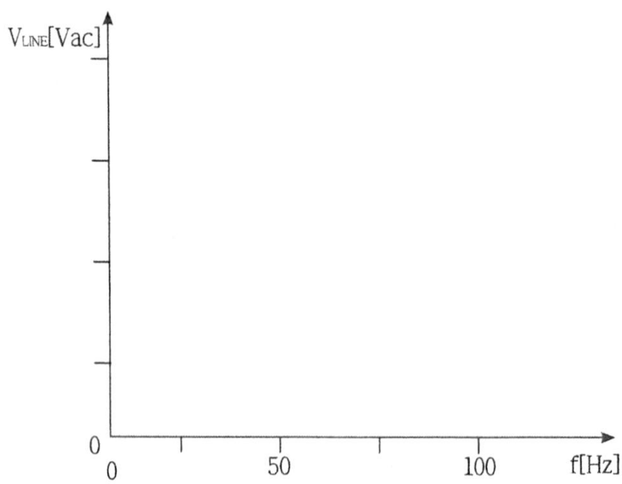

그림 13-7 PWM 전압형 인버터의 선간전압과 주파수와의 관계

⑱ Enclosure/Power Supply의 잠금스위치를 O(open)의 위치에 놓고 모든 선과 프로브를 제거한다.

6. 결과

이 실험으로부터 180° 변조방식을 유도전동기 드라이브에 사용할 때 일정한 V/f를 유지하고 포화를 막기 위해서는 입력 직류전압이 가변되어야 한다는 것을 알 수 있었다. 또한 PWM을 유도전동기 구동에 사용할 경우, 위와는 반대로 입력 직류전압을 가변할 필요가 없다는 것도 알았다.

PWM VSI의 출력 선간전압의 양극성 펄스를 관찰하였고 주파수가 증가함에 따라 선간전압과 펄스폭이 증가한다는 사실도 알 수 있었다.

주파수를 변화시키면서 PWM 인버터의 출력전압을 측정하였다. 이 결과로부터 PWM 인버터의 선간전압과 주파수의 관계를 그려보았고 이 관계로부터 유도전동기 구동에 필요한 선간전압이 될 때까지 선간전압과 주파수가 비례한다는 사실도 알 수 있었다.

실 험 보 고 서

일시 :			
학과 :	조 :	학번 :	성명 :

실험 제목 : 일정 V/f PWM 인버터를 이용한 유도전동기 구동

1. PWM 인버터를 유도전동기의 구동에 이용할 경우 장단점은 무엇인가?

2. PWM 인버터에서 출력 선간 전압의 파형을 설명하라.

3. PWM VSI를 이용한 유도전동기의 구동에서 전압과 주파수의 관계를 설명하시오.

제14장

3상 유도전동기 구동용 인버터의 Operation 실습

1. STARVERT-iS3의 규격(220V급 인버터)

표 14-1 STARTVERT-iS3의 규격

인버터 형명		SV022 iS3-2	SV037 iS3-2	SV055 iS3-2	SV075 iS3-2	SV110 iS3-2	SV150 iS3-2	SV185 iS3-2	SV220 iS3-2
최대적용 진동기	[HP]	3	5	7.5	10	15	20	25	30
	[kW]	2.2	3.7	5.5	7.5	11	15	18.5	22
출력 정격	용량[kVA]	4.2	6.1	9.1	12.2	17.5	24.3	30.5	36.2
	정격 전류[A]	11	16	24	32	46	59	74	87
	최고 주파수	400Hz							
	출력 전압	200～230V							
입력 정격	전압	3ϕ200～230V(±10%)							
	주파수	50～60Hz(±5%)							
제 어	제어 방식	공간 벡터 PWM							
	주파수 분해능	0.01Hz							
	주파수 정도	Digital : 최고 주파수의 0.01% Analog : 최고 주파수의 0.1%							
	V/f 비	linear, 2승 저감, User V/F, Auto Boost							
	제동 토크	약 20%							
	과부하 내량	150% 1분간							
	토크 부스트	0～20% 설정 가능, 자동 토크 부스트							

운 전	운전 방식	Key/단자대 운전선택 가능
	주파수 설정	Analog : 0~10V/4~20mA/가변저항 Disital : Key 사용
	가감속 시간	0.1~6,000초 각각 8종류까지 설정, 선택 가능(단자대 이용)
	다단속 운전	8종류 속도 설정 가능(단자대 이용)
	자동 운전	AUTO A : 내부 시퀀스로 운전(7way★8step) AUTO B : 내부 시퀀스 및 단자대 운전(7way★8step)
다기능 입출력	다기능 입력	6 다기능 입력
	다기능 출력	4 다기능 출력
보호 기능	인버터 트립	과전압, 저전압, 과전류, Fuse Open, 지락보호, 인버터 과열, 전동기 과열, Main CPU Error 등
	스톨 방지	과전류 방지
	순시 정전	15msec 이하 : 운전계속 15msec 이상 : 자동 재시동 가능
	주위 온도	-10°C~40°C
사용환경	습도	상대습도 90% 이하(이슬맺힘 현상 없을 것)
	고도	1,000m 이하
	냉각 방식	강냉

(가) Power 단자대의 기능

표 14-2 Power 단자대의 기능

R	S	T	E	U	V	W	E	B1	B2

단자명	기 능
R	전원 입력용, 3상 220V/440V
S	
T	
U	3상 출력, 전동기 접속용
V	
W	
B1	외부 제동 저항 접속용
B2	
E	접지 단자

(나) 제어 단자대의 기능

표 14-3 제어 단자대의 기능

E	Q1	Q2	Q3	EXTG	P1	P2	P3	CM	FX	RX	NC	VR	V1	5G	5G

30A	30C	30B	AX1	AX2	P4	P5	P6	CM	BX	RST	NC	1	FM	LM	5G

단자명	기 능
V1	주파수 설정용 전압 입력(0~+10V)
VR	주파수 설정용 전원(+11 VDC)
I	주파수 설정용 전류 입력(4~20mA)
FM	출력 주파수계 접속용 단자
LM	부하 메타 접속용 단자
5G	V1, I, FM, LM용 Common 단자
FX	정방향 운전 지령 단자
RX	역방향 운전 지령 단자
BX	인버터 출력 차단 지령 단자
RST	리셋 신호 입력 단자
P1	다기능 입력 1(출하시 "다단속도 지령")
P2	다기능 입력 2(출하시 "다단속도 지령")
P3	다기능 입력 3(출하시 "다단속도 지령")
P4	다기능 입력 4(출하시 "다단가감속 지령")
P5	다기능 입력 5(출하시 "다단가감속 지령")
P6	다기능 입력 6(출하시 "다단가감속 지령")
CM	FX, RX, BX, P1, P2, P3, P4, P5, P6, RST용 Common 단자
Q1	다기능 출력 1(출하시 "속도 일치신호")
Q2	다기능 출력 2(출하시 "속도 검출신호")
Q3	다기능 출력 3(출하시 "과부하 경보신호")
EXTG	Q1, Q2, Q3용 Common 단자
AX1 AX2	다기능 출력4용 보조 릴레이(출하시 "상용 절체 기능")
30A	인버터 이상 신호 출력 단자(A 접점)
30B	인버터 이상 신호 출력 단자(B 접점)
30C	인버터 이상 신호 출력 단자(Common)
E	접지 단자
NC	사용 않음

2. 인버터 기본 배선도

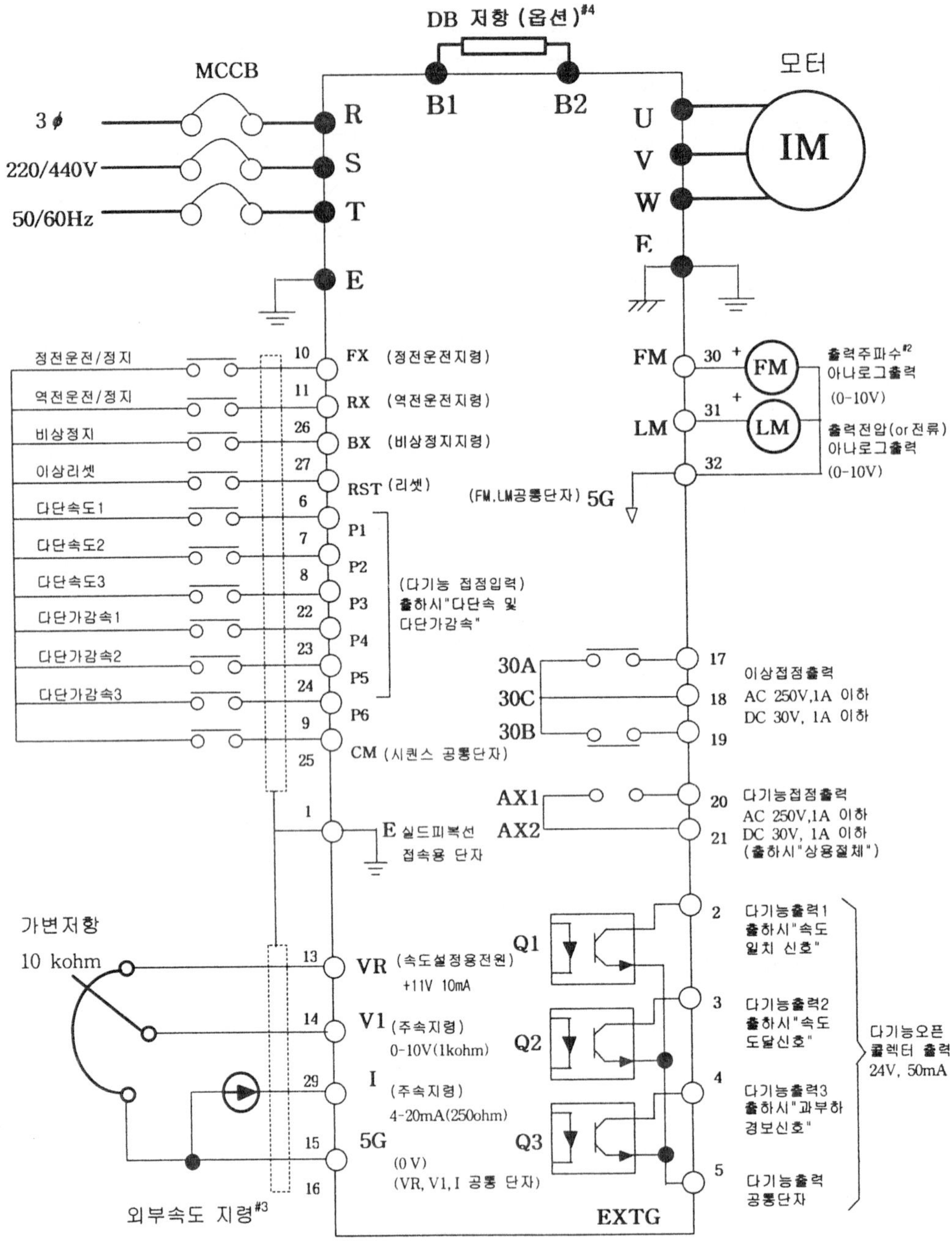

주)1. ●는 주회로, ○는 제어회로를 표시합니다.
2. 아나로그 출력전압은 12V까지 조정 가능합니다.
3. 외부속도지령은 전압, 전류, 전압+전류지령이 가능합니다.(기능코드참조)

그림 14-1 인버터의 기본 배선도

3. LCD 로더의 사용법

LCD 로더는 표시부가 영문 및 숫자가 32자까지 표시될 수 있는 것으로, 각종 설정치의 내용을 직접 확인할 수 있다.

다음은 LCD 로더의 외관 및 각 부분의 기능을 나타낸 것이다.

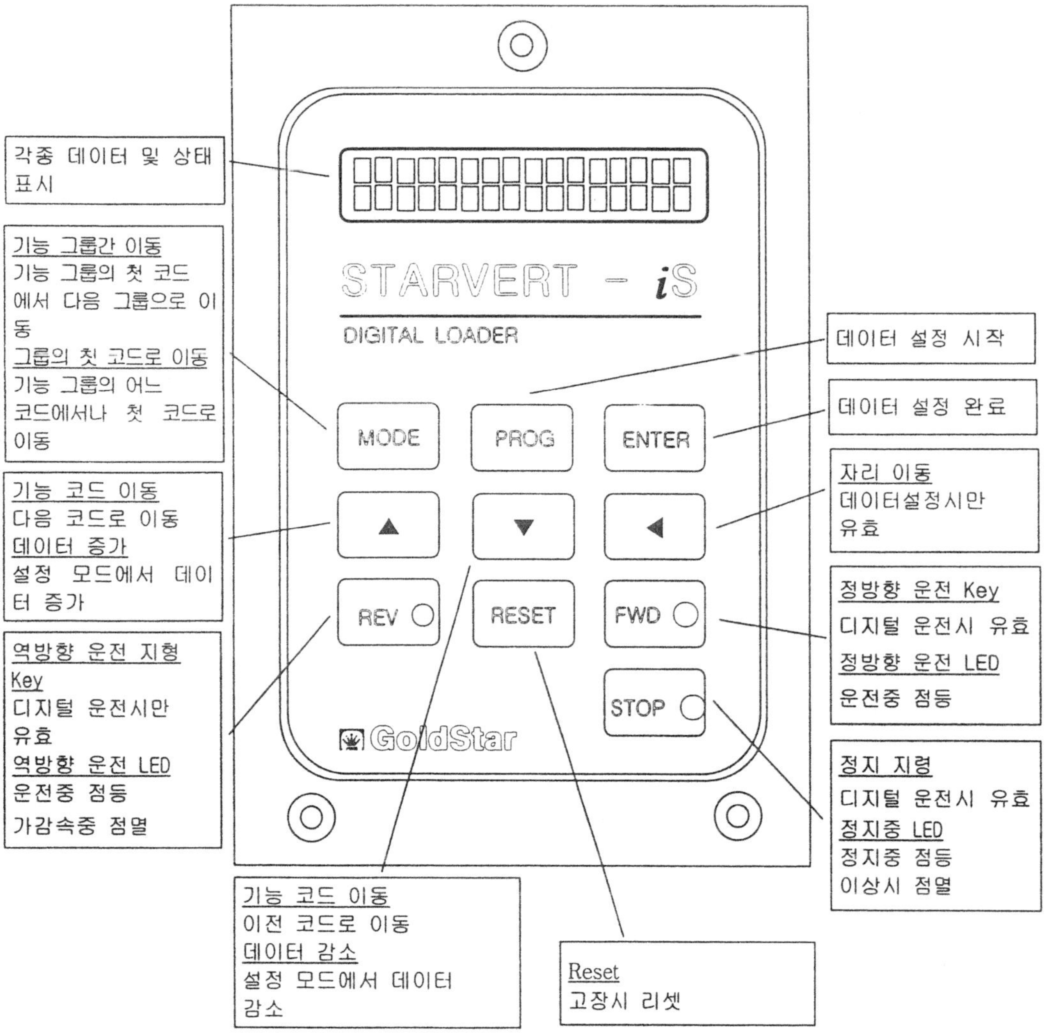

그림 14-2 LCD 로더의 각부 기능

(가) LCD 로더에서의 각 그룹 및 코드간의 이동

이동 방법 1 : 앞의 그림에서처럼 [MODE], [▲], [▼] Key를 사용하여 이동함.

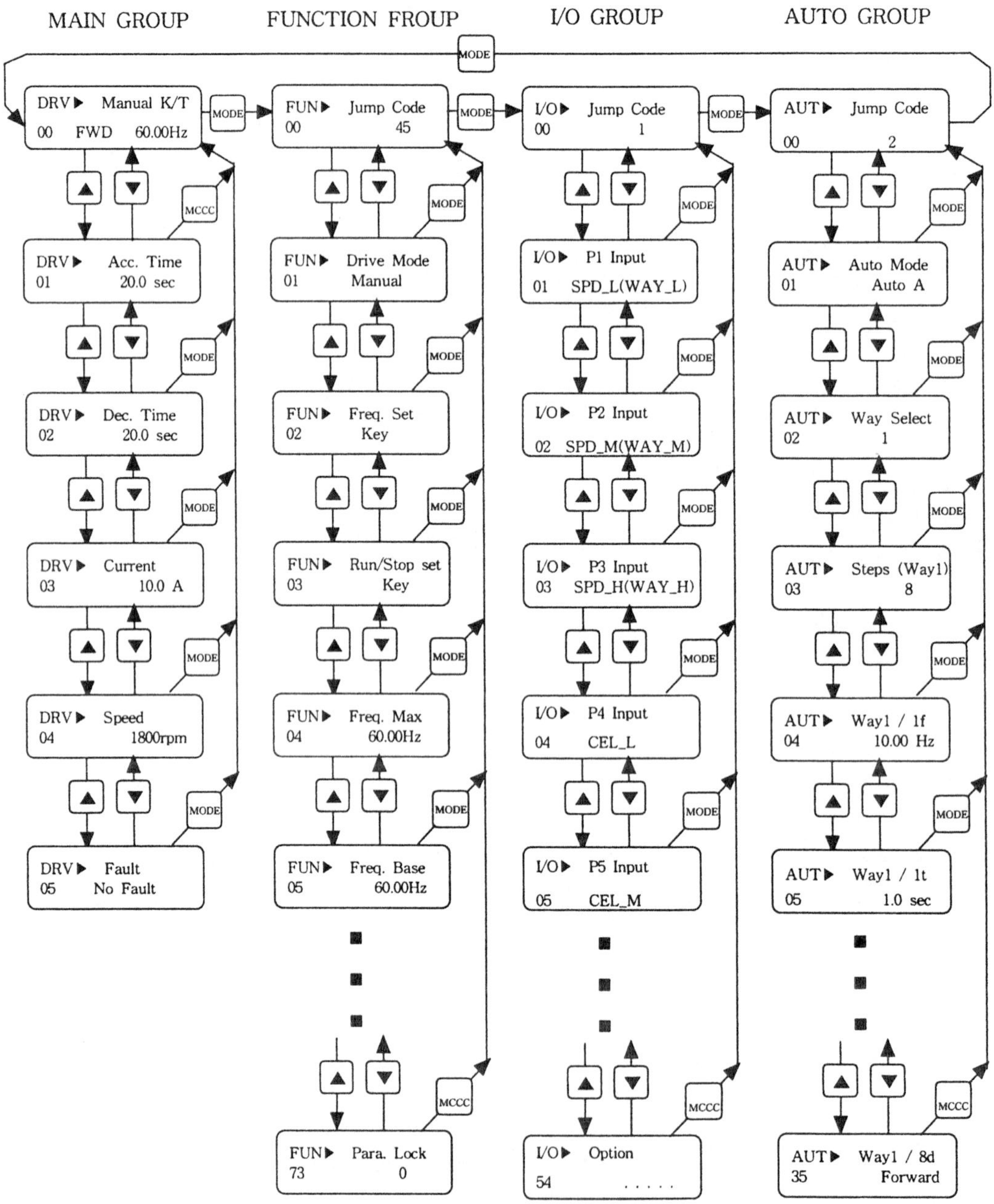

그림 14-3 LCD 로더에서 코드간의 이동

이동 방법 2 : FUN, I/O, AUT 그룹에서는 기능 항목 중 Jump Code(코드번호 00)가 있어서 원하는 코드로의 이동이 가능하다. 코드 00에서 [PROG] Key를 누르고 [▲], [▼] Key를 사용하여 직접 가고 싶은 코드 번호를 입력한 후 [ENTER] Key를 누르면 그 코드로 바로 이동한다. [▼] Key를 여러 번 사용하는 것 보다 편리하다.

(나) LCD 로더를 이용한 데이터의 변경

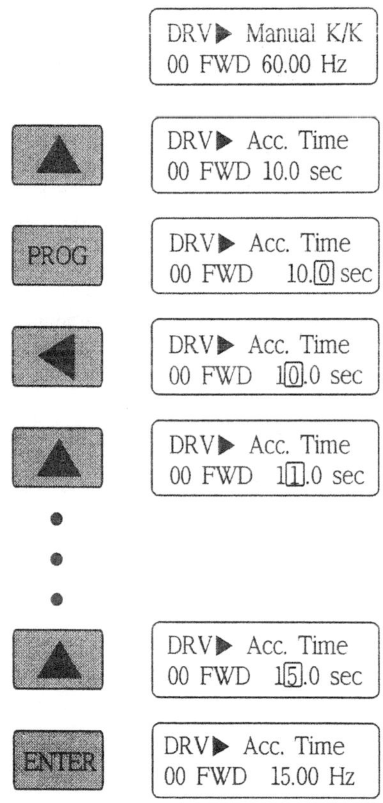

우선 변경하고자 하는 그룹의 해당 코드로 먼저 이동한다.

[PROG] Key를 누르면 [■]가 점멸한다. 여기서 [▲], [▼] Key를 이용하여 원하는 데이터 값으로 맞춘 뒤 [ENTER] Key를 누르면 인버터는 변경된 데이터를 기억하게 됨.

주) 데이터가 변경되지 않는 경우

① 운전 중 변경 불가인 데이터(기능리스트 참조)

② 변경 불가(파라메타 록) 기능이 선택된 경우

예 1 가속시간을 10초에서 15초로 수정

원하는 코드로 이동

설정 모드 : 커서가 나타남(■)

원하는 자리로 커서를 이동

데이터를 증가시킴

원하는 값이 될 때까지 데이터를 변경

변경시킨 값을 저장 : 커서가 사라짐

예 2 운전 지령을 로더에서 단자대로 변경하는 경우

기능 그룹=FUN

기능 코드=03

데이터=Key→Terminal 1로 변경

Key	표시	설명
	DRV▶ Manual K/K 00 FWD 60.00 Hz	초기 표시
MODE	FUN▶ Jump Code 00 45	FUN 그룹의 처음으로 이동
▲	FUN▶ Run/Stop 03 Key	[▲] Key를 여러번 눌러서 코드 03으로 이동
PROG	FUN▶ Run/Stop 03 Key□	설정 모드 : 커서(■)가 점멸
▲	FUN▶ Run/Stop 03 Terminal 1	데이터를 변경
ENTER	FUN▶ Run/Stop 03 Terminal 1	변경시킨 값을 저장 : 커서(■)가 없어짐
MODE	FUN▶ Jump Code 00 45	FUN 그룹의 처음으로 이동
MODE	DRV▶ Manual K/T 00 FWD 60.00 Hz (K/T : 변경확인)	[MODE] Key를 여러번 눌러서 초기표시로 이동

이상의 방법으로 설정 가능함. 여기서 [◀] Key는 데이터 변경시 자릿수를 옮기는 것으로써 [▲] Key나 [▼] Key를 여러번 사용하는 것보다 편리함.

4. 운전 방법

STARVERT-iS에는 다음과 같은 여러 운전 모드가 준비되어 있으므로 응용 분야에 따라 적당한 것을 선택하여 사용하면 된다.

표 14-4 운전모드

운전모드	동 작	기능 설정
로더에 의한 운전	디지털 로더만을 사용하여 운전/정지 및 주파수 설정	FUN01 : Manual FUN02 : Key FUN03 : Key
제어 단자대에 의한 운전	운전/정지는 단자대를, 주파수 설정은 제어 단자대를 사용	FUN01 : Manual FUN02 : Terminal FUN03 : Terminal
단자대와 로더를 함께 사용하는 운전	운전/정지는 디지털 로더를, 주파수 설정은 제어 단자대를 사용	FUN01 : Manual FUN02 : Terminal FUN03 : Key
	운전/정지는 제어 단자대를, 주파수 설정은 디지털 로더를 사용	FUN01 : Manual FUN02 : Key FUN03 : Terminal
자동 운전	미리 설정된 주파수 및 운전 스케줄에 의한 운전	FUN01 : Auto AUT01 : Auto_a
	미리 설정된 주파수 및 가감속 시간을 가지고, 외부로부터의 진행 펄스에 의해 스텝을 진행	FUN01 : Auto AUT01 : Auto_b

5. 전동기 구동용 3상 인버터의 Operation 실습

5.1 시운전 실습

(가) 인버터와 모터를 결합해서 LCD 로더로 간단히 운전하는 예

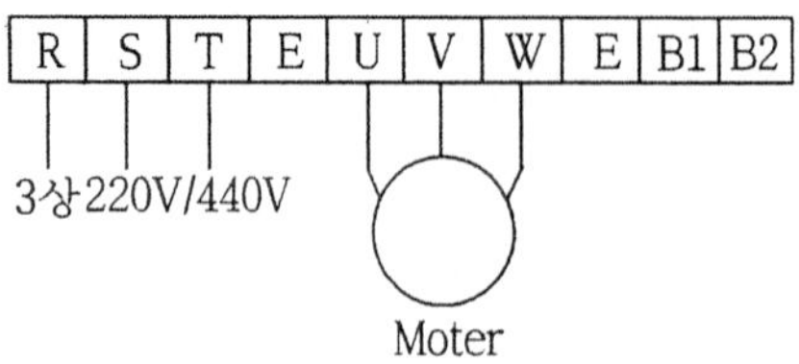

· 인버터 파워 단자대와 3상 전원, 모터를 좌측의 그림과 같이 결선한다.
주파수 설정 및 운전 지령을 Key 모드로 설정한다.(FUN 그룹 01을 Manual, 02를 Key, 03을 Key로 설정되어 있는지 확인한다.)

DRV▶ Manual K/K
00 FWD 60.00 Hz

· 시운전 주파수를 5Hz로 설정하기 위해서는 PROG Key를 치고 ▲, ▼로 5.00Hz로 설정한다. ENTER를 누르면 설정치가 저장된다.

DRV▶ Manual K/K
00 FWD 5.00 Hz

· FWD Key를 누르면 전동기는 정회전 한다.

· STOP Key를 누르면 전동기는 정회전 한다.

· 전동기의 회전 방향이 다를 때에는 인버터 출력 U상, V상을 바꾸면 된다.

(나) LED 로더의 시운전 예

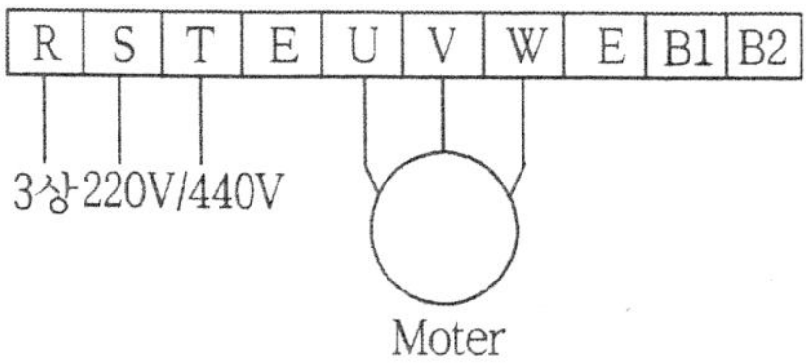

· 인버터 파워 단자대와 3상 전원, 모터를 좌측 주파수 설정 및 운전 지령을 Key 모드로 설정한다.(FUN 그룹 01을 '0'(Manual), 02를 '0'(Key), 03을 '0'(Key)로 설정되어 있는지 확인한다.)

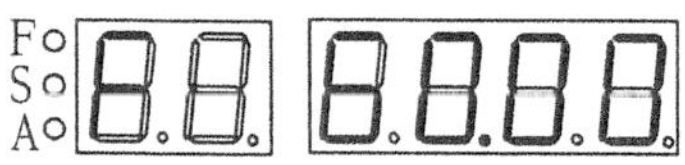

· 시운전 주파수를 5Hz로 설정하기 위해서는 SET Key를 치고 로 5.00Hz로 설정한다. 다시 SET Key를 누르면 설정치가 저장된다.

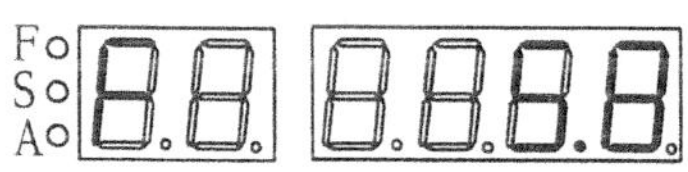

· RUN Key를 누르면 전동기는 회전한다.(회전방향은 DRV 그룹의 06번에서 설정한다. '0'일 때 FWD, '1'일 때 REV이다.)

· STOP Key를 누르면 전동기는 정지한다.

· 전동기의 회전 방향이 다를 때에는 인버터 출력 U상, V상을 바꾸면 된다.

5.2 로더를 이용한 운전 실습

(1) LCD 로더만으로 운전

```
DRV▶ Manual K/K
00 FWD 60.00 Hz
```

· 인버터에 전원을 넣고 LCD 로더 상단에 'Manual K/K'로 표시되어 있는지 확인한다.

```
FUV▶ Drive Mode
01        Manual
```

```
FUV▶ Freq.  Set
02           Key
```

```
FUV▶ Run/Stop Mode
03           Key
```

· 만약 'Manual K/K'로 표시가 안되었을 경우 FUN 그룹에서 FUN 01을 'Manual'로 FUN 02는 'Key', FUN 03도 'Key'로 설정한다.

```
DRV▶ Manual K/K
00 FWD   30.00 Hz
```

· 운전 주파수 30.00Hz로 설정할 경우 DRV 그룹에서 운전 주파수를 30.00Hz로 맞춘다.

```
DRV▶ Acc. Time
01       20.0 sec
```

```
DRV▶ Acc. Time
01       20.0 sec
```

· 가감속시간은 정지상태에서 최고 주파수 Max. Freq.(FUN 04)까지의 가감속 시간을 의미한다. 최고 주파수가 60.00Hz이고 설정한 운전 주파수 30.00Hz까지의 가속 시간을 10초로 하고 싶으면 DRV 모드에서 01Acc time, 02 Dec Time을 20초로 각각 설정하면 정지중에서 30.00Hz까지의 가감속시간이 10초가 된다.

· 정방향으로 전동기를 운전할 경우 FWD Key를 누르면 전동기는 정회전한다. 역방향은 REV Key로 운전한다. STOP Key를 누르면 전동기는 정지한다.

· 전동기가 반대방향으로 회전할 경우에는 인버터의 3상 출력 중 두상, 예를 들면 U, V상을 바꾸면 원하는 방향으로 전동기는 회전한다.

(2) 7 Segment LED 로더만으로 운전

· 인버터에 전원을 넣고 먼저 FUN 그룹으로 이동하여 FUN 01을 '0'(Manual)으로 FUN 02는 '0'(Key), FUN 03도 '0'(Key)으로 설정한다.

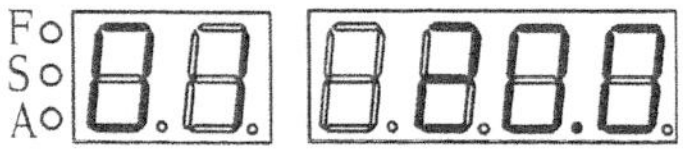

· 운전 주파수를 30.00Hz로 설정할 경우 먼저 DRV 그룹에서 SET Key와 ↻로 30.00Hz로 설정한다.

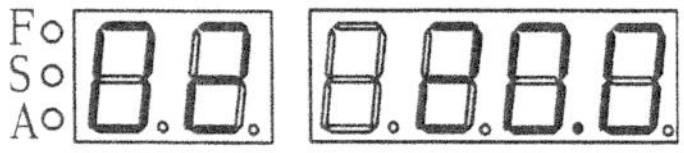

· 가감속시간은 DRV 그룹의 코드 01, 02번을 20초로 설정함.(30.00Hz까지 10초의 가감속시간 설정시)

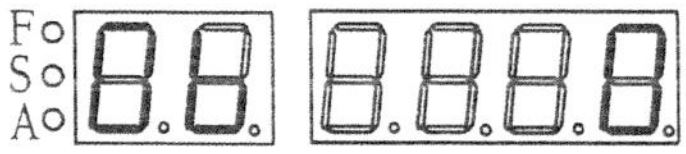

· RUN Key를 누르면 전동기가 회전하며 회전 방향변경은 DRV 그룹의 코드 06번에서 설정하며 '0'일 때 정방향 '1'일 때는 역방향으로 회전하게 된다.

· STOP Key를 누르면 전동기는 정지한다. 원하는 방향과 일치하지 않는 경우 인버터의 3상 출력 중 두상, 예를들면 U, V상을 바꾸면 원하는 방향으로 전동기는 회전한다.

(가) 제어 단자대에 의한 운전 실습

```
DRV▶ Manual T/T
00 FWD 60.00 Hz
```

```
FUV▶ Drive Mode
01        Manual
```

```
FUV▶ Freq. Set
02        Terminal
```

```
FUV▶ Run/Stop Mode
03        Terminal-1
```

· LCD 로더 디스플레이 상단에 'Manual T/T'로 표시되었는지 확인한다. 다른 표시가 되어 있으면 FUN 01을 'Manual'로 바꾸고 FUN 02는 'Terminal', FUN 03을 'Terminal-1'로 설정한다. 7Segment LED 로더의 경우 FUN 그룹에서 FUN 01을 '0'(Manual)로 바꾸고 FUN 02는 '1'(Terminal), FUN 03을 '1'(Terminal-1)로 설정한다.

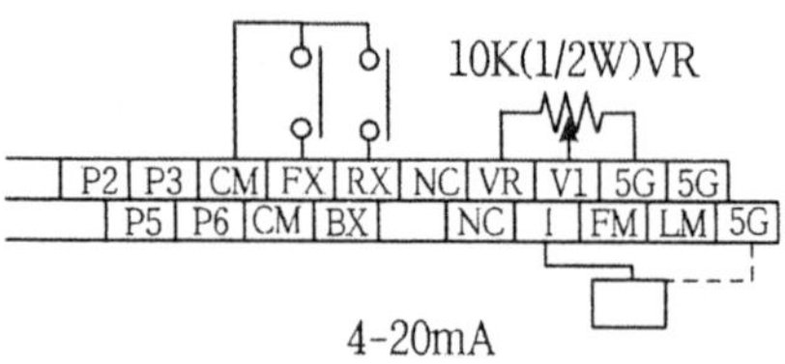

· 운전 주파수지령은 제어 단자의 V1, VR, 5G에 가변저항을 연결하면 가변저항에 의해 주파수를 설정할 수 있다. 물론 외부 아날로그 전압을 V1, 5G에 인가하거나 전류 입력을 I, 5G에 연결하여 주파수 지령을 변경할 수 있다. 제어 단자의 FX나 RX를 CM에 붙이면 정방향이나 역방향으로 회전하며 정지는 FX나 RX를 CM 단자에서 떼면 전동기는 정지한다.

5.3 제어 단자대와 로더에 의한 운전 실습

(1) 주파수 설정은 단자대로, 운전 지령은 로더에서 하는 경우

DRV▶ Manual T/T
00 FWD 60.00 Hz

FUV▶ Drive Mode
01 Manual

FUV▶ Freq. Set
01 Terminal

FUV▶ Run/Stop Mode
03 Terminal-1

· LCD 로더 디스플레이 상단에 'Manual K/T'로 표시되었는지 확인한다. 다른 표시가 되어 있으면 FUN 01를 'Manual'로 바꾸고 Fun 02는 'Terminal', FUN 03을 'Key'로 설정한다. 7 Segment LED 로더의 경우 FUN 그룹에서 FUN 01를 '0'(Manual)로 바꾸고 FUN 02는 '1'(Terminal), FUN 03을 '0'(Key)로 설정한다.

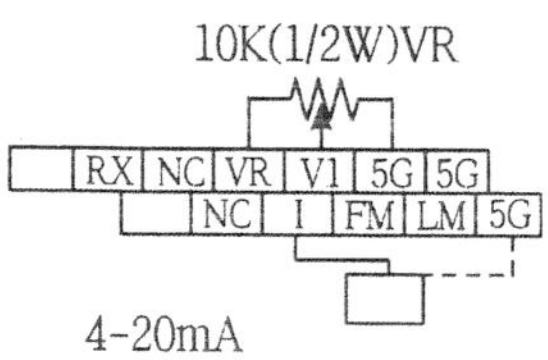

· 운전 주파수지령은 제어 단자의 V1, VR, 5G에 가변저항을 연결하면 가변저항에 의해 주파수를 설정할 수 있다. 물론 외부 아날로그 전압을 V1, 5G에 인가하거나 전류 입력 1, 5G에 연결하여 주파수지령을 변경할 수 있다. 운전지령은 LCD 로더의 경우에는 FWD, REV, STOP Key로 설정하며 7 Segment LED 로더는 RUN, STOP Key로 설정하며 방향은 DRV 그룹의 코드 번호 06번에서 설정한다.

(2) 주파수 설정은 로더에서, 운전지령은 단자대로 하는 경우

```
DRV▶ Manual T/T
00 FWD 60.00 Hz
```

```
FUV▶ Drive Mode
01        Manual
```

```
FUV▶ Freq. Set
02        Manual
```

```
FUV▶ Run/Stop Mode
03        Terminal-1
```

· LCD 로더 디스플레이 상단에 'Manual T/K'로 표시되었는지 확인한다. 다른 표시가 되어 있으면 FUN 01를 'Manual'로 바꾸고 FUN 02는 'Key', FUN 03을 'Terminal-1'로 설정한다. 7Segment LED 로더의 경우 FUN 그룹에서 FUN 01를 '0'(Manual)로 바꾸고 FUN 02는 '0'(Key), FUN 03을 '1'(Terminal-1)로 설정한다.

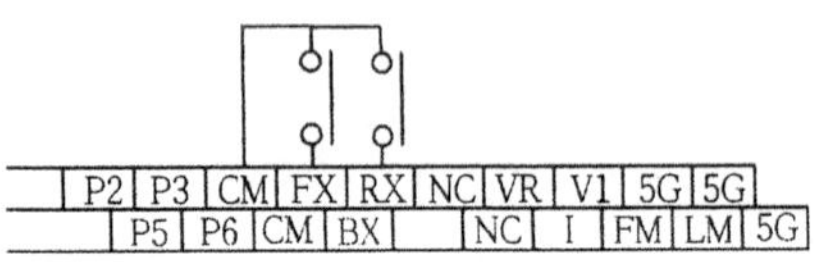

· 운전 주파수는 로더의 DRV 그룹 내 운전 주파수에서 설정한다. 운전지령은 제어 단자의 FX나 RX를 CM에 붙이면 정방향이나 회전하며 정지는 FX나 RX를 CM 단자에서 떼면 전동기는 정지한다.

5.4 다단속 운전 실습

DRV▶ Manual T/T
00 FWD 60.00 Hz

FUV▶ Drive Mode
01 Manual

FUV▶ Freq. Set
02 Terminal

FUV▶ Run/Stop Mode
03 Terminal-1

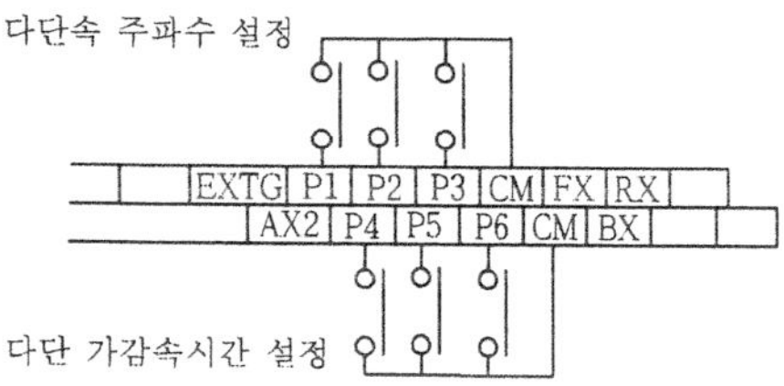

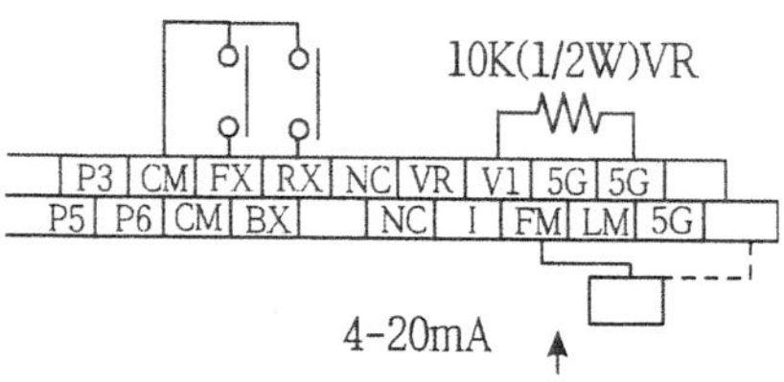

· I/O 그룹의 P1-P6의 입력 단자는 다단속 주파수 지령과 가감속 시간을 지정하는 단자로 정의한다. P1-P3은 다단속 주파수 지령 단자로 정의하고 P3-P6은 다단가감속 시간으로 정의한 후 각 단자를 CM에 붙이면 다단속 운전 지령 주파수 및 다단가감속 시간이 선택된다.

· 다단속 입력지령이 없는 경우 주파수 설정은 FUN 그룹 코드 02의 설정에 따라 Key나 Terminal 주파수 지령으로 운전된다.

· 운전지령은 FUN 그룹 코드 03의 설정에 따라 Key나 Terminal 운전지령에 의해 운전한다. 설정이 Key인 경우 로더에 의해 운전 가능하며 설정이 Terminal인 경우 제어 단자의 FX나 RX를 CM에 붙이면 정방향, 역방향으로 회전하며 정지는 FX나 RX를 CM 단자에서 떼면 전동기는 정지한다.

5.5 자동운전 실습

```
DRV▶ Auto  0/0
00 FWD 60.00 Hz
```

```
FUV▶ Drive Mode
01        Auto
```

· 자동 운전은 외부 PLC 등의 제어기의 지령을 대신하여 인버터 자체 프로그래밍으로 자동 운전을 가능하게 한다. 자동 운전에는 자동으로 다음 스텝으로 진행되는 Auto_a와 외부 펄스 입력을 받아 다음 스텝으로 진행하는 Auto_b가 있다.

· LCD 로더 디스플레이 상단에 'Auto 0/0'로 표시되었을 때 자동 운전이 가능하다.
다른 표시가 되어 있으면 FUN 01를 'Auto'로 바꾸면 자동 운전을 할 수 있다. 7Segment LED 로더의 경우 FUN 그룹에서 FUN 01를 '1'(Auto)로 바꾸면 된다.

· 자동 운전은 외부 단자입력에 의해서 WAY가 선택되며 한 WAY에는 8 Step의 주파수 및 가속시간, 정속 시간, 운전 방향을 AUT 그룹에서 설정한다. AUT 그룹의 코드 01번이 상술한 Auto_a /Auto_b의 설정 코드이며 02는 표시될 Way의 수(1-7)를 설정하는 코드이고 03은 한 Way 내의 운전할 스텝 개수를 설정하는 코드임. 코드 04부터는 각 스텝 주파수, 가속시간, 정속 유지시간, 운전 방향을 설정하는 파라미터가 나오게 된다.

(가) 자동 운전을 프로그램하는 예(AUTO_A 운전)

<3개의 스텝 설정시>

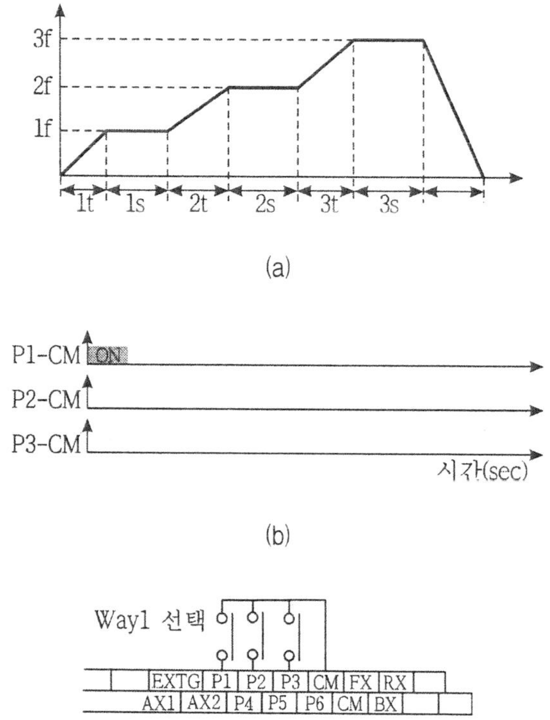

(a)

(b)

(c)

그림 14-4 자동운전 예

표시	설명
AUT▶ Jump Code 00 2	· 먼저 자동 운전 그룹으로 이동한다.
AUT▶ Auto mode 01 Auto A	· Auto A를 선택한다.
AUT▶ Way Select 02 1	· Way를 선택한다.(여기서는 Way가 1로 설정)
AUT▶ Steps(Way1) 03 3	· 스텝 개수를 설정한다.(여기서는 3개의 스텝만 설정)
AUT▶ Way1/1f 04 20.00 Hz	· 첫 스텝 주파수 데이터를 입력한다.
AUT▶ Way1/1t 05 5.0 sec	· 첫 스텝 가감속 시간을 설정한다.
AUT▶ Way1/1s 06 5.0 sec	· 첫 스텝의 정속시간을 설정한다.
AUT▶ Way1/1d 07 Forward	· 첫 스텝의 운전방향을 설정한다.

· 반복해서 스텝 2와 스텝 3의 피라미터를 설정하고 제어단자대의 P1 단자와 CM을 붙이면 Way 1의 자동 운전이 시작된다.

· 자동 운전의 해제는 P1 단자를 떼면 된다. 이 때 P1과 CM을 떼더라도 자동운전은 한 시퀀스가 완전히 끝나야만 정지된다.

실 험 보 고 서

일시 :			
학과 :	조 :	학번 :	성명 :

실험 제목 : 3상 유도전동기 구동용 인버터의 Operation 실습

1. LCD 로더 앞면 패널의 각 부분의 기능을 설명하시오.

2. STARVERT-iS의 4가지 운전 모드에 대하여 설명하시오.

3. 인버터 제어단자대에 의한 전동기의 구동시 인버터 작동 순서와 방법을 설명하시오.

제15장

PSpice에 의한 SCR 단상전파 정류회로의 Simulation

1. SCR 단상전파 정류회로의 PSpice Simulation 과제

그림 15-1 (a)는 SCR 단상전파 정류회로이다.

입력전압의 피크치는 169.7V, 주파수는 60Hz이고 부하 인덕턴스 L=6.4mH이다. 부하저항 R=0.5Ω, 부하 배터리 전압은 V_x=10V, 지연각 α=60°이다.

게이트 전압은 그림 15-1 (b)에 나타내었다.

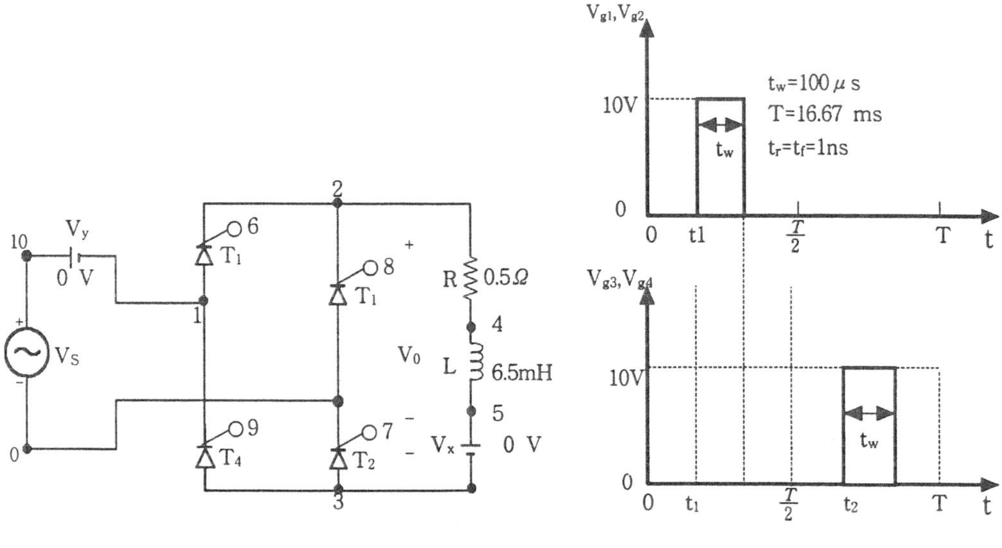

(a) Circuit (b) Gate voltages

그림 15-1 PSpice 시뮬레이션용 단상전파 정류회로

PSpice를 이용하여 다음의 사항을 시뮬레이션하시오.

① 순시출력전압, 입력전류 i_s, 부하전류 i_0를 plot 하시오.

② 입력전류와 입력역률 PF의 Fourier계수를 계산하시오.

2. Solution

입력전압 피크치 $V_m = 169.7[\text{V}]$ for $\alpha_1 = 60$

time delay $t_1 = \dfrac{60}{360} \times \dfrac{1000}{60\text{Hz}} \times 1000 = 2777.78\mu s$

time delay $t_2 = \dfrac{240}{360} \times \dfrac{1000}{60\text{Hz}} \times 1000 = 11.111.1\mu s$

회로 파일의 List는 다음과 같다.

```
SOURCE ■ VS  10  0  SIN   (0   169.7V  60Hz)
         Vg1 6   2  PULSE (0V  10V  2777.8US  1NS  1NS  100US  16666.7US)
         Vg2 7   0  PULSE (0V  10V  2777.8US  1NS  1NS  100US  16666.7US)
         Vg3 8   2  PULSE (0V  10V  11111.1US 1NS  1NS  100US  16666.7US)
         Vg4 9   1  PULSE (0V  10V  11111.1US 1NS  1NS  100US  16666.7US)

CIRCUIT ■■ R   2   4   0.5
           L   4   5   6.5MH
           VX  5   3   DC   10V ; Load battery voltage
           VY  10  1   DC   0V  ; Voltage source to measure supply current
        ※ Subcircuit calls for thyristor model:
           XT1  1   2   6   2   SCR ; Thyristor T1
           XT3  0   2   8   2   SCR ; Thyristor T2
           XT2  3   0   7   0   SCR ; Thyristor T3
           XT4  3   1   9   1   SCR ; Thyristor T4
        ※ Subcitcuit SCR. which is missing. must be inserted.

ANALYSIS ■■■ TRAN    50US   50MS  33.33MS  50US ; Transient analysis
             PROBE                               ; Graphics post-processor
             OPTION  ABSTOR=1.00N RELTOL=1.0M VNTOL=0.01ITL5=20000
             FOUR    60Hz   I(VY)
             END
```

FOURIER COMPONENTS OF TRANSIENT RESPONSE I(VY)
DC COMPONENT=1.200052E÷02

HARMONIC NO	FREQUENCY (HZ)	FOURIER COMPONENT	NORMALIZED COMPONENT	PHASE (DEG)	NORMALIZED PHASE(DEG)
1	6.000E÷0.1	1.113E÷0.2	1.000E÷0.0	-6.211E÷0.1	0.000E÷0.0
2	1.200E÷0.2	8.525E÷0.1	7.662E÷0.3	2.244E÷0.1	8.456E÷0.1
3	1.800E÷0.2	1.633E÷0.1	1.468E÷0.1	-1.744E÷0.2	-1.123E÷0.2
4	2.400E÷0.2	3.016E÷0.1	2.711E÷0.3	-6.781E÷0.1	-5.696E÷0.0
5	3.000E÷0.2	1.007E÷0.1	9.046E÷0.2	6.171E÷0.1	1.238E÷0.2
6	3.600E÷0.2	2.470E÷0.1	2.220E÷0.3	9.033E÷0.1	1.524E÷0.2
7	4.200E÷0.2	7.179E÷0.0	6.452E÷0.0	-5.831E÷0.1	3.806E÷0.0
8	4.800E÷0.2	3.580E÷0.1	3.218E÷0.3	-3425E÷0.0	5.869E÷0.1
9	5.400E÷0.2	5.454E÷0.0	4.902E÷0.2	1.796E÷0.2	2.417E÷0.2

TOTAL HARMONIC DISTORTION=1.907363E÷0.1 PERCENT

입력전류의 총 고조파 왜율 THD=19.07%=0.1907

변위각 $\phi_1 = -62.1°$

변위율, DF=cos ϕ_1 =cos(−62.1)=0.468(늦음)

입력 역율은

$$PF = \frac{1}{(1+\mathrm{THD}^2)^{1/2}} \cos\phi_1 = \frac{1}{(1+0.1907^2)^{1/2}} \times 0.468 = 0.46(\text{늦음})$$

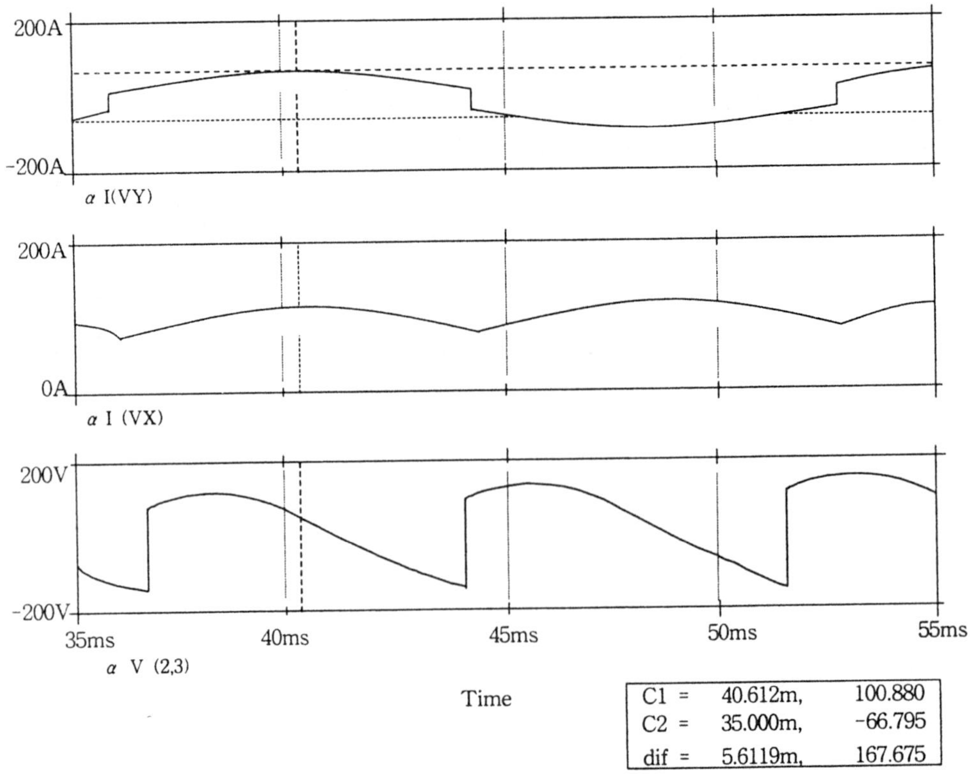

그림 15-2 시뮬레이션 결과

실 험 보 고 서

일시 :			
학과 :	조 :	학번 :	성명 :

실험 제목 : PSpice에 의한 SCR 단상전파 정류회로의 Simulation

1. 순시입력전압, 입력전류, 부하전류를 plot하시오.

2. 입력전류와 입력역율의 푸리에계수를 계산하시오.

PSpice에 의한 DC Chopper의 Simulation 제 16 장

1. DC Switch Chopper

DC chopper는 DC-DC 컨버터이고 입력과 출력 둘 다 직류이다. 턴온, 턴오프되는 DC 전력을 부하에 공급하기 위하여 스위치로서 반도체소자를 이용한다. 사용되는 스위치 소자로서는 BJT, MOSFET, IGBT 등이 있다.

쵸퍼 스위치는 그림 16-1 (a)에 나타내었다.

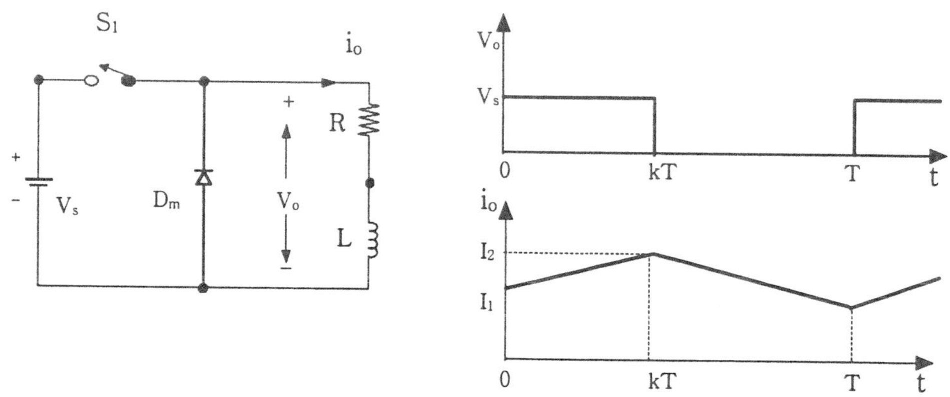

(a) Circuit (b) Output voltage and current

그림 16-1 DC 스위치 쵸퍼

스위치가 턴온되면 공급전압 V_S가 부하에 접속된다. 스위치가 턴오프되면 유도성 부하전류 i_0가 다이오드 d_m을 통해서 흐른다. 출력전압과 부하전류 파형은 그림 16-1 (b)에 나타내었다.

스위치의 파라메터는 RON=0.01, FOFF=10^6, VON=10V, VOFF=5V이다.

다이오드 파라메터는 IS=2.22^{-15}, BV=1200V, IBV=13^{-3}, CJO=1P, TT=0이다. 과도특성에 영향을 줄 수 있는 다이오드의 기생효과는 무시한다.

2. DC Switch Chopper의 시뮬레이션 과제

그림 16-2 (a)와 같은 DC chopper 회로가 있다. 입력전압 Vs=220V, 부하저항 Rs=5Ω, 부하 인덕턴스는 7.5mH이다. Chopping 주파수는 fo=1kHz이고 chopper의 듀티사이클은 k=50%%이다. 제어전압은 그림 16-2 (b)와 같다.

PSpice를 이용하여 다음 사항을 구하시오.

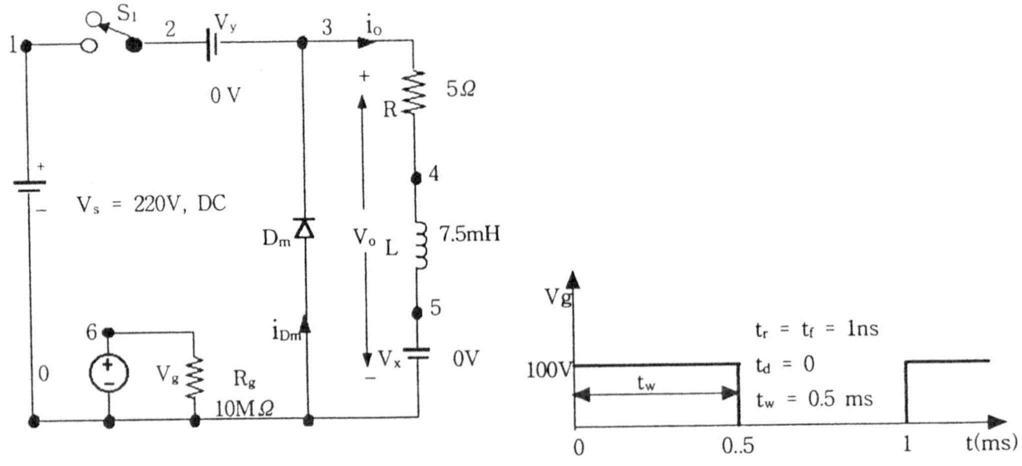

(a) Circuit (b) Gate voltage

그림 16-2 PSpice 시뮬레이션용 DC 쵸퍼

① 출력전압 v_0, 부하전류 i_0, 다이오드 전류 i_{Dm}의 순시값을 plot하시오.

② 부하전류 i_0의 Fourier 계수를 계산하시오.

③ 입력전류 i_S의 Fourier 계수를 계산하시오.

3. Solution

DC 공급 전압 v_S=220V, k=0.5, f_0=1kHz=1ms,

$t_{on} = k \times T = 0.5 \times 1ms = 0.5ms.$

회로 파일의 list는 다음과 같다.

```
SOURCE ■ VS   1   0   DC   220V
         Vg   6   0   PULSE (0V  100V 0   1NS   1NS   0.5MS 1MS)
         Rg   6   0   10MEG

CIRCUIT ■■ R    3    4    5
           L    4    5    7.5MH
           VX   5    0    DC    0V ; Load battery voltage
           VY   2    3    DC    0V ; Voltage source to measure supply current
           DM   0    3    DMOD     ; Freewheeling diode
       ※ MODEL DMCD D(IS=2.22E-15 BV=1200V CJO=1PF TT=0) ; Diode model.
           S1   1    2    6    0    SMOD ; Switch

ANALYSIS ■■■ TRAN   10US    10MS  8MS    ; Transient analysis
             PROBE                       ; Graphics post-processor
             OPTION ABSTOR=1.00N RELTOL=1.0M VNTOL=0.01 ITL5=40000
             FOUR   1kHz    I(VX)  I(VY) ; Fourier analysis
```

FOURIER COMPONENTS OF TRANSIENT RESPONSE I(VX)
DC COMPONENT=2.189331E÷0.1

HARMONIC NO	FREQUENCY (HZ)	FOURIER COMPONENT	NORMALIZED COMPONENT	PHASE (DEG)	NORMALIZED PHASE(DEG)
1	1.000E÷0.3	2.955E÷0.0	1.000E÷0.0	-8.439E÷0.1	0.000E÷0.0
2	2.000E÷0.3	2.378E÷0.3	8.046E÷0.3	-1.523E÷0.2	-6.789E÷0.1
3	3.000E÷0.3	3.344E÷0.1	1.132E÷0.1	-8.743E÷0.1	-3.040E÷0.0
4	4.000E÷0.3	5.029E÷0.3	1.702E÷0.3	-1.868E÷0.1	6.570E÷0.1
5	5.000E÷0.3	1.147E÷0.1	3.882E÷0.2	-9.128E÷0.1	-6.896E÷0.2
6	6.000E÷0.3	5.937E÷0.3	2.009E÷0.3	1.115E÷0.2	1.959E÷0.2
7	7.000E÷0.3	6.417E÷0.2	2.171E÷0.2	-9.0421E÷0.1	-6.036E÷0.0
8	8.000E÷0.3	2.062E÷0.3	6.979E÷0.4	-1.602E÷0.2	-7.578E÷0.1
9	9.000E÷0.3	3.747E÷0.2	1.268E÷0.2	-9.349E÷0.1	-9.108E÷0.2

TOTAL HARMONIC DISTORTION=1.222766E÷0.1 PERCENT

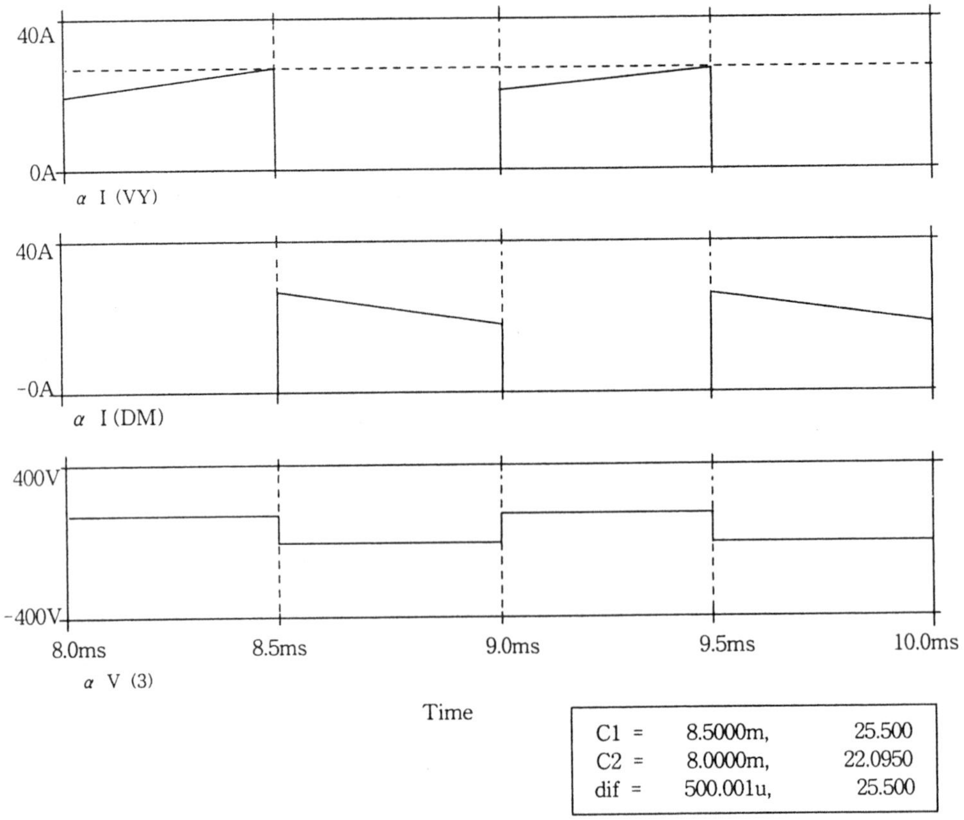

그림 16-3 시뮬레이션 결과

FOURIER COMPONENTS OF TRANSIENT RESPONSE I(VY)

DC COMPONENT=1.113030E÷0.1

HARMONIC NO	FREQUENCY (HZ)	FOURIER COMPONENT	NORMALIZED COMPONENT	PHASE (DEG)	NORMALIZED PHASE(DEG)
1	1.000E÷0.3	1.414E÷0.1	1.000E÷0.0	-5.237E÷0.0	0.000E÷0.0
2	2.000E÷0.3	1.167E÷0.0	8.254E÷0.2	1.739E÷0.2	1.792E÷0.2
4	4.000E÷0.3	6.127E÷0.1	4.333E÷0.2	1.647E÷0.2	1.699E÷0.2
5	5.000E÷0.3	2.784E÷0.0	1.969E÷0.1	2.486E÷0.0	7.722E÷0.0
6	6.000E÷0.3	4.410E÷0.1	3.118E÷0.2	1.563E÷0.2	1.615E÷0.2
7	7.000E÷0.3	1.995E÷0.0	1.411E÷0.1	4.250E÷0.0	9.487E÷0.0
8	8.000E÷0.3	3.622E÷0.1	2.561E÷0.2	1.509E÷0.2	1.561E÷0.2
9	9.000E÷0.3	1.552E÷0.0	1.098E÷0.1	5.976E÷0.0	1.121E÷0.1

TOTAL HARMONIC DISTORTION=4.350004E÷0.1 PERCENT

실 험 보 고 서

일시 :			
학과 :	조 :	학번 :	성명 :

실험 제목 : PSpice에 의한 DC Chopper의 Simulation

1. 출력전압, 부하전류, 다이오드전류를 plot하시오.

2. 입력전압의 푸리에계수를 계산하시오.

제17장 PSpice에 의한 BJT Chopper의 Simulation

1. BJT Chopper PSpice Simulation 과제

그림 17-1 (a)는 BJT buck chopper 회로이다.
그림 17-1 (b)는 제어전압을 나타내고 있다.
회로 각부의 파라메터는 다음과 같다.

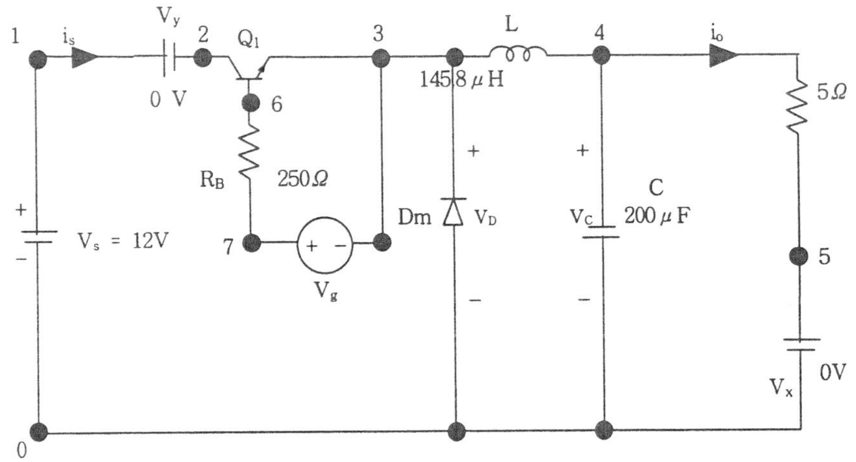

(a) Circuit

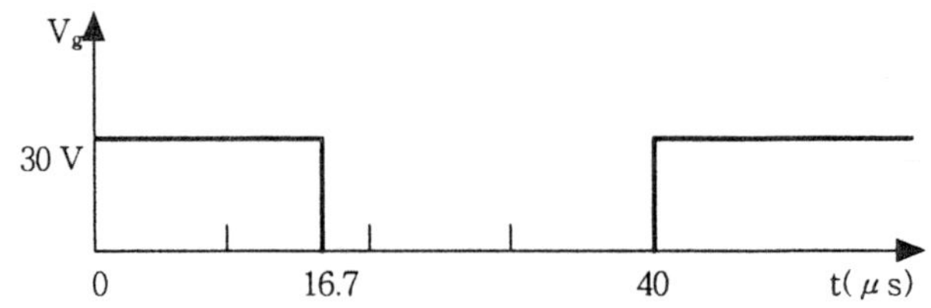

(b) Control voltage

그림 17-1 PSpice 시뮬레이션용 BJT buck 쵸퍼

DC 입력전압은 V_s=12[V]　　부하 저항성분 R=5[Ω]
필터 인덕턴스 L=145.84[μH]　필터 커패시턴스 C=200[μF]
스위칭 주파수 f_c=25[kHz]　　벅 컨버터의 스위칭 duty ratio k=42[%]

PSpice를 이용하여 다음의 사항을 시뮬레이션하시오.

PSpice를 사용하여 부하전류 i_o, 입력전류 i_s, 다이오드 전압 v_D, 그리고 출력전압 v_C의 파형을 plotting, 입력전류 i_s의 퓨리에 계수를 계산하라.

2. Solution

직류공급전압 Vs=12[V], 듀티비 k=0.42, 스위칭주파수 f_c=25[kHz]
주기 T=1/f_c=40[μs], 제어신호 on 시간 t_{on}=k×T=16.7[μs]이다.

```
SOURCE ■ VS  1   0   DC    12V
         VY  1   2   DC    0V  ; Voltage source to measure input current
         Rg  7   3   PULSE (0V  30V   0   0.1NS  0.1NS  16.7US  40US)

CIRCUIT ■■ RB   7   6   250     ; Transistor base resistance
           R    4   5   5
           L    3   4   145.8UH
           C    4   0   200UF  IC=3V ; Initial voltage
           VX   5   0   DC     0V ; To measure load current
           DM   0   3   DMOD      ; Freewheeling diode
※ MODEL DMOD D(IS=2.22E-15 BV=1200V CJO=1PF TT=0)
           Q1   2   6   3   3   2N6546 ; BJT switch
※ MODEL 2N6546 NPN(IS=6.83E-14 BF=13 CJE=1PF CJC=607.3PF TF=26.5NS)
```

```
ANALYSIS ■■■ TRAN   2US     2.1MS  2MS  UIC ; Transient analysis
             PROBE                          ; Graphics post-processor
             OPTION ABSTOR=1.00N RELTOL=0.01MVNTOL=0.1  ITL5=40000
             FOUR   2.5kHz   I(VY)          ; Fourier analysis
             END
```

(가) 입력전류의 퓨리에 계수

FOURIER COMPONENTS OF TRANSIENT RESPONSE I(VY)
DC COMPONENT=3.938953E÷0.1

HARMONIC NO	FREQUENCY (HZ)	FOURIER COMPONENT	NORMALIZED COMPONENT	PHASE (DEG)	NORMALIZED PHASE(DEG)
1	2.500E÷0.4	5.919E÷0.1	1.000E÷0.0	1.792E÷0.2	0.000E÷0.0
2	5.000E÷0.4	2.021E÷0.1	3.415E÷0.1	-1.106E÷0.2	-2.898E÷0.2
3	7.000E÷0.4	1.545E÷0.1	2.611E÷0.1	-1.260E÷0.2	-3.053E÷0.2
4	1.000E÷0.5	1.299E÷0.1	2.195E÷0.1	-6.211E÷0.1	-2.413E÷0.2
5	1.250E÷0.5	6.035E÷0.2	1.020E÷0.1	-6.698E÷0.1	-2.462E÷0.2
6	1.500E÷0.5	9.647E÷0.2	1.630E÷0.1	-2.055E÷0.1	-1.998E÷0.2
7	1.750E÷0.5	4.065E÷0.2	6.869E÷0.2	1.750E÷0.1	-1.617E÷0.2
8	2.000E÷0.5	6.771E÷0.2	1.144E÷0.1	1.779E÷0.1	-1.614E÷0.2
9	2.250E÷0.5	4.600E÷0.2	7.772E÷0.2	7.940E÷0.1	-9.984E÷0.1

TOTAL HARMONIC DISTORTION=5.420088E÷0.1 PERCENT

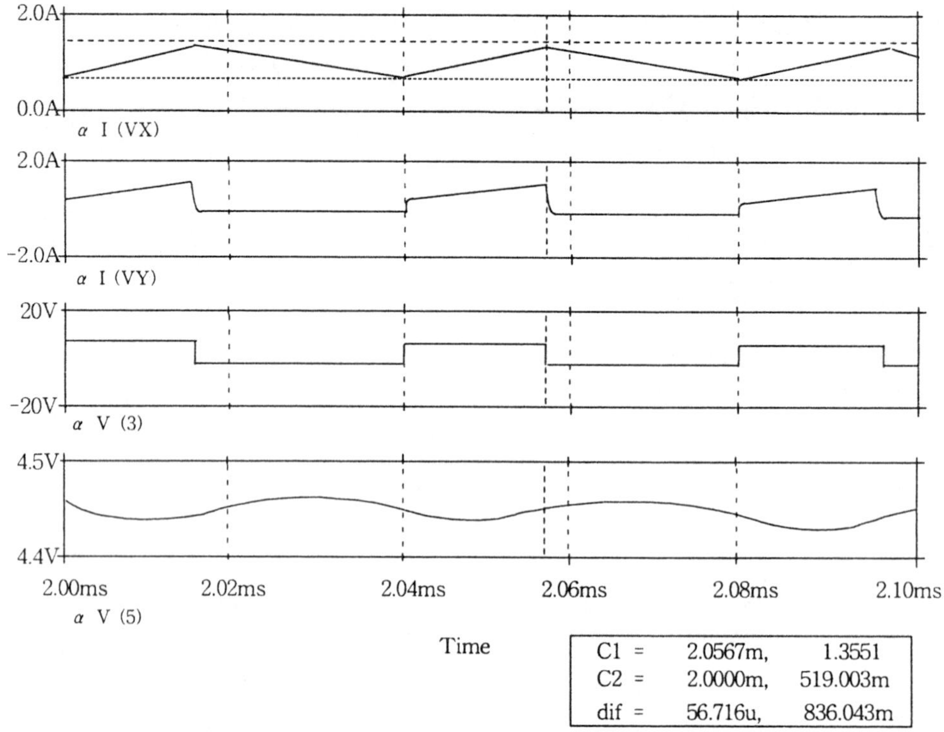

그림 17-2 시뮬레이션 결과

실 험 보 고 서

일시 :			
학과 :	조 :	학번 :	성명 :

실험 제목 : PSpice에 의한 BJT Chopper의 Simulation

1. 부하전류, 입력전류, 다이오드전압, 출력전압을 plot하시오.

2. 입력전류 i_s의 퓨리에계수를 계산하시오.

제18장 PSpice에 의한 3상 인버터 회로의 Simulation

1. 3상 인버터 회로의 시뮬레이션 과제

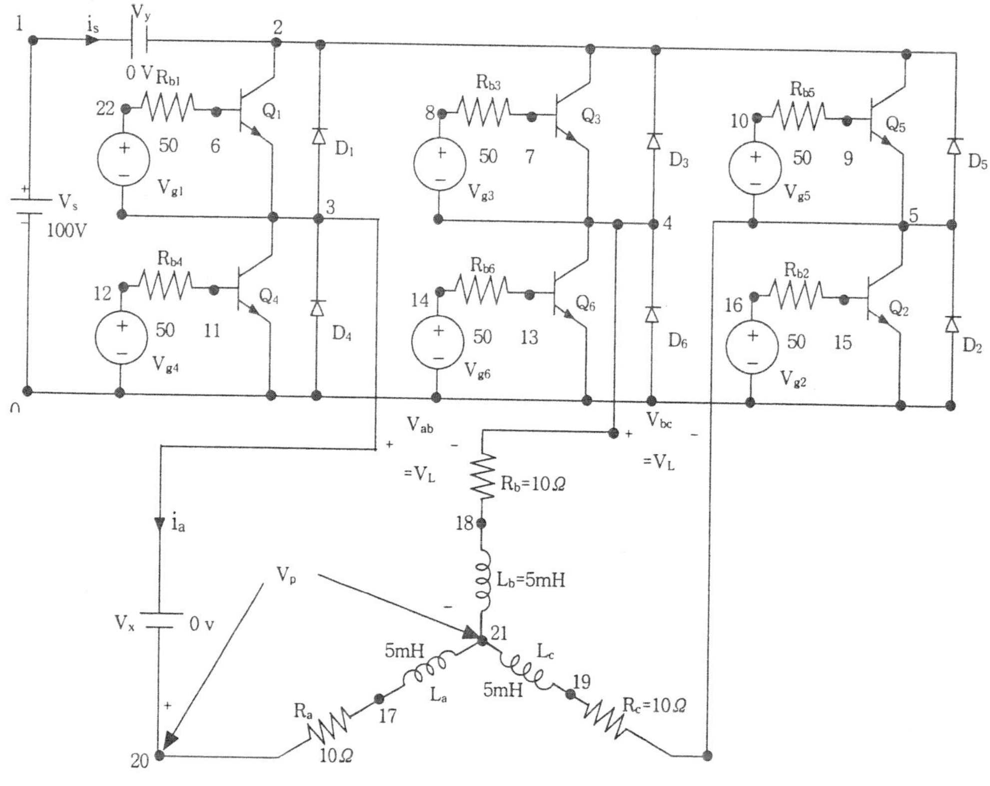

그림 18-1 3상 브리지 인버터 회로

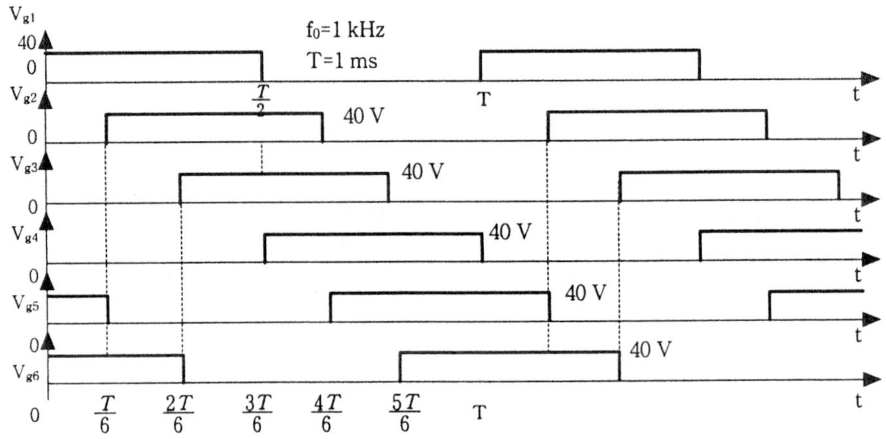

그림 18-2 인버터 회로의 제어전압

그림 18-1과 같은 3상 브리지 인버터가 있다. DC 입력전압은 100V이고 출력주파수는 1kHz이며, 제어 전압은 그림 18-2와 같다.

부하저항은 R=10Ω, 부하 인덕턴스는 L=5mH이다. PSpice를 이용하여 다음의 사항을 시뮬레이션하시오.

BJT의 모델 파라메터들은 다음과 같다.

$$\mathrm{IS} = 2.33^{-27},\ \mathrm{BF} = 13,\ \mathrm{CJE} = 1\mathrm{pF},\ \mathrm{CJC} = 607.3\mathrm{pF},\ \mathrm{TF} = 26.5\mathrm{ns}$$

① 위상각 α일 때, 순시출력 선간전압 v_L, 순시출력 상전압 v_P, 순시출력전류 i_a를 plot하시오.

② 상전압 v_P, 상전류 i_a의 Fourier계수를 계산하시오.

2. Solution

```
SOURCE ■ VS   1   0    DC    100V
        RB1  22   6    50
        Rg1  22   3    10MEG
        Vg1  22   3    PULSE (0  40V  0         1NS  1NS  0.5MS  1MS)
        Rb2  16  15    50
        Rg2  16   0    10MEG
        Vg2  16   0    PULSE (0  40V  166.67US  1NS  1NS  0.5MS  1MS)
        Rb3   8   7    50
        Rg3   8   4    10MEG
        Vg3   8   4    PULSE (0  40V  333.33US  1NS  1NS  0.5MS  1MS)
        Rb4  12  11    50
        Rg4  12   0    10MEG
        Vg4  12   0    PULSE (0  40V  500US     1NS  1NS  0.5MS  1MS)
        Rb5  10   9    50
        Rg5  10   5    10MEG
        Vg5  10   5    PULSE (0  40V  666.67US  1NS  1NS  0.5MS  1MS)
        Rb6  14  13    50
        Rg6  14   0    10MEG
        Vg6  14   0    PULSE (0  40V  833.33US  1NS  1NS  0.5MS  1MS)

CIRCUIT ■■ VY   1   2   DC  0V  ; Voltage source to measure supply current
           VX   3  20   DC  0V  ; Measures load phase current
           RA  20  17   10
           LA  17  21   5MH     ; LA is included
           RB   4  18   10
           LB  18  21   5MH     ; LC is included
           RC   5  19   10
           LC  19  21   5MH     ; LB is included
           D1   3   2   DMOD    ; Diode
           D2   4   2   DMOD    ; Diode
           D3   5   2   DMOD    ; Diode
           D4   0   5   DMOD    ; Diode
           D5   0   3   DMOD    ; Diode
           D6   0   4   DMOD    ; Diode
```

```
※ MODEL DMCD D(IS=2.22E-15 BV=1200V IBV=13E-3 CJO=0 TT=0) ;
  Diode model
   Q1   2    6    3    3    2N6546  ; BJT switch
   Q2   2    7    4    4    2N6546  ; BJT switch
   Q3   2    9    5    5    2N6546  ; BJT switch
   Q4   5    15   0    0    2N6546  ; BJT switch
   Q5   3    11   0    0    2N6546  ; BJT switch
   Q6   4    13   0    0    2N6546  ; BJT switch
※ MODEL 2N6546 NPN(IS=2.33E-27 BF=13 CJE=1PF CJC=607.3PF TF=26.5NS)

ANALYSIS ■■■ TRAN   5US   2.5MS   1.0MS        ; Transient analysis
             PROBE                             ; Graphics post-processor
             OPTION ABSTOR=1.00N RELTOL=0.01M  VNTOL=0.1  ITL5=20000
             FOUR   1kHz   I(VX)  V(3.21)      ; Fourier analysis
             END
```

(가) 출력 상전압과 상전류의 Fourier계수

DC COMPONENT=-3.689844E÷0.3

HARMONIC NO	FREQUENCY (HZ)	FOURIER COMPONENT	NORMALIZED COMPONENT	PHASE (DEG)	NORMALIZED PHASE(DEG)
1	2.500E÷0.3	6.349E÷0.1	1.000E÷0.0	1.796E÷0.2	0.000E÷0.0
2	5.000E÷0.3	2.118E÷0.2	3.336E÷0.4	1.098E÷0.2	-6.981E÷0.1
3	7.500E÷0.3	6.643E÷0.1	1.046E÷0.2	8.981E÷0.1	-8.979E÷0.1
4	1.000E÷0.3	2.138E÷0.2	3.368E÷0.4	-6.046E÷0.1	-2.401E÷0.2
5	1.250E÷0.3	1.306E÷0.1	2.057E÷0.1	1.775E÷0.2	-2.135E÷0.0
6	1.500E÷0.3	6.534E÷0.3	1.029E÷0.4	1.216E÷0.2	-5.799E÷0.1
7	1.750E÷0.3	9.015E÷0.0	1.420E÷0.1	1.759E÷0.2	-3.683E÷0.0
8	2.000E÷0.3	1.352E÷0.2	2.129E÷0.4	-1.845E÷0.1	-1.980E÷0.2
9	2.250E÷0.3	6.873E÷0.1	1.083E÷0.2	8.654E÷0.1	-9.305E÷0.1

TOTAL HARMONIC DISTORTION=2.503806E÷0.1 PERCENT

(나) 시뮬레이션 결과

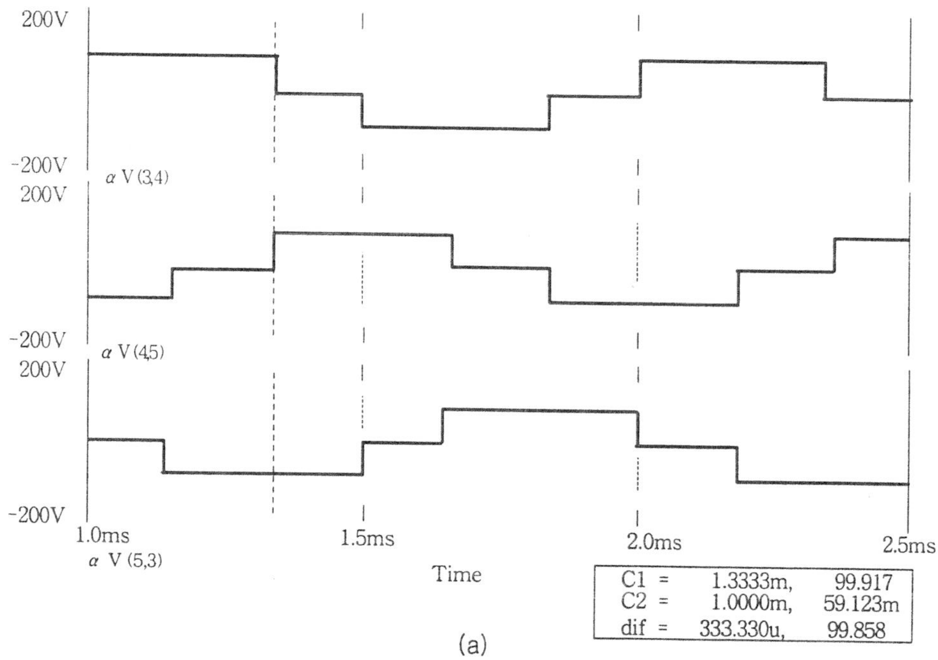

(a)

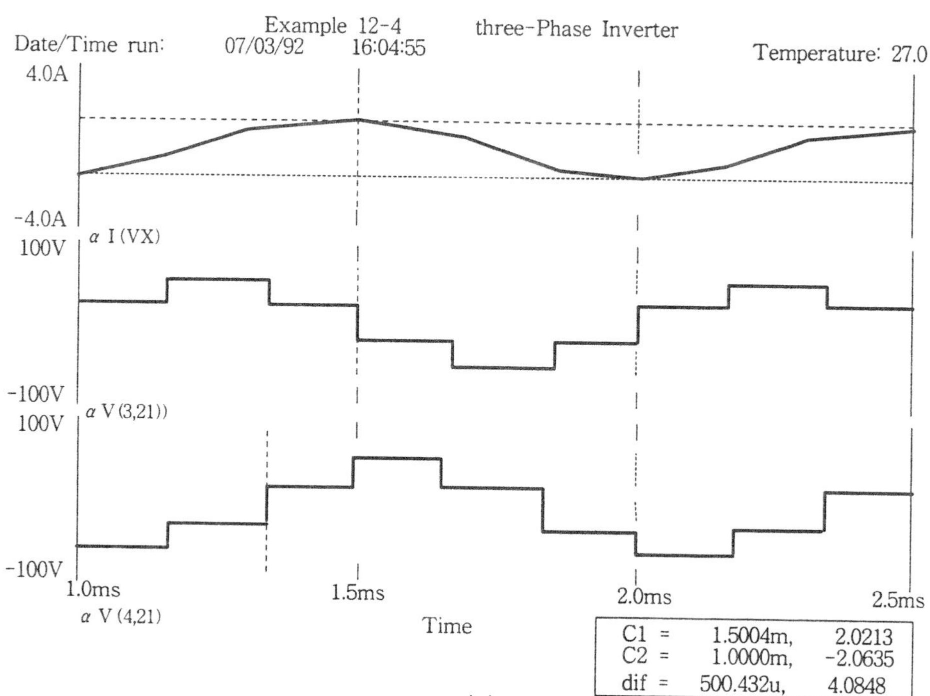

(b)

그림 18-3 시뮬레이션 결과

실 험 보 고 서

일시 :			
학과 :	조 :	학번 :	성명 :

실험 제목 : PSpice에 의한 3상 인버터 회로의 Simulation

1. 위상각 α일 때, 순시 출력선간전압, 순시 출력 상전압, 순시 출력전류를 plot 하시오.

2. 상전압, 상전류의 퓨리에계수를 계산하시오.

부 록

Data Sheet

Order this document by TL494/D

MOTOROLA

TL494

SWITCHMODE™ Pulse Width Modulation Control Circuit

The TL494 is a fixed frequency, pulse width modulation control circuit designed primarily for SWITCHMODE power supply control.

- Complete Pulse Width Modulation Control Circuitry
- On–Chip Oscillator with Master or Slave Operation
- On–Chip Error Amplifiers
- On–Chip 5.0 V Reference
- Adjustable Deadtime Control
- Uncommitted Output Transistors Rated to 500 mA Source or Sink
- Output Control for Push–Pull or Single–Ended Operation
- Undervoltage Lockout

SWITCHMODE
PULSE WIDTH MODULATION
CONTROL CIRCUIT

SEMICONDUCTOR
TECHNICAL DATA

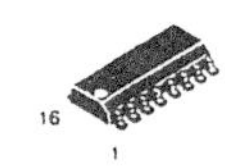

D SUFFIX
PLASTIC PACKAGE
CASE 751B
(SO–16)

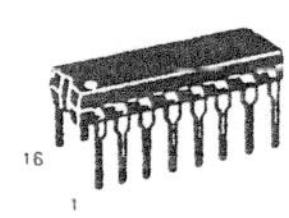

N SUFFIX
PLASTIC PACKAGE
CASE 648

PIN CONNECTIONS

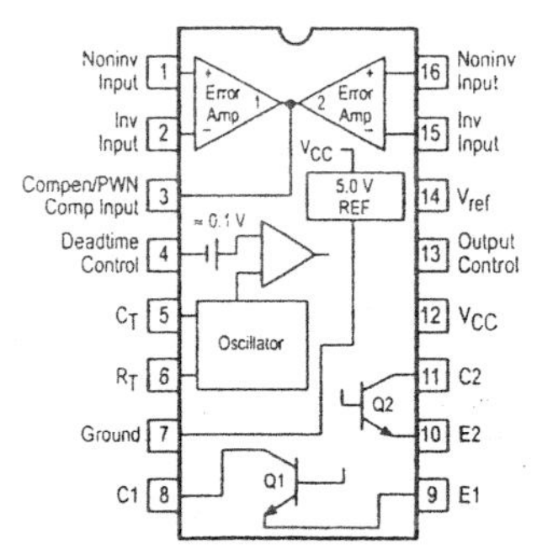

(Top View)

MAXIMUM RATINGS (Full operating ambient temperature range applies, unless otherwise noted.)

Rating	Symbol	TL494C	TL494I	Unit
Power Supply Voltage	V_{CC}	42		V
Collector Output Voltage	V_{C1}, V_{C2}	42		V
Collector Output Current (Each transistor) (Note 1)	I_{C1}, I_{C2}	500		mA
Amplifier Input Voltage Range	V_{IR}	–0.3 to +42		V
Power Dissipation @ $T_A \le 45°C$	P_D	1000		mW
Thermal Resistance, Junction–to–Ambient	$R_{\theta JA}$	80		°C/W
Operating Junction Temperature	T_J	125		°C
Storage Temperature Range	T_{stg}	–55 to +125		°C
Operating Ambient Temperature Range TL494C TL494I	T_A	 0 to +70 –25 to +85		°C
Derating Ambient Temperature	T_A	45		°C

NOTE: 1. Maximum thermal limits must be observed.

ORDERING INFORMATION

Device	Operating Temperature Range	Package
TL494CD	T_A = 0° to +70°C	SO–16
TL494CN		Plastic
TL494IN	T_A = – 25° to +85°C	Plastic

TL494

RECOMMENDED OPERATING CONDITIONS

Characteristics	Symbol	Min	Typ	Max	Unit
Power Supply Voltage	V_{CC}	7.0	15	40	V
Collector Output Voltage	V_{C1}, V_{C2}	–	30	40	V
Collector Output Current (Each transistor)	I_{C1}, I_{C2}	–	–	200	mA
Amplified Input Voltage	V_{in}	–0.3	–	$V_{CC} - 2.0$	V
Current Into Feedback Terminal	I_{fb}	–	–	0.3	mA
Reference Output Current	I_{ref}	–	–	10	mA
Timing Resistor	R_T	1.8	30	500	kΩ
Timing Capacitor	C_T	0.0047	0.001	10	μF
Oscillator Frequency	f_{osc}	1.0	40	200	kHz

ELECTRICAL CHARACTERISTICS (V_{CC} = 15 V, C_T = 0.01 μF, R_T = 12 kΩ, unless otherwise noted.)
For typical values T_A = 25°C, for min/max values T_A is the operating ambient temperature range that applies, unless otherwise noted.

Characteristics	Symbol	Min	Typ	Max	Unit
REFERENCE SECTION					
Reference Voltage (I_O = 1.0 mA)	V_{ref}	4.75	5.0	5.25	V
Line Regulation (V_{CC} = 7.0 V to 40 V)	Reg_{line}	–	2.0	25	mV
Load Regulation (I_O = 1.0 mA to 10 mA)	Reg_{load}	–	3.0	15	mV
Short Circuit Output Current (V_{ref} = 0 V)	I_{SC}	15	35	75	mA
OUTPUT SECTION					
Collector Off–State Current (V_{CC} = 40 V, V_{CE} = 40 V)	$I_{C(off)}$	–	2.0	100	μA
Emitter Off–State Current V_{CC} = 40 V, V_C = 40 V, V_E = 0 V)	$I_{E(off)}$	–	–	–100	μA
Collector–Emitter Saturation Voltage (Note 2)					V
Common–Emitter (V_E = 0 V, I_C = 200 mA)	$V_{sat(C)}$	–	1.1	1.3	
Emitter–Follower (V_C = 15 V, I_E = –200 mA)	$V_{sat(E)}$	–	1.5	2.5	
Output Control Pin Current					
Low State (V_{OC} ≤ 0.4 V)	I_{OCL}	–	10	–	μA
High State (V_{OC} = V_{ref})	I_{OCH}	–	0.2	3.5	mA
Output Voltage Rise Time	t_r				ns
Common–Emitter (See Figure 12)		–	100	200	
Emitter–Follower (See Figure 13)		–	100	200	
Output Voltage Fall Time	t_f				ns
Common–Emitter (See Figure 12)		–	25	100	
Emitter–Follower (See Figure 13)		–	40	100	

NOTE: 2. Low duty cycle pulse techniques are used during test to maintain junction temperature as close to ambient temperature as possible.

TL494

Figure 1. Representative Block Diagram

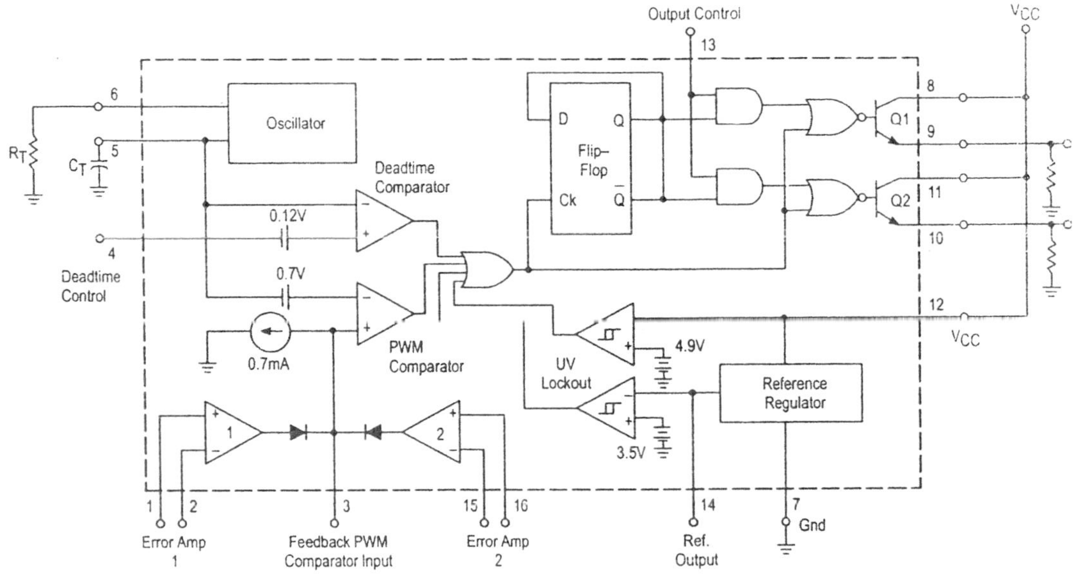

This device contains 46 active transistors.

Figure 2. Timing Diagram

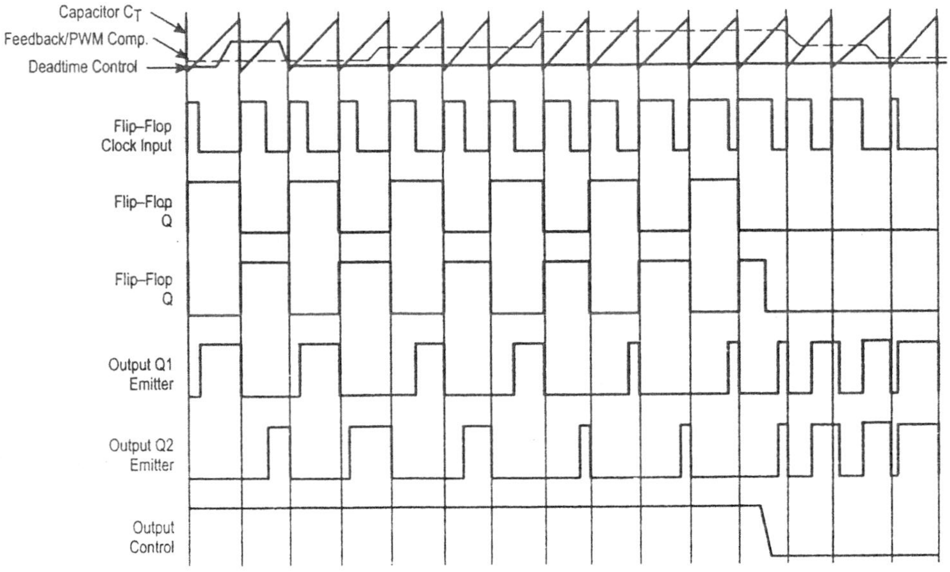

TL494

APPLICATIONS INFORMATION

Description

The TL494 is a fixed–frequency pulse width modulation control circuit, incorporating the primary building blocks required for the control of a switching power supply. (See Figure 1.) An internal–linear sawtooth oscillator is frequency–programmable by two external components, R_T and C_T. The approximate oscillator frequency is determined by:

$$f_{osc} \approx \frac{1.1}{R_T \cdot C_T}$$

For more information refer to Figure 3.

Output pulse width modulation is accomplished by comparison of the positive sawtooth waveform across capacitor C_T to either of two control signals. The NOR gates, which drive output transistors Q1 and Q2, are enabled only when the flip–flop clock–input line is in its low state. This happens only during that portion of time when the sawtooth voltage is greater than the control signals. Therefore, an increase in control–signal amplitude causes a corresponding linear decrease of output pulse width. (Refer to the Timing Diagram shown in Figure 2.)

The control signals are external inputs that can be fed into the deadtime control, the error amplifier inputs, or the feedback input. The deadtime control comparator has an effective 120 mV input offset which limits the minimum output deadtime to approximately the first 4% of the sawtooth–cycle time. This would result in a maximum duty cycle on a given output of 96% with the output control grounded, and 48% with it connected to the reference line. Additional deadtime may be imposed on the output by setting the deadtime–control input to a fixed voltage, ranging between 0 V to 3.3 V.

Functional Table

Input/Output Controls	Output Function	$\frac{f_{out}}{f_{osc}}$ =
Grounded	Single–ended PWM @ Q1 and Q2	1.0
@ V_{ref}	Push–pull Operation	0.5

The pulse width modulator comparator provides a means for the error amplifiers to adjust the output pulse width from the maximum percent on–time, established by the deadtime control input, down to zero, as the voltage at the feedback pin varies from 0.5 V to 3.5 V. Both error amplifiers have a common mode input range from –0.3 V to (V_{CC} – 2V), and may be used to sense power–supply output voltage and current. The error–amplifier outputs are active high and are ORed together at the noninverting input of the pulse–width modulator comparator. With this configuration, the amplifier that demands minimum output on time, dominates control of the loop.

When capacitor C_T is discharged, a positive pulse is generated on the output of the deadtime comparator, which clocks the pulse–steering flip–flop and inhibits the output transistors, Q1 and Q2. With the output–control connected to the reference line, the pulse–steering flip–flop directs the modulated pulses to each of the two output transistors alternately for push–pull operation. The output frequency is equal to half that of the oscillator. Output drive can also be taken from Q1 or Q2, when single–ended operation with a maximum on–time of less than 50% is required. This is desirable when the output transformer has a ringback winding with a catch diode used for snubbing. When higher output–drive currents are required for single–ended operation, Q1 and Q2 may be connected in parallel, and the output–mode pin must be tied to ground to disable the flip–flop. The output frequency will now be equal to that of the oscillator.

The TL494 has an internal 5.0 V reference capable of sourcing up to 10 mA of load current for external bias circuits. The reference has an internal accuracy of ±5.0% with a typical thermal drift of less than 50 mV over an operating temperature range of 0° to 70°C.

Figure 3. Oscillator Frequency versus Timing Resistance

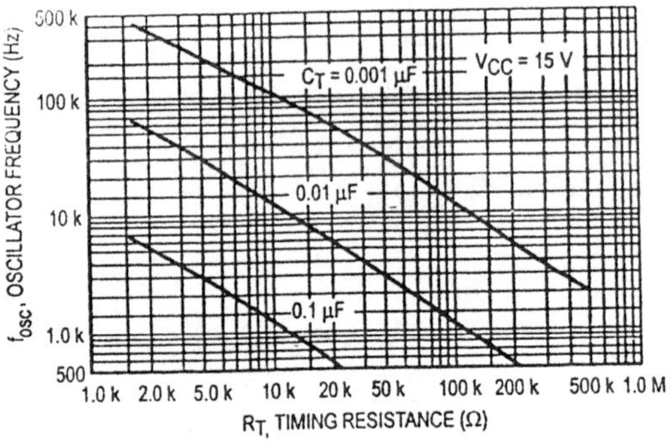

TL494

Figure 10. Error–Amplifier Characteristics

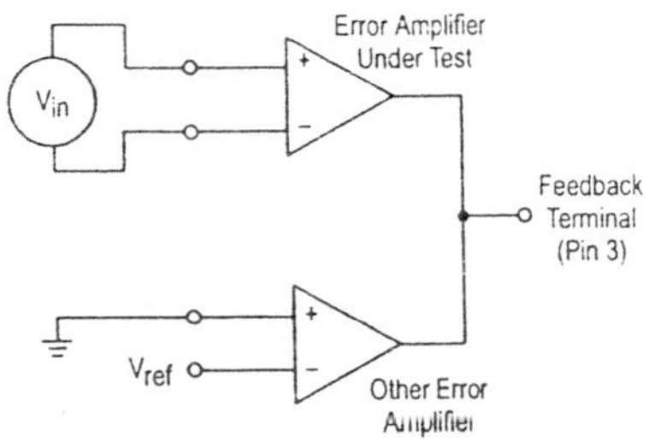

Figure 11. Deadtime and Feedback Control Circuit

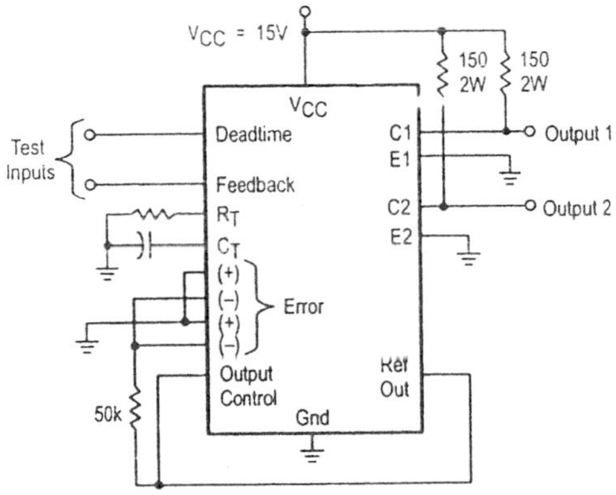

Figure 12. Common–Emitter Configuration Test Circuit and Waveform

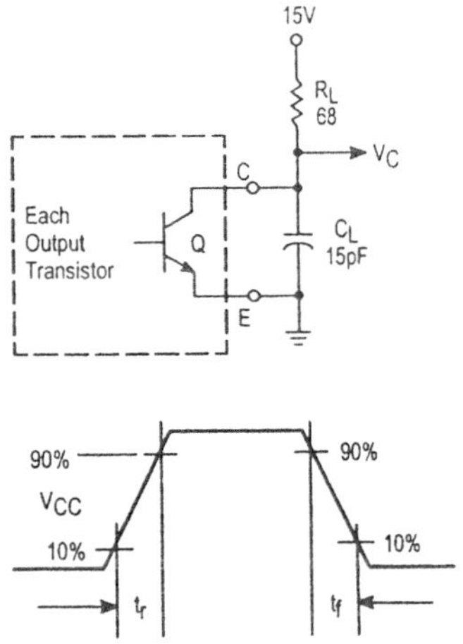

Figure 13. Emitter–Follower Configuration Test Circuit and Waveform

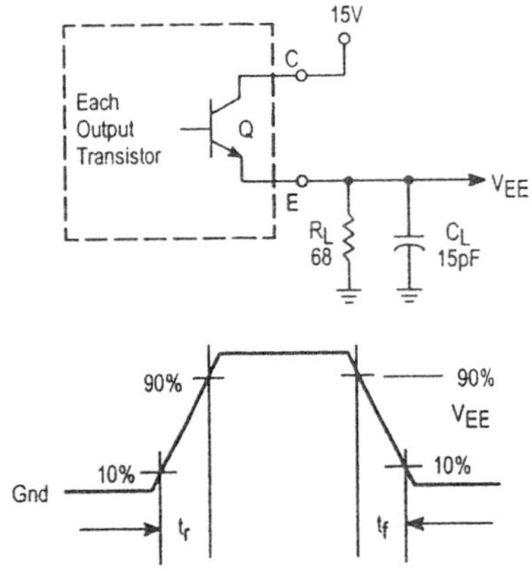

TL494

Figure 14. Error–Amplifier Sensing Techniques

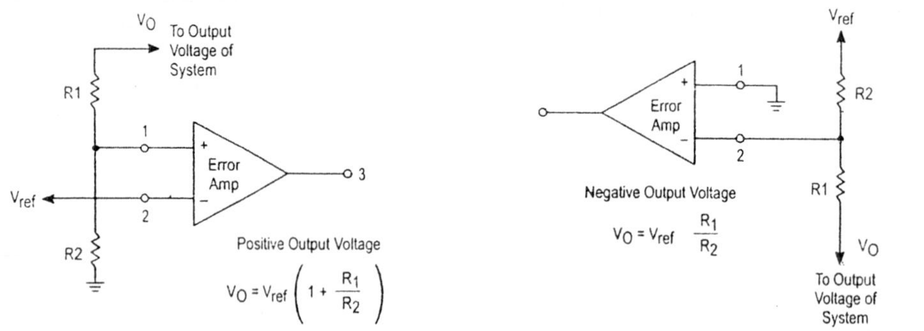

Figure 15. Deadtime Control Circuit

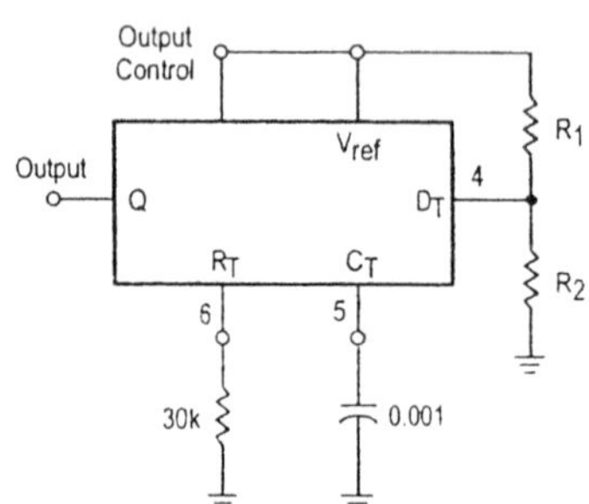

$$\text{Max. \% on Time, each output} \approx 45 - \left(\frac{80}{1 + \frac{R1}{R2}}\right)$$

Figure 16. Soft–Start Circuit

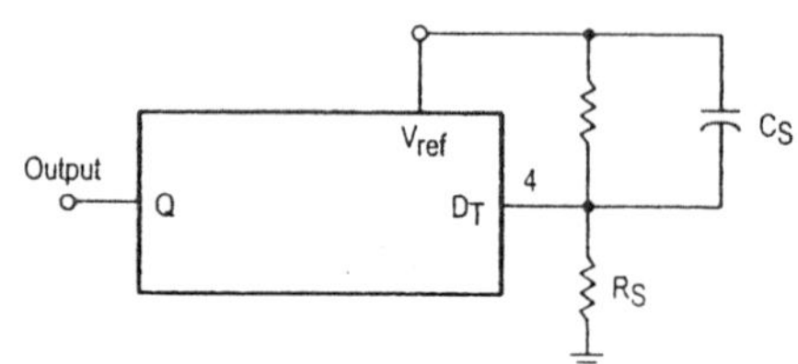

Figure 17. Output Connections for Single–Ended and Push–Pull Configurations

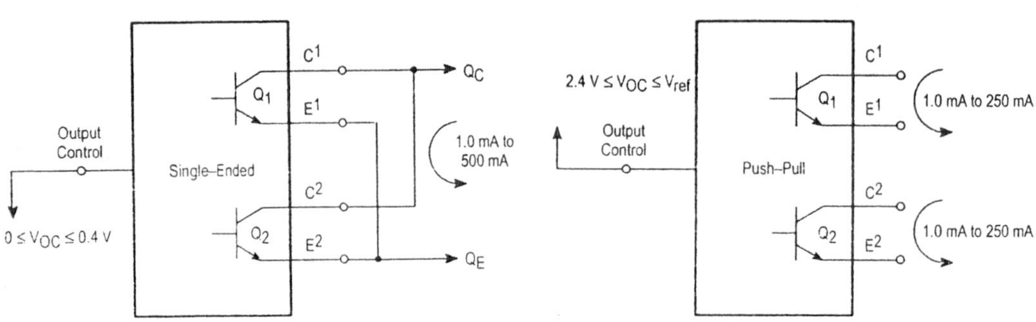

HEWLETT PACKARD

High CMR, High Speed TTL Compatible Optocouplers

Technical Data

6N137
HCNW137
HCNW2601
HCNW2611
HCPL-0600
HCPL-0601
HCPL-0611
HCPL-0630
HCPL-0631
HCPL-0661
HCPL-2601
HCPL-2611
HCPL-2630
HCPL-2631
HCPL-4661

Features

- **5 kV/µs Minimum Common Mode Rejection (CMR) at V_{CM} = 50 V for HCPL-X601/X631, HCNW2601 and 10 kV/µs Minimum CMR at V_{CM} = 1000 V for HCPL-X611/X661, HCNW2611**
- **High Speed:** 10 MBd Typical
- **LSTTL/TTL Compatible**
- **Low Input Current Capability: 5 mA**
- **Guaranteed ac and dc Performance over Temperature:** -40°C to +85°C
- **Available in 8-Pin DIP, SOIC-8, Widebody Packages**
- **Strobable Output (Single Channel Products Only)**
- **Safety Approval**
  UL Recognized - 2500 V rms for 1 minute and 5000 V rms* for 1 minute per UL1577
  CSA Approved
  VDE 0884 Approved with V_{IORM} = 630 V peak for HCPL-2611 Option 060 and V_{IORM} = 1414 V peak for HCNW137/26X1
  BSI Certified (HCNW137/26X1 Only)
- **MIL-STD-1772 Version Available (HCPL-56XX/66XX)**

Applications

- **Isolated Line Receiver**
- **Computer-Peripheral Interfaces**
- **Microprocessor System Interfaces**
- **Digital Isolation for A/D, D/A Conversion**
- **Switching Power Supply**
- **Instrument Input/Output Isolation**
- **Ground Loop Elimination**
- **Pulse Transformer Replacement**
- **Power Transistor Isolation in Motor Drives**
- **Isolation of High Speed Logic Systems**

Description

The 6N137, HCPL-26XX/06XX/4661, HCNW137/26X1 are optically coupled gates that combine a GaAsP light emitting diode and an integrated high gain photo detector. An enable input allows the detector to be strobed. The output of the detector IC is

Functional Diagram

6N137, HCPL-2601/2611
HCPL-0600/0601/0611
HCNW137/2601/2611

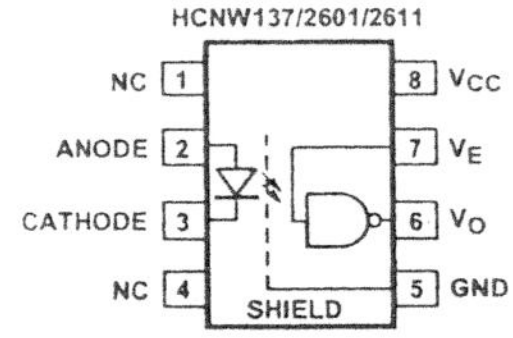

TRUTH TABLE
(POSITIVE LOGIC)

LED	ENABLE	OUTPUT
ON	H	L
OFF	H	H
ON	L	H
OFF	L	H
ON	NC	L
OFF	NC	H

HCPL-2630/2631/4661
HCPL-0630/0631/0661

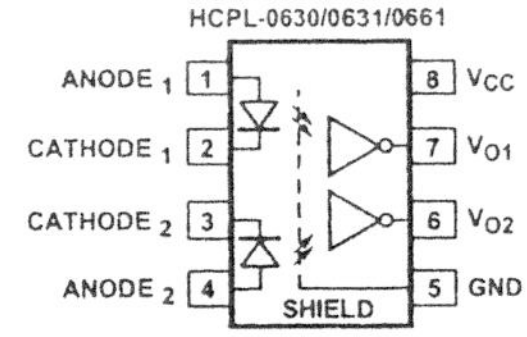

TRUTH TABLE
(POSITIVE LOGIC)

LED	OUTPUT
ON	L
OFF	H

*5000 V rms/1 Minute rating is for HCNW137/26X1 and Option 020 (6N137, HCPL-2601/11/30/31, HCPL-4661) products only.

A 0.1 µF bypass capacitor must be connected between pins 5 and 8.

CAUTION: It is advised that normal static precautions be taken in handling and assembly of this component to prevent damage and/or degradation which may be induced by ESD.

Absolute Maximum Ratings* (No Derating Required up to 85℃)

Parameter	Symbol	Package**	Min.	Max.	Units	Note
Storage Temperature	T_S		-55	125	°C	
Operating Temperature†	T_A		-40	85	°C	
Average Forward Input Current	I_F	Single 8-Pin DIP Single SO-8 Widebody		20	mA	2
		Dual 8-Pin DIP Dual SO-8		15		1, 3
Reverse Input Voltage	V_R	8-Pin DIP, SO-8		5	V	1
		Widebody		3		
Input Power Dissipation	P_I	Widebody		40	mW	
Supply Voltage (1 Minute Maximum)	V_{CC}			7	V	
Enable Input Voltage (Not to Exceed V_{CC} by more than 500 mV)	V_E	Single 8-Pin DIP Single SO-8 Widebody		V_{CC} + 0.5	V	
Enable Input Current	I_E			5	mA	
Output Collector Current	I_O			50	mA	1
Output Collector Voltage (Selection for Higher Output Voltages up to 20 V is Available.)	V_O			7	V	1
Output Collector Power Dissipation	P_O	Single 8-Pin DIP Single SO-8 Widebody		85	mW	
		Dual 8-Pin DIP Dual SO-8		60		1, 4
Lead Solder Temperature (Through Hole Parts Only)	T_{LS}	8-Pin DIP	260°C for 10 sec., 1.6 mm below seating plane			
		Widebody	260°C for 10 sec., up to seating plane			
Solder Reflow Temperature Profile (Surface Mount Parts Only)		SO-8 and Option 300	See Package Outline Drawings section			

*JEDEC Registered Data (for 6N137 only).
Ratings apply to all devices except otherwise noted in the **Package column.
†0°C to 70°C on JEDEC Registration.

Recommended Operating Conditions

Parameter	Symbol	Min.	Max.	Units
Input Current, Low Level	I_{FL}*	0	250	μA
Input Current, High Level[1]	I_{FH}**	5	15	mA
Power Supply Voltage	V_{CC}	4.5	5.5	V
Low Level Enable Voltage†	V_{EL}	0	0.8	V
High Level Enable Voltage†	V_{EH}	2.0	V_{CC}	V
Operating Temperature	T_A	-40	85	℃
Fan Out (at R_L = 1 kΩ)[1]	N		5	TTL Loads
Output Pull-up Resistor	R_L	330	4 k	Ω

*The off condition can also be guaranteed by ensuring that $V_{FL} \leq 0.8$ volts.
**The initial switching threshold is 5 mA or less. It is recommended that 6.3 mA to 10 mA be used for best performance and to permit at least a 20% LED degradation guardband.
†For single channel products only.

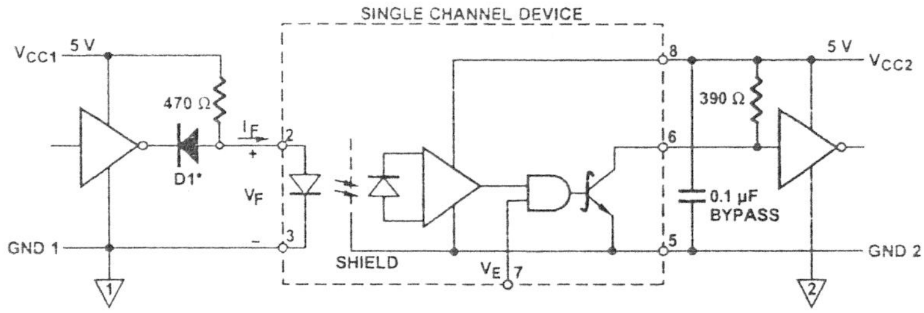

*DIODE D1 (1N916 OR EQUIVALENT) IS NOT REQUIRED FOR UNITS WITH OPEN COLLECTOR OUTPUT.

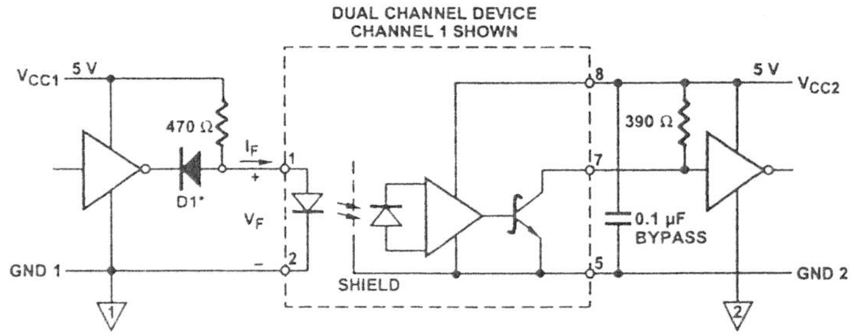

Figure 18. Recommended TTL/LSTTL to TTL/LSTTL Interface Circuit.

April 1998

National Semiconductor

LM78LXX Series
3-Terminal Positive Regulators

General Description

The LM78LXX series of three terminal positive regulators is available with several fixed output voltages making them useful in a wide range of applications. When used as a zener diode/resistor combination replacement, the LM78LXX usually results in an effective output impedance improvement of two orders of magnitude, and lower quiescent current. These regulators can provide local on card regulation, eliminating the distribution problems associated with single point regulation. The voltages available allow the LM78LXX to be used in logic systems, instrumentation, HiFi, and other solid state electronic equipment.

The LM78LXX is available in the metal three-lead TO-39(H) package, the plastic TO-92 (Z) package, and the plastic SO-8 (M) package. With adequate heat sinking the regulator can deliver 100 mA output current. Current limiting is included to limit the peak output current to a safe value. Safe area protection for the output transistors is provided to limit internal power dissipation. If internal power dissipation becomes too high for the heat sinking provided, the thermal shutdown circuit takes over preventing the IC from overheating.

Features

- Output voltage tolerances of ±5% (LM78LXXAC) over the temperature range
- Output current of 100 mA
- Internal thermal overload protection
- Output transistor safe area protection
- Internal short circuit current limit
- Available in plastic TO-92 and metal TO-39 and plastic SO-8 low profile packages
- No external components
- Output voltages of 5.0V, 6.2V, 8.2V, 9.0V, 12V, 15V

Connection Diagrams

(TO-39)
Metal Can Package (H)

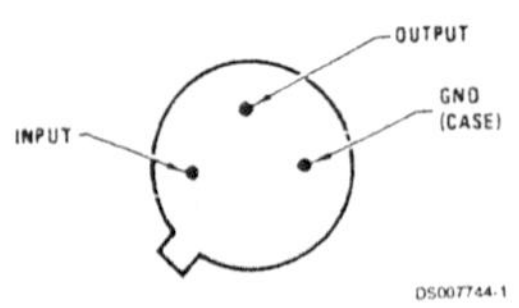

Bottom View
Order Number LM78L05ACH,
LM78L12ACH or LM78L15ACH
See NS Package Number H03A

SO-8 Plastic (M)
(Narrow Body)

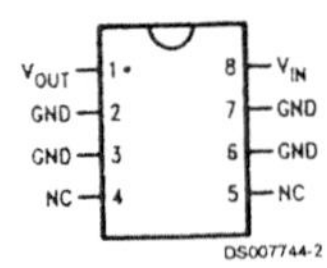

Top View
Order Number LM78L05ACM,
LM78L12ACM or LM78L15ACM
See NS Package Number M08A

(TO-92)
Plastic Package (Z)

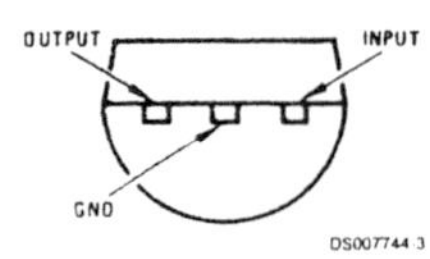

Bottom View
Order Number
LM78L05ACZ, LM78L09ACZ,
LM78L12ACZ, LM78L15ACZ, LM78L62ACZ or LM78L82ACZ
See NS Package Number Z03A

Absolute Maximum Ratings (Note 1)

If Military/Aerospace specified devices are required, please contact the National Semiconductor Sales Office/ Distributors for availability and specifications.

Power Dissipation (Note 5)	Internally Limited
Input Voltage	35V
Storage Temperature	−65°C to +150°C
Operating Junction Temperature	0°C to +125°C
Lead Temperature (Soldering, 10 seconds)	265°C
ESD Susceptibility (Note 2)	2 kV

LM78LXXAC Electrical Characteristics

Limits in standard typeface are for T_J = 25°C, **bold typeface applies over the 0°C to +125°C temperature range.** Limits are guaranteed by production testing or correlation techniques using standard Statistical Quality Control (SQC) methods. Unless otherwise specified: I_O = 40 mA, C_I = 0.33 μF, C_O = 0.1 μF.

LM78L05AC

Unless otherwise specified, V_{IN} = 10V

Symbol	Parameter	Conditions	Min	Typ	Max	Units
V_O	Output Voltage		4.8	5	5.2	V
		$7V \le V_{IN} \le 20V$ $1\ mA \le I_O \le 40\ mA$ (Note 3)	**4.75**		**5.25**	
		$1\ mA \le I_O \le 70\ mA$ (Note 3)	**4.75**		**5.25**	
ΔV_O	Line Regulation	$7V \le V_{IN} \le 20V$		18	75	mV
		$8V \le V_{IN} \le 20V$		10	54	
ΔV_O	Load Regulation	$1\ mA \le I_O \le 100\ mA$		20	60	
		$1\ mA \le I_O \le 40\ mA$		5	30	
I_Q	Quiescent Current			3	5	mA
ΔI_Q	Quiescent Current Change	$8V \le V_{IN} \le 20V$			**1.0**	
		$1\ mA \le I_O \le 40\ mA$			**0.1**	
V_n	Output Noise Voltage	f = 10 Hz to 100 kHz (Note 4)		40		μV
$\frac{\Delta V_{IN}}{\Delta V_{OUT}}$	Ripple Rejection	f = 120 Hz $8V \le V_{IN} \le 16V$	47	62		dB
I_{PK}	Peak Output Current			140		mA
$\frac{\Delta V_O}{\Delta T}$	Average Output Voltage Tempco	I_O = 5 mA		−0.65		mV/°C
V_{IN} (Min)	Minimum Value of Input Voltage Required to Maintain Line Regulation			6.7	7	V

LM78L62AC

Unless otherwise specified, V_{IN} = 12V

Symbol	Parameter	Conditions	Min	Typ	Max	Units
V_O	Output Voltage		5.95	6.2	6.45	V
		$8.5V \le V_{IN} \le 20V$ $1\ mA \le I_O \le 40\ mA$ (Note 3)	**5.9**		**6.5**	
		$1\ mA \le I_O \le 70\ mA$ (Note 3)	**5.9**		**6.5**	
ΔV_O	Line Regulation	$8.5V \le V_{IN} \le 20V$		65	175	mV
		$9V \le V_{IN} \le 20V$		55	125	
ΔV_O	Load Regulation	$1\ mA \le I_O \le 100\ mA$		13	80	
		$1\ mA \le I_O \le 40\ mA$		6	40	

Equivalent Circuit

LM78LXX

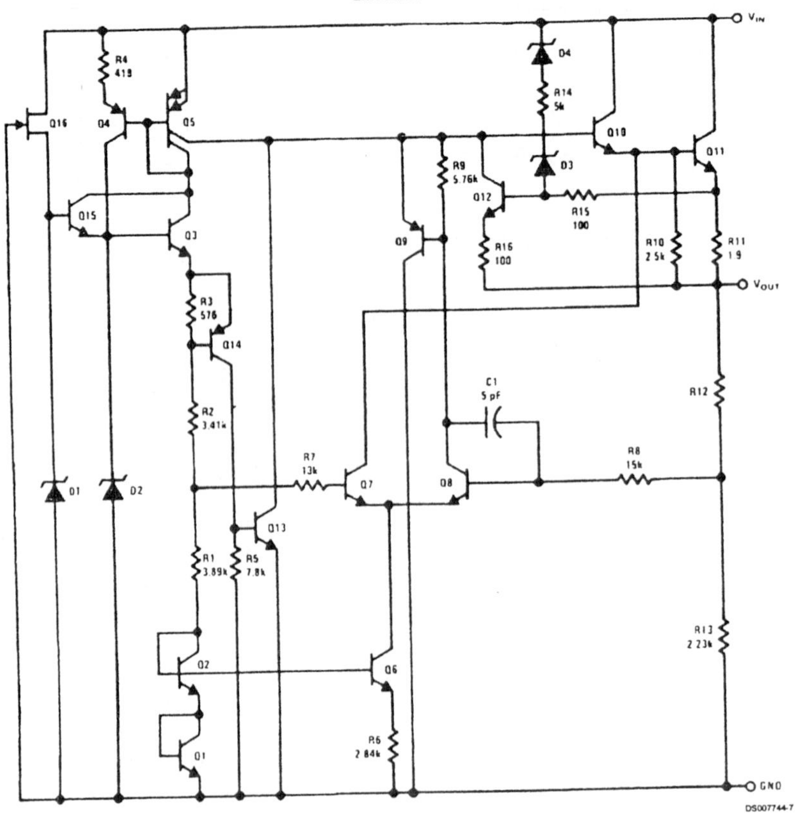

Typical Applications

Fixed Output Regulator

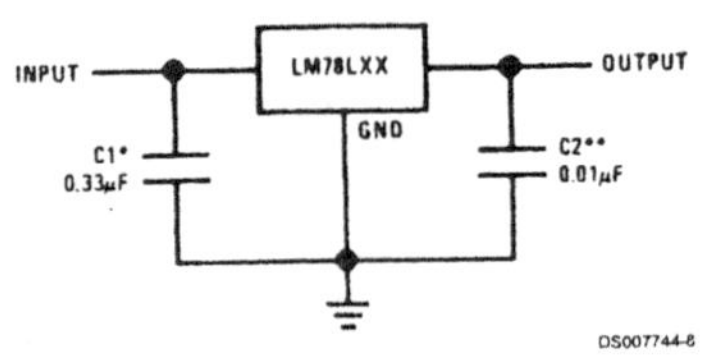

*Required if the regulator is located more than 3" from the power supply filter.

**See (Note 4) in the electrical characteristics table.

Typical Applications (Continued)

Adjustable Output Regulator

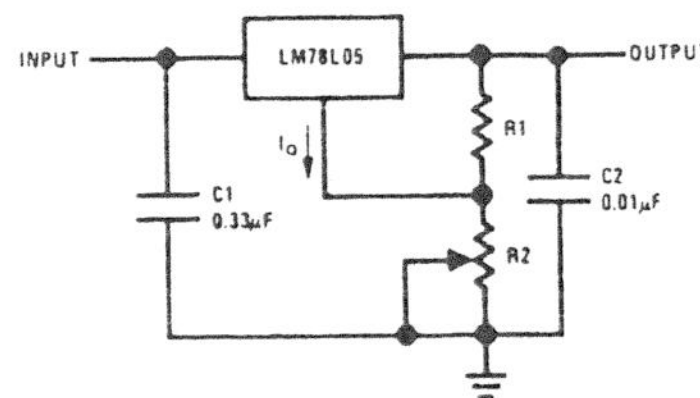

DS007744-9

$V_{OUT} = 5V + (5V/R1 + I_Q)\ R2$
$5V/R1 > 3\ I_Q$, load regulation $(L_r) \approx [(R1 + R2)/R1]\ (L_r$ of LM78L05)

Current Regulator

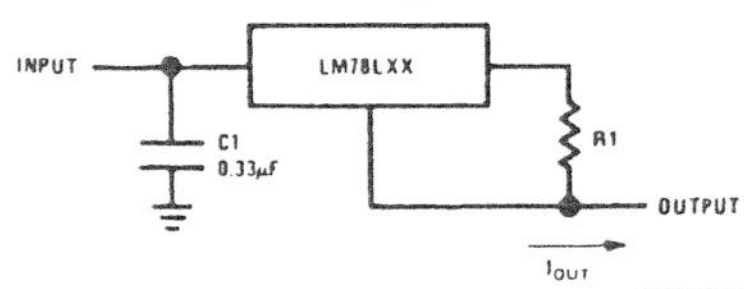

DS007744-10

$I_{OUT} = (V_{OUT}/R1) + I_Q$
$>I_Q = 1.5$ mA over line and load changes

5V, 500 mA Regulator with Short Circuit Protection

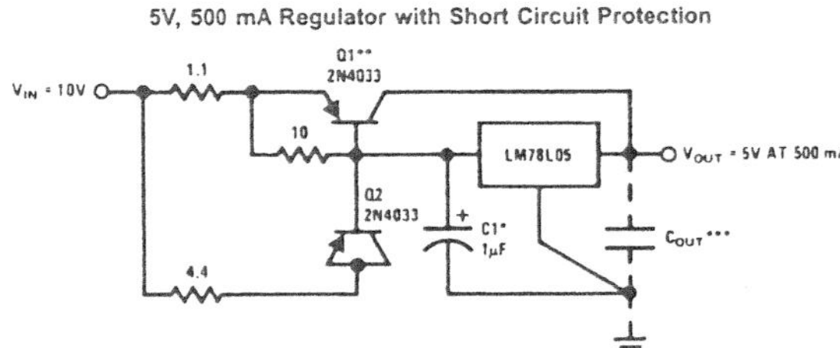

DS007744-11

*Solid tantalum.
**Heat sink Q1.
***Optional: Improves ripple rejection and transient response.
Load Regulation: 0.6% $0 \le I_L \le 250$ mA pulsed with $t_{ON} = 50$ ms.

±15V, 100 mA Dual Power Supply

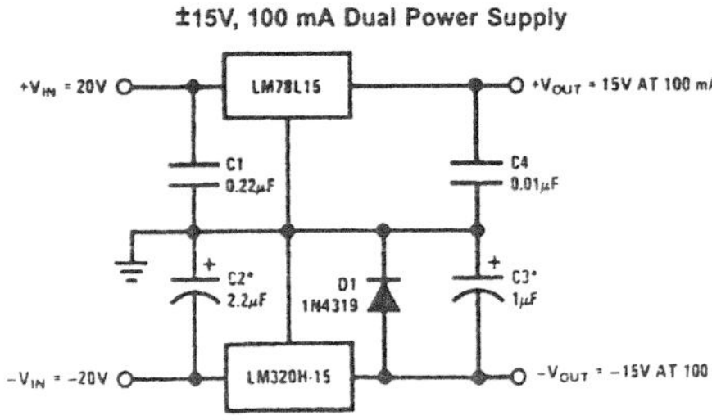

DS007744-12

*Solid tantalum.

Typical Applications (Continued)

Variable Output Regulator 0.5V-18V

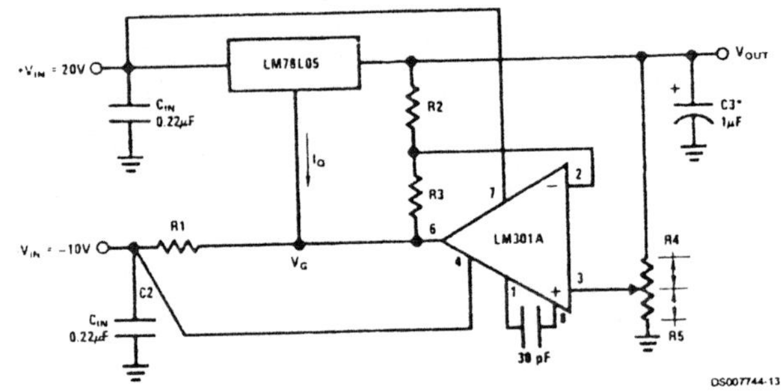

*Solid tantalum.

$V_{OUT} = V_G + 5V$, $R1 = (-V_{IN}/I_{Q\ LM78L05})$

$V_{OUT} = 5V\ (R2/R4)$ for $(R2 + R3) = (R4 + R5)$

A 0.5V output will correspond to $(R2/R4) = 0.1\ (R3/R4) = 0.9$

NPN switching transistors 2N2222; 2N2222A

FEATURES

- High current (max. 800 mA)
- Low voltage (max. 40 V).

APPLICATIONS

- Linear amplification and switching.

DESCRIPTION

NPN switching transistor in a TO-18 metal package.
PNP complement: 2N2907A.

PINNING

PIN	DESCRIPTION
1	emitter
2	base
3	collector, connected to case

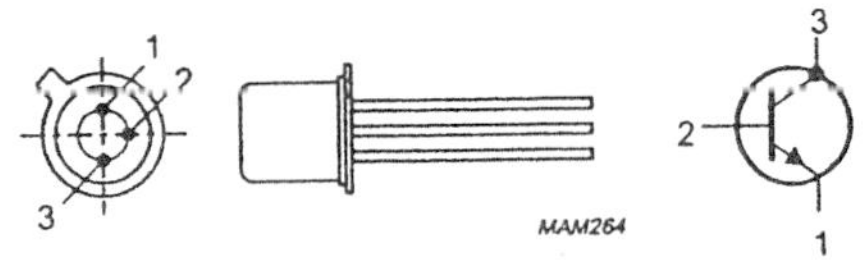

Fig.1 Simplified outline (TO-18) and symbol.

QUICK REFERENCE DATA

SYMBOL	PARAMETER	CONDITIONS	MIN.	MAX.	UNIT
V_{CBO}	collector-base voltage	open emitter			
	2N2222		–	60	V
	2N2222A		–	75	V
V_{CEO}	collector-emitter voltage	open base			
	2N2222		–	30	V
	2N2222A		–	40	V
I_C	collector current (DC)		–	800	mA
P_{tot}	total power dissipation	$T_{amb} \leq 25$ °C	–	500	mW
h_{FE}	DC current gain	$I_C = 10$ mA; $V_{CE} = 10$ V	75	–	
f_T	transition frequency	$I_C = 20$ mA; $V_{CE} = 20$ V; f = 100 MHz			
	2N2222		250	–	MHz
	2N2222A		300	–	MHz
t_{off}	turn-off time	$I_{Con} = 150$ mA; $I_{Bon} = 15$ mA; $I_{Boff} = -15$ mA	–	250	ns

LIMITING VALUES

In accordance with the Absolute Maximum Rating System (IEC 134).

SYMBOL	PARAMETER	CONDITIONS	MIN.	MAX.	UNIT
V_{CBO}	collector-base voltage	open emitter			
	2N2222		–	60	V
	2N2222A		–	75	V
V_{CEO}	collector-emitter voltage	open base			
	2N2222		–	30	V
	2N2222A		–	40	V
V_{EBO}	emitter-base voltage	open collector			
	2N2222		–	5	V
	2N2222A		–	6	V
I_C	collector current (DC)		–	800	mA
I_{CM}	peak collector current		–	800	mA
I_{BM}	peak base current		–	200	mA
P_{tot}	total power dissipation	$T_{amb} \leq 25$ °C	–	500	mW
		$T_{case} \leq 25$ °C	–	1.2	W
T_{stg}	storage temperature		–65	+150	°C
T_j	junction temperature		–	200	°C
T_{amb}	operating ambient temperature		–65	+150	°C

THERMAL CHARACTERISTICS

SYMBOL	PARAMETER	CONDITIONS	VALUE	UNIT
$R_{th\,j\text{-}a}$	thermal resistance from junction to ambient	in free air	350	K/W
$R_{th\,j\text{-}c}$	thermal resistance from junction to case		146	K/W

PNP switching transistors 2N2907; 2N2907A

FEATURES

- High current (max. 600 mA)
- Low voltage (max. 60 V).

APPLICATIONS

- Switching and linear amplification.

DESCRIPTION

PNP switching transistor in a TO-18 metal package.
NPN complements: 2N2222 and 2N2222A.

PINNING

PIN	DESCRIPTION
1	emitter
2	base
3	collector, connected to case

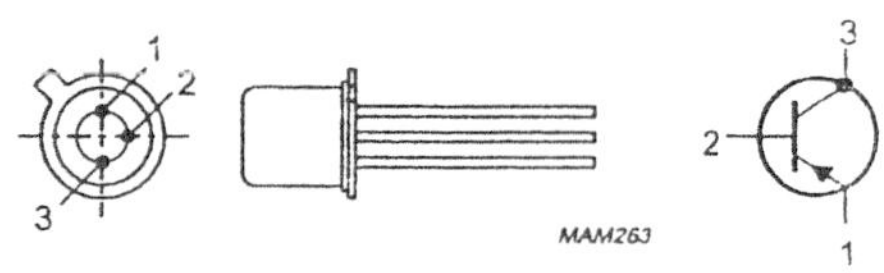

Fig.1 Simplified outline (TO-18) and symbol.

QUICK REFERENCE DATA

SYMBOL	PARAMETER	CONDITIONS	MIN.	MAX.	UNIT
V_{CBO}	collector-base voltage	open emitter	–	–60	V
V_{CEO}	collector-emitter voltage	open base			
	2N2907		–	–40	V
	2N2907A		–	–60	V
I_C	collector current (DC)		–	–600	mA
P_{tot}	total power dissipation	$T_{amb} \leq 25$ °C	–	400	mW
h_{FE}	DC current gain	$I_C = -150$ mA; $V_{CE} = -10$ V	100	300	
f_T	transition frequency	$I_C = -50$ mA; $V_{CE} = -20$ V; f = 100 MHz	200	–	MHz
t_{off}	turn-off time	$I_{Con} = -150$ mA; $I_{Bon} = -15$ mA; $I_{Boff} = 15$ mA	–	300	ns

PNP switching transistors 2N2907; 2N2907A

LIMITING VALUES

In accordance with the Absolute Maximum Rating System (IEC 134).

SYMBOL	PARAMETER	CONDITIONS	MIN.	MAX.	UNIT
V_{CBO}	collector-base voltage	open emitter	–	–60	V
V_{CEO}	collector-emitter voltage	open base; $I_C < -100$ mA			
	2N2907		–	–40	V
	2N2907A		–	–60	V
V_{EBO}	emitter-base voltage	open collector	–	–5	V
I_C	collector current (DC)		–	–600	mA
I_{CM}	peak collector current		–	–800	mA
I_{BM}	peak base current		–	–200	mA
P_{tot}	total power dissipation	$T_{amb} \leq 25$ °C	–	400	mW
		$T_{case} \leq 25$ °C	–	1.2	W
T_{stg}	storage temperature		–65	+150	°C
T_j	junction temperature		–	200	°C
T_{amb}	operating ambient temperature		–65	+150	°C

THERMAL CHARACTERISTICS

SYMBOL	PARAMETER	CONDITIONS	VALUE	UNIT
$R_{th\ j\text{-}a}$	thermal resistance from junction to ambient	in free air	438	K/W
$R_{th\ j\text{-}c}$	thermal resistance from junction to case		146	K/W

Advanced Power MOSFET IRF730

FEATURES

- Avalanche Rugged Technology
- Rugged Gate Oxide Technology
- Lower Input Capacitance
- Improved Gate Charge
- Extended Safe Operating Area
- Lower Leakage Current: 10μA (Max.) @ V_{DS} = 400V
- Lower $R_{DS(ON)}$: 0.765Ω (Typ.)

BV_{DSS} = 400 V

$R_{DS(on)}$ = 1.0Ω

I_D = 5.5 A

TO-220

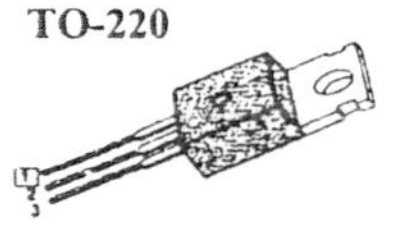

1.Gate 2. Drain 3. Source

Absolute Maximum Ratings

Symbol	Characteristic	Value	Units
V_{DSS}	Drain-to-Source Voltage	400	V
I_D	Continuous Drain Current (T_C=25°C)	5.5	A
	Continuous Drain Current (T_C=100°C)	3.5	
I_{DM}	Drain Current-Pulsed (1)	22	A
V_{GS}	Gate-to-Source Voltage	±30	V
E_{AS}	Single Pulsed Avalanche Energy (2)	346	mJ
I_{AR}	Avalanche Current (1)	5.5	A
E_{AR}	Repetitive Avalanche Energy (1)	7.3	mJ
dv/dt	Peak Diode Recovery dv/dt (3)	4.0	V/ns
P_D	Total Power Dissipation (T_C=25°C)	73	W
	Linear Derating Factor	0.58	W/°C
T_J , T_{STG}	Operating Junction and Storage Temperature Range	- 55 to +150	°C
T_L	Maximum Lead Temp. for Soldering Purposes, 1/8. from case for 5-seconds	300	

Thermal Resistance

Symbol	Characteristic	Typ.	Max.	Units
$R_{\theta JC}$	Junction-to-Case	–	1.71	°C/W
$R_{\theta CS}$	Case-to-Sink	0.5	–	
$R_{\theta JA}$	Junction-to-Ambient	–	62.5	

IRF730

N-CHANNEL
POWER MOSFET

Electrical Characteristics (T_C=25°C unless otherwise specified)

Symbol	Characteristic	Min.	Typ.	Max.	Units	Test Condition
BV_{DSS}	Drain-Source Breakdown Voltage	400	–	–	V	V_{GS}=0V, I_D=250μA
$\Delta BV/\Delta T_J$	Breakdown Voltage Temp. Coeff.	–	0.52	–	V/°C	I_D=250μA ***See Fig 7***
$V_{GS(th)}$	Gate Threshold Voltage	2.0	–	4.0	V	V_{DS}=5V, I_D=250μA
I_{GSS}	Gate-Source Leakage , Forward	–	–	100	nA	V_{GS}=30V
	Gate-Source Leakage , Reverse	–	–	-100		V_{GS}=-30V
I_{DSS}	Drain-to-Source Leakage Current	–	–	10	μA	V_{DS}=400V
		–	–	100		V_{DS}=320V, T_C=125°C
$R_{DS(on)}$	Static Drain-Source On-State Resistance	–	–	1.0	Ω	V_{GS}=10V, I_D=2.75A (4)
g_{fs}	Forward Transconductance	–	4.03	–	℧	V_{DS}=50V, I_D=2.75A (4)
C_{iss}	Input Capacitance	–	675	880	pF	V_{GS}=0V, V_{DS}=25V, f =1MHz ***See Fig 5***
C_{oss}	Output Capacitance	–	95	110		
C_{rss}	Reverse Transfer Capacitance	–	43	52		
$t_{d(on)}$	Turn-On Delay Time	–	15	40	ns	V_{DD}=200V, I_D=5.5A, R_G=12Ω ***See Fig 13*** (4) (5)
t_r	Rise Time	–	18	50		
$t_{d(off)}$	Turn-Off Delay Time	–	62	140		
t_f	Fall Time	–	22	60		
Q_g	Total Gate Charge	–	32	42	nC	V_{DS}=320V, V_{GS}=10V, I_D=5.5A ***See Fig 6 & Fig 12*** (4) (5)
Q_{gs}	Gate-Source Charge	–	4.6	–		
Q_{gd}	Gate-Drain (Miller) Charge	–	16.6	–		

Source-Drain Diode Ratings and Characteristics

Symbol	Characteristic	Min.	Typ.	Max.	Units	Test Condition
I_S	Continuous Source Current	--	--	5.5	A	Integral reverse pn-diode in the MOSFET
I_{SM}	Pulsed-Source Current (1)	–	–	22		
V_{SD}	Diode Forward Voltage (4)	–	–	1.5	V	T_J=25°C, I_S=5.5A, V_{GS}=0V
t_{rr}	Reverse Recovery Time	–	259	–	ns	T_J=25°C, I_F=5.5A
Q_{rr}	Reverse Recovery Charge	–	1.81	–	μC	di_F/dt=100A/μs (4)

Notes;
(1) Repetitive Rating: Pulse Width Limited by Maximum Junction Temperature
(2) L=20mH, I_{AS}=5.5A, V_{DD}=50V, R_G=27Ω, Starting T_J=25°C
(3) $I_{SD} \leq$ 5.5A, di/dt ≤ 140A/μs, $V_{DD} \leq BV_{DSS}$, Starting T_J=25°C
(4) Pulse Test: Pulse Width = 250μs, Duty Cycle ≤ 2%
(5) Essentially Independent of Operating Temperature

Advanced Power MOSFET **IRF740**

FEATURES

- Avalanche Rugged Technology
- Rugged Gate Oxide Technology
- Lower Input Capacitance
- Improved Gate Charge
- Extended Safe Operating Area
- Lower Leakage Current: 10μA (Max.) @ V_{DS} = 400V
- Lower $R_{DS(ON)}$: 0.437Ω (Typ.)

BV_{DSS} = 400 V

$R_{DS(on)}$ = 0.55Ω

I_D = 10 A

TO-220

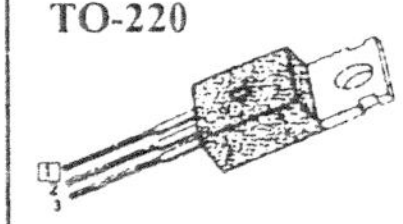

1.Gate 2. Drain 3. Source

Absolute Maximum Ratings

Symbol	Characteristic		Value	Units
V_{DSS}	Drain-to-Source Voltage		400	V
I_D	Continuous Drain Current (T_C=25°C)		10	A
	Continuous Drain Current (T_C=100°C)		6.3	
I_{DM}	Drain Current-Pulsed	(1)	40	A
V_{GS}	Gate-to-Source Voltage		±30	V
E_{AS}	Single Pulsed Avalanche Energy	(2)	457	mJ
I_{AR}	Avalanche Current	(1)	10	A
E_{AR}	Repetitive Avalanche Energy	(1)	13.4	mJ
dv/dt	Peak Diode Recovery dv/dt	(3)	4.0	V/ns
P_D	Total Power Dissipation (T_C=25°C)		134	W
	Linear Derating Factor		1.08	W/°C
T_J , T_{STG}	Operating Junction and Storage Temperature Range		- 55 to +150	°C
T_L	Maximum Lead Temp. for Soldering Purposes, 1/8. from case for 5-seconds		300	

Thermal Resistance

Symbol	Characteristic	Typ.	Max.	Units
$R_{\theta JC}$	Junction-to-Case	–	0.93	°C/W
$R_{\theta CS}$	Case-to-Sink	0.5	–	
$R_{\theta JA}$	Junction-to-Ambient	–	62.5	

IRF740

N-CHANNEL POWER MOSFET

Electrical Characteristics (T_C=25°C unless otherwise specified)

Symbol	Characteristic	Min.	Typ.	Max.	Units	Test Condition
BV_{DSS}	Drain-Source Breakdown Voltage	400	–	–	V	V_{GS}=0V, I_D=250μA
$\Delta BV/\Delta T_J$	Breakdown Voltage Temp. Coeff.	–	0.50	–	V/°C	I_D=250μA *See Fig 7*
$V_{GS(th)}$	Gate Threshold Voltage	2.0	–	4.0	V	V_{DS}=5V, I_D=250μA
I_{GSS}	Gate-Source Leakage , Forward	–	–	100	nA	V_{GS}=30V
	Gate-Source Leakage , Reverse	–	–	-100		V_{GS}=-30V
I_{DSS}	Drain-to-Source Leakage Current	–	–	10	μA	V_{DS}=400V
		–	–	100		V_{DS}=320V, T_C=125°C
$R_{DS(on)}$	Static Drain-Source On-State Resistance	–	–	0.55	Ω	V_{GS}=10V, I_D=5A (4)
g_{fs}	Forward Transconductance	–	7.78	–	℧	V_{DS}=50V, I_D=5A (4)
C_{iss}	Input Capacitance	–	1180	1530	pF	V_{GS}=0V, V_{DS}=25V, f =1MHz *See Fig 5*
C_{oss}	Output Capacitance	–	175	205		
C_{rss}	Reverse Transfer Capacitance	–	80	95		
$t_{d(on)}$	Turn-On Delay Time	–	18	50	ns	V_{DD}=200V, I_D=10A, R_G=9.1Ω *See Fig 13* (4) (5)
t_r	Rise Time	–	21	55		
$t_{d(off)}$	Turn-Off Delay Time	–	78	170		
t_f	Fall Time	–	28	65		
Q_g	Total Gate Charge	–	58	75	nC	V_{DS}=320V, V_{GS}=10V, I_D=10A *See Fig 6 & Fig 12* (4) (5)
Q_{gs}	Gate-Source Charge	–	8.1	–		
Q_{gd}	Gate-Drain (Miller) Charge	–	31.3	–		

Source-Drain Diode Ratings and Characteristics

Symbol	Characteristic	Min.	Typ.	Max.	Units	Test Condition
I_S	Continuous Source Current	–	–	10	A	Integral reverse pn-diode in the MOSFET
I_{SM}	Pulsed-Source Current (1)	–	–	40		
V_{SD}	Diode Forward Voltage (4)	–	–	1.5	V	T_J=25°C, I_S=10A, V_{GS}=0V
t_{rr}	Reverse Recovery Time	–	315	–	ns	T_J=25°C, I_F=10A
Q_{rr}	Reverse Recovery Charge	–	2.84	–	μC	di_F/dt=100A/μs (4)

Notes;

(1) Repetitive Rating: Pulse Width Limited by Maximum Junction Temperature

(2) L=8mH, I_{AS}=10A, V_{DD}=50V, R_G=27Ω, Starting T_J=25°C

(3) $I_{SD} \le$ 10A, di/dt $\le$ 170A/μs, $V_{DD} \le BV_{DSS}$, Starting T_J=25°C

(4) Pulse Test: Pulse Width = 250μs, Duty Cycle $\le$ 2%

(5) Essentially Independent of Operating Temperature

TOSHIBA GTR MODULE SILICON N CHANNEL IGBT

MG50J2YS50

HIGH POWER SWITCHING APPLICATIONS.

MOTOR CONTROL APPLICATIONS.

Unit in mm

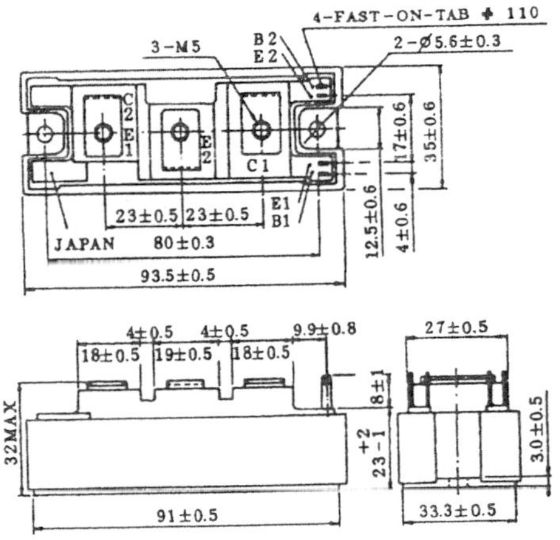

JEDEC	—
EIAJ	—
TOSHIBA	2-94D1A

Weight : 202g (Typ.)

- The Electrodes are Isolated from Case.
- High Input Impedance
- Includes a Complete Half Bridge in One Package.
- Enhancement-Mode
- High Speed : $t_f = 0.30\mu s$ (Max.) ($I_C = 50A$)
$t_{rr} = 0.15\mu s$ (Max.) ($I_F = 50A$)
- Low Saturation Voltage
: $V_{CE\ (sat)} = 2.70V$ (Max.) ($I_C = 50A$)

EQUIVALENT CIRCUIT

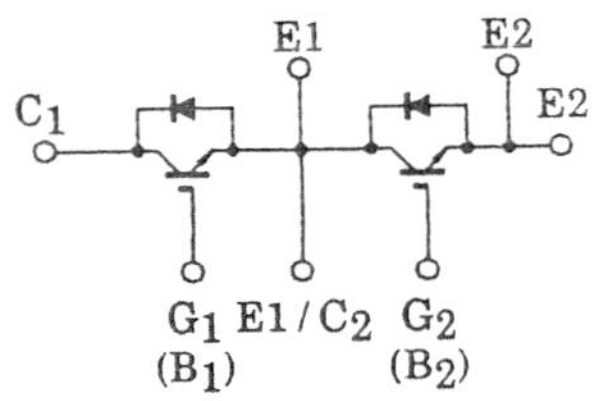

MAXIMUM RATINGS (Ta = 25°C)

CHARACTERISTIC		SYMBOL	RATING	UNIT
Collector-Emitter Voltage		V_{CES}	600	V
Gate-Emitter Voltage		V_{GES}	±20	V
Collector Current	DC	I_C	50	A
	1ms	I_{CP}	100	
Forward Current	DC	I_F	50	A
	1ms	I_{FM}	100	
Collector Power Dissipation (Tc = 25°C)		P_C	280	W
Junction Temperature		T_j	150	°C
Storage Temperature Range		T_{stg}	−40~125	°C
Isolation Voltage		V_{Isol}	2500 (AC 1Min.)	V
Screw Torque (Terminal / Mounting)		—	3 / 3	N·m

TOSHIBA MG50J2YS50

ELECTRICAL CHARACTERISTICS (Ta = 25°C)

CHARACTERISTIC		SYMBOL	TEST CONDITION	MIN.	TYP.	MAX.	UNIT
Gate Leakage Current		I_{GES}	$V_{GE}=\pm 20V$, $V_{CE}=0$	—	—	±500	nA
Collector Cut-off Current		I_{CES}	$V_{CE}=600V$, $V_{GE}=0$	—	—	1.0	mA
Gate-Emitter Cut-off Voltage		$V_{GE\,(off)}$	$I_C=5mA$, $V_{CE}=5V$	5.0	7.0	8.0	V
Collector-Emitter Saturation Voltage		$V_{CE\,(sat)}$	$I_C=50A$, $V_{GE}=15V$	—	2.10	2.70	V
Input Capacitance		C_{ies}	$V_{CE}=10V$, $V_{GE}=0$, $f=1MHz$	—	4950	—	pF
Switching Time	Turn-on Delay Time	$t_{d\,(on)}$	Inductive Load $V_{CC}=300V$ $I_C=50A$ $V_{GE}=\pm 15V$ $R_G=24\Omega$ (Note 1)	—	0.08	0.16	μs
	Rise Time	t_r		—	0.12	0.24	
	Turn-on Time	t_{on}		—	0.40	0.80	
	Turn-off Delay Time	$t_{d\,(off)}$		—	0.20	0.40	
	Fall Time	t_f		—	0.15	0.30	
	Turn-off Time	t_{off}		—	0.50	1.00	
Forward Voltage		V_F	$I_F=50A$, $V_{GE}=0$	—	2.30	3.00	V
Reverse Recovery Time		t_{rr}	$I_F=50A$, $V_{GE}=-10V$ di / dt = 100A / μs	—	0.08	0.15	μs
Thermal Resistance		$R_{th\,(j\text{-}c)}$	Transistor Stage	—	—	0.45	°C / W
			Diode Stage	—	—	0.90	

Note 1 Switching Time Test Circuit & Timing Chart

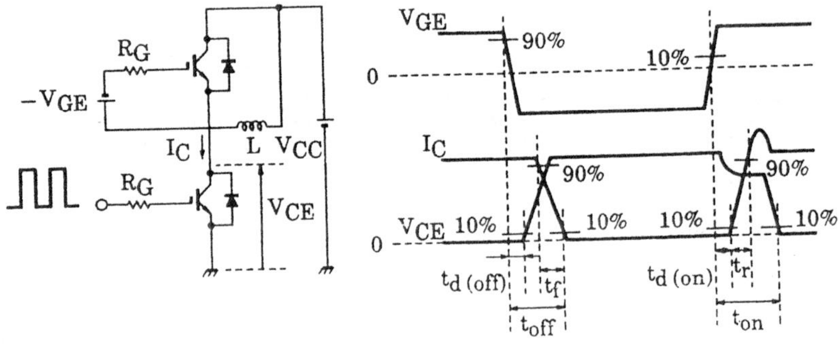

TOSHIBA THYRISTOR SILICON PLANAR TYPE

SF16GZ51, SF16JZ51

MEDIUM POWER CONTROL APPLICATIONS

Unit in mm

- Repetitive Peak Off-State Voltage : V_{DRM} } =400, 600V
  Repetitive Peak Reverse Voltage : V_{RRM}
- Average On-State Current : $I_{T(AV)}$ =16A
- Isolation Voltage : V_{Isol}=1500V AC

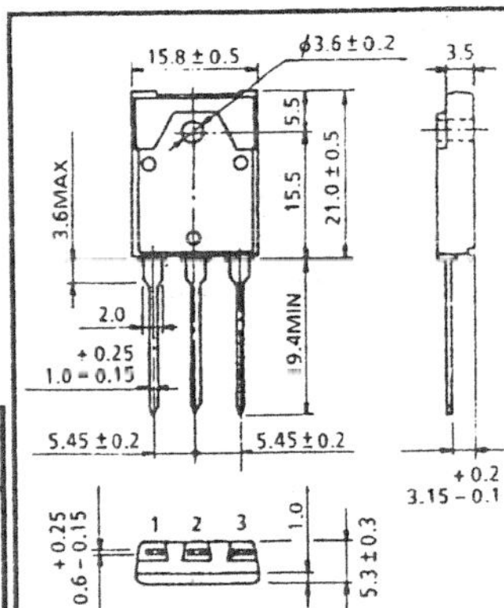

1. CATHODE
2. ANODE
3. GATE

JEDEC	―
EIAJ	―
TOSHIBA	13-16A1B

Weight : 5.9g

MAXIMUM RATINGS

CHARACTERISTIC		SYMBOL	RATING	UNIT
Repetitive Peak Off-State Voltage and Repetitive Peak Reverse Voltage	SF16GZ51	V_{DRM} V_{RRM}	400	V
	SF16JZ51		600	
Non-Repetitive Peak Reverse Voltage (Non-Repetitive<5ms, T_j=0~125°C)	SF16GZ51	V_{RSM}	500	V
	SF16JZ51		720	
Average On-State Current (Half Sine Waveform)		$I_{T(AV)}$	16	A
R.M.S On-State Current		$I_{T(RMS)}$	25	A
Peak One Cycle Surge On-State Current (Non-Repetitive)		I_{TSM}	250 (50Hz)	A
			275 (60Hz)	
I^2t Limit Value (t=1~10ms)		I^2t	312	A^2s
Critical Rate of Rise of On-State Curret (Note)		di / dt	100	A / μs
Peak Gate Power Dissipation		P_{GM}	5	W
Average Gate Power Dissipation		$P_{G(AV)}$	0.5	W
Peak Forward Gate Voltage		V_{FGM}	10	V
Peak Reverse Gate Voltage		V_{RGM}	−5	V
Peak Forward Gate Current		I_{GM}	2	A
Junction Temperature		T_j	−40~125	°C
Storage Temperature Range		T_{stg}	−40~125	°C
Isolation Voltage (AC, t=1min.)		V_{Isol}	1500	V

Note : di / dt Test Condition, i_G=30mA, t_{gw}=10μs, $t_{gr}\leqq$250ns

ELECTRICAL CHARACTERISTICS (Ta = 25°C)

CHARACTERISTIC	SYMBOL	TEST CONDITION	MIN.	TYP.	MAX.	UNIT
Repetitive Peak Off-State Current and Repetitive Peak Reverse Current	I_{DRM} I_{RRM}	$V_{DRM} = V_{RRM} =$ Rated	—	—	20	μA
Peak On-State Voltage	V_{TM}	$I_{TM} = 50A$	—	—	1.5	V
Gate Trigger Voltage	V_{GT}	$V_D = 6V$, $R_L = 10\Omega$	—	—	1.5	V
Gate Trigger Current	I_{GT}		—	—	15	mA
Holding Current	I_H	$V_D = 6V$, $I_{TM} = 500mA$	—	—	50	mA
Critical Rate of Rise of Off-State Voltage	dv / dt	$V_{DRM} =$ Rated, Tc = 125°C Exponential Rise	—	50	—	V / μs
Thermal Resistance	$R_{th\,(j\text{-}c)}$	Junction to Case	—	—	1.5	°C / W

MARKING

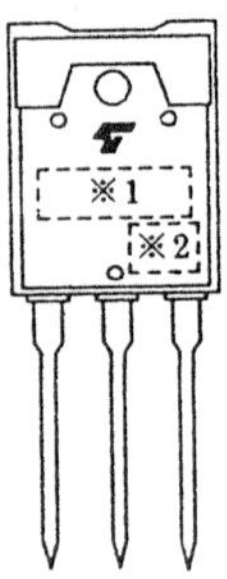

NUMBER	SYMBOL		MARK
※1	TYPE	SF16GZ51	F16GZ51
		SF16JZ51	F16JZ51
※2	Lot Number □ □ Month (Starting from Alphabet A) Year (Last Decimal Digit of the Current Year)		Example 8A : January 1998 8B : February 1998 8L : December 1998

TOSHIBA BI-DIRECTIONAL TRIODE THYRISTOR SILICON PLANAR TYPE

SM16GZ47, SM16JZ47, SM16GZ47A, SM16JZ47A

AC POWER CONTROL APPLICATIONS

- Repetitive Peak Off-State Voltage : V_{DRM}=400, 600V
- R.M.S On-State Current : $I_{T(RMS)}$=16A
- High Commutating (dv / dt)
- Isolation Voltage : V_{ISOL}=1500V AC

Unit in mm

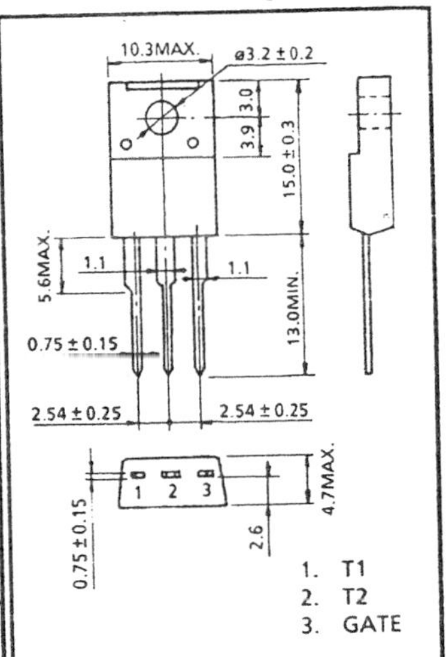

JEDEC	—
EIAJ	—
TOSHIBA	13-10H1A

Weight : 1.7g

MAXIMUM RATINGS (Ta = 25°C)

CHARACTERISTIC		SYMBOL	RATING	UNIT
Repetitive Peak Off-State Voltage	SM16GZ47 SM16GZ47A	V_{DRM}	400	V
	SM16JZ47 SM16JZ47A		600	
R.M.S On-State Current (Full Sine Waveform Tc=73°C)		$I_{T(RMS)}$	16	A
Peak One Cycle Surge On-State Current (Non-Repetitive)		I_{TSM}	150 (50Hz)	A
			165 (60Hz)	
I^2t Limit Value (t=1~10ms)		I^2t	112.5	A^2s
Critical Rate of Rise of On-State Current (Note 1)		di / dt	50	A / μs
Peak Gate Power Dissipation		P_{GM}	5	W
Average Gate Power Dissipation		$P_{G(AV)}$	0.5	W
Peak Gate Voltage		V_{GM}	10	V
Peak Gate Current		I_{GM}	2	A
Junction Temperature		T_j	−40~125	°C
Storage Temperature Range		T_{stg}	−40~125	°C
Isolation Voltage (AC, t=1 min.)		V_{ISOL}	1500	V

Note 1 : di / dt Test condition
$V_{DRM}=0.5\times$Rated
$I_{TM}\leqq 25A$
$t_{gw}\geqq 10\mu s$
$t_{gr}\leqq 250ns$
$i_{GP}=I_{GT}\times 2.0$

ELECTRICAL CHARACTERISTICS (Ta = 25°C)

CHARACTERISTIC			SYMBOL	TEST CONDITION		MIN.	TYP.	MAX.	UNIT
Repetitive Peak Off-State Current			I_{DRM}	V_{DRM} = Rated		—	—	20	μA
Gate Trigger Voltage		I	V_{GT}	V_D = 12V, R_L = 20Ω	T2 (+), Gate (+)	—	—	1.5	V
		II			T2 (+), Gate (−)	—	—	1.5	
		III			T2 (−), Gate (−)	—	—	1.5	
		IV			T2 (−), Gate (+)	—	—	—	
Gate Trigger Current	SM16GZ47 SM16JZ47	I	I_{GT}	V_D = 12V, R_L = 20Ω	T2 (+), Gate (+)	—	—	30	mA
		II			T2 (+), Gate (−)	—	—	30	
		III			T2 (−), Gate (−)	—	—	30	
		IV			T2 (−), Gate (+)	—	—	—	
	SM16GZ47A SM16JZ47A	I			T2 (+), Gate (+)	—	—	20	
		II			T2 (+), Gate (−)	—	—	20	
		III			T2 (−), Gate (−)	—	—	20	
		IV			T2 (−), Gate (+)	—	—	—	
Peak On-State Voltage			V_{TM}	I_{TM} = 25A		—	—	1.5	V
Gate Non-Trigger Voltage			V_{GD}	V_D = Rated, Tc = 125°C		0.2	—	—	V
Holding Current			I_H	V_D = 12V, I_{TM} = 1A		—	—	50	mA
Thermal Resistance			Rth (j-c)	Junction to Case, AC		—	—	2.5	°C / W
Critical Rate of Rise of Off-State Voltage	SM16GZ47 SM16JZ47		dv / dt	V_{DRM} = Rated, T_j = 125°C Exponential Rise		—	300	—	V / μs
	SM16GZ47A SM16JZ47A					—	200	—	
Critical Rate of Rise of Off-State Voltage at Commutation	SM16GZ47 SM16JZ47		(dv / dt) c	V_{DRM} = 400V, T_j = 125°C (di / dt) c = −8.7A / ms		10	—	—	V / μs
	SM16GZ47A SM16JZ47A					4	—	—	

MARKING

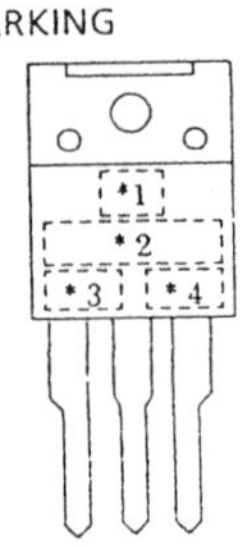

* NUMBER	SYMBOL		MARK
* 1	Toshiba Product Mark		T
* 2	TYPE	SM16GZ47, SM16GZ47A	M16GZ47
		SM16JZ47, SM16JZ47A	M16JZ47
* 3		SM16GZ47A, SM16JZ47A	A
* 4	Lot Number □□ — Month (Starting from Alphabet A); Year (Last Decimal Digit of the Current Year)		Example 8A : January 1998 8B : Febrary 1998 8L : December 1998

SIEMENS

Phase Control IC

TCA 785

Bipolar IC

Features

- Reliable recognition of zero passage
- Large application scope
- May be used as zero point switch
- LSL compatible
- Three-phase operation possible (3 ICs)
- Output current 250 mA
- Large ramp current range
- Wide temperature range

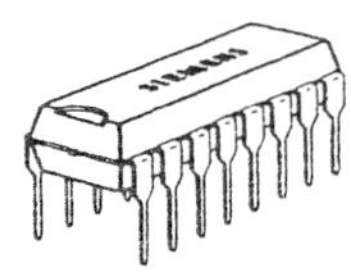

P-DIP-16-1

Type	Ordering Code	Package
TCA 785	Q67000-A2321	P-DIP-16-1

This phase control IC is intended to control thyristors, triacs, and transistors. The trigger pulses can be shifted within a phase angle between 0 ° and 180 °. Typical applications include converter circuits, AC controllers and three-phase current controllers.

This IC replaces the previous types TCA 780 and TCA 780 D.

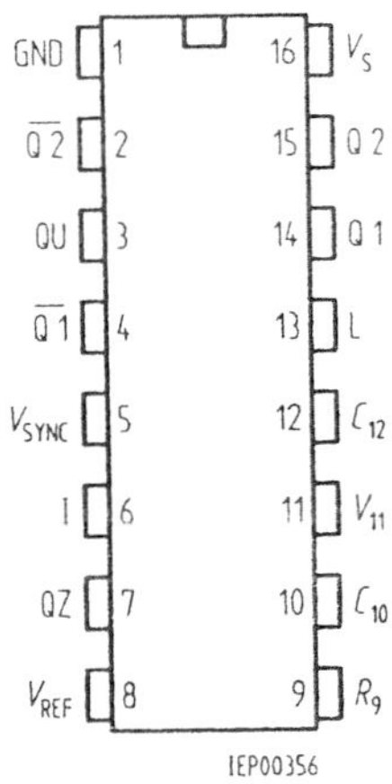

Pin Configuration
(top view)

Pin Definitions and Functions

Pin	Symbol	Function
1	GND	Ground
2 3 4	$\overline{Q2}$ Q U $\overline{Q2}$	Output 2 inverted Output U Output 1 inverted
5	V_{SYNC}	Synchronous voltage
6 7	I Q Z	Inhibit Output Z
8	V_{REF}	Stabilized voltage
9 10	R_9 C_{10}	Ramp resistance Ramp capacitance
11	V_{11}	Control voltage
12	C_{12}	Pulse extension
13	L	Long pulse
14 15	Q 1 Q 2	Output 1 Output 2
16	V_S	Supply voltage

SIEMENS TCA 785

Functional Description

The synchronization signal is obtained via a high-ohmic resistance from the line voltage (voltage V_5). A zero voltage detector evaluates the zero passages and transfers them to the synchronization register.

This synchronization register controls a ramp generator, the capacitor C_{10} of which is charged by a constant current (determined by R_9). If the ramp voltage V_{10} exceeds the control voltage V_{11} (triggering angle φ), a signal is processed to the logic. Dependent on the magnitude of the control voltage V_{11}, the triggering angle φ can be shifted within a phase angle of 0° to 180°.

For every half wave, a positive pulse of approx. 30 μs duration appears at the outputs Q 1 and Q 2. The pulse duration can be prolonged up to 180° via a capacitor C_{12}. If pin 12 is connected to ground, pulses with a duration between φ and 180° will result.

Outputs $\overline{Q1}$ and $\overline{Q2}$ supply the inverse signals of Q 1 and Q 2.

A signal of φ +180° which can be used for controlling an external logic,is available at pin 3.

A signal which corresponds to the NOR link of Q 1 and Q 2 is available at output Q Z (pin 7).

The inhibit input can be used to disable outputs Q1, Q2 and $\overline{Q1}$, $\overline{Q2}$.

Pin 13 can be used to extend the outputs $\overline{Q1}$ and $\overline{Q2}$ to full pulse length (180° − φ).

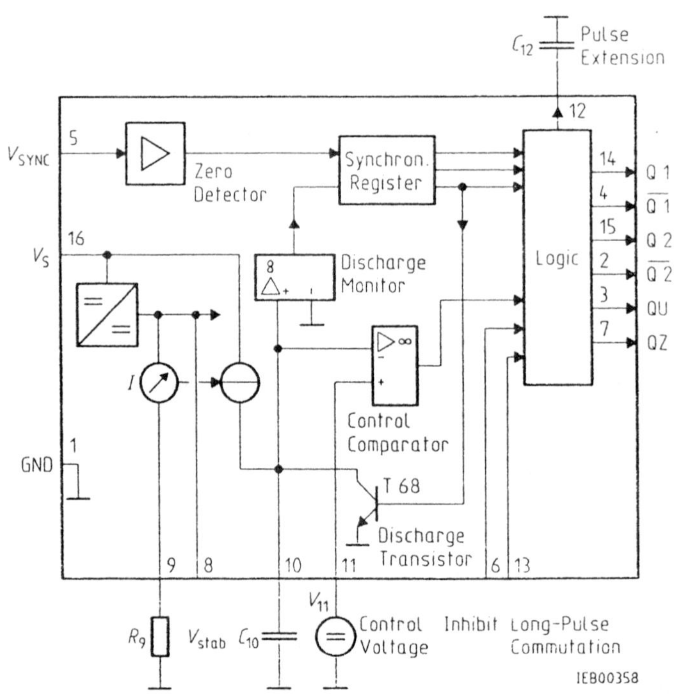

Block Diagram

SIEMENS

TCA 785

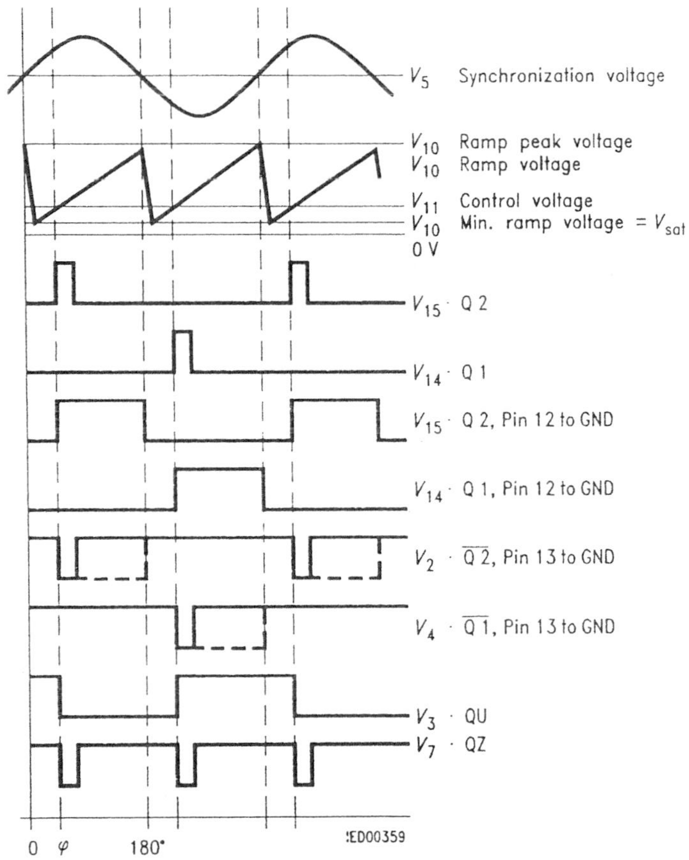

Pulse Diagram

SIEMENS TCA 785

Absolute Maximum Ratings

Parameter	Symbol	Limit Values		Unit
		min.	max.	
Supply voltage	V_S	– 0.5	18	V
Output current at pin 14, 15	I_Q	– 10	400	mA
Inhibit voltage Control voltage Voltage short-pulse circuit	V_6 V_{11} V_{13}	– 0.5 – 0.5 – 0.5	V_S V_S V_S	V V V
Synchronization input current	V_5	– 200	± 200	μA
Output voltage at pin 14, 15	V_Q		V_S	V
Output current at pin 2, 3, 4, 7	I_Q		10	mA
Output voltage at pin 2, 3, 4, 7	V_Q		V_S	V
Junction temperature Storage temperature	T_j T_{stg}	 – 55	150 125	°C °C
Thermal resistance system - air	$R_{th\,SA}$		80	K/W

Operating Range

Supply voltage	V_S	8	18	V
Operating frequency	f	10	500	Hz
Ambient temperature	T_A	– 25	85	°C

Characteristics

$8 \le V_S \le 18$ V; -25 °C $\le T_A \le 85$ °C; $f = 50$ Hz

Parameter	Symbol	Limit Values			Unit	Test Circuit
		min.	typ.	max.		
Supply current consumption S1 … S6 open $V_{11} = 0$ V $C_{10} = 47$ nF; $R_9 = 100$ kΩ	I_S	4.5	6.5	10	mA	1
Synchronization pin 5 Input current R_2 varied Offset voltage	 $I_{5\,rms}$ ΔV_5	 30	 30	 200 75	 μA mV	 1 4
Control input pin 11 Control voltage range Input resistance	 V_{11} R_{11}	 0.2	 15	 $V_{10\,peak}$	 V kΩ	 1 5

SIEMENS TCA 785

Application Hints for External Components

		min	max	
Ramp capacitance	C_{10}	500 pF	1 μF[1]	The minimum and maximum values of I_{10} are to be observed
Triggering point	$t_{Tr} = \dfrac{V_{11} \times R_9 \times C_{10}}{V_{REF} \times K}$		[2]	
Charge current	$I_{10} = \dfrac{V_{REF} \times K}{R_9}$		[2]	Ramp voltage $V_{10\,max} = V_S - 2\text{ V}$ $\quad V_{10} = \dfrac{V_{REF} \times K \times t}{R_9 \times C_{10}}$ [2]

Pulse Extension versus Temperature

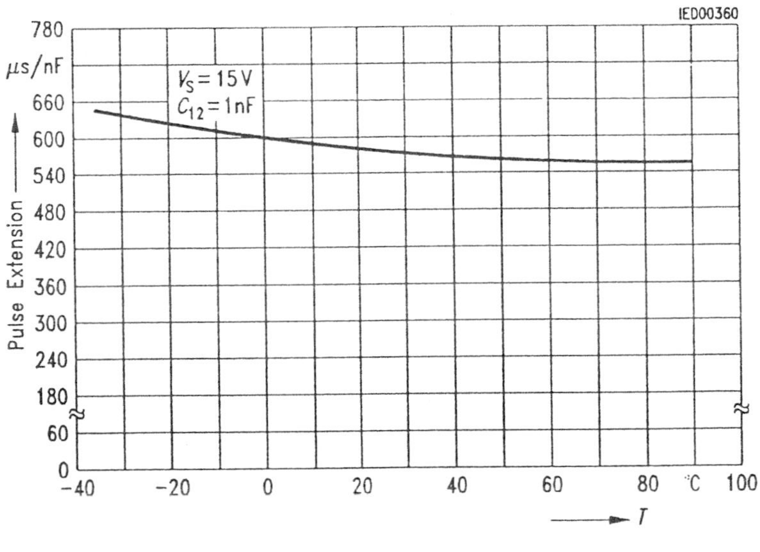

[1] Attention to flyback times

[2] $K = 1.10 \pm 20\ \%$

HEWLETT PACKARD

2.0 Amp Output Current IGBT Gate Drive Optocoupler

Technical Data

HCPL-3120
HCPL-J312
HCNW3120

Features

- **2.0 A Minimum Peak Output Current**
- **15 kV/μs Minimum Common Mode Rejection (CMR) at V_{CM} = 1500 V**
- **0.5 V Maximum Low Level Output Voltage (V_{OL})** Eliminates Need for Negative Gate Drive
- **I_{CC} = 5 mA Maximum Supply Current**
- **Under Voltage Lock-Out Protection (UVLO) with Hysteresis**
- **Wide Operating V_{CC} Range: 15 to 30 Volts**
- **500 ns Maximum Switching Speeds**
- **Industrial Temperature Range:** -40°C to 100°C
- **Safety Approval**
  UL Recognized
  2500 Vrms for 1 min. for HCPL-3120
  3750 Vrms for 1 min. for HCPL-J312
  5000 Vrms for 1 min. for HCNW3120
  CSA Approval
  VDE 0884 Approved
  V_{IORM} = 630 Vpeak for HCPL-3120 (Option 060)
  V_{IORM} = 891 Vpeak for HCPL-J312
  V_{IORM} = 1414 Vpeak for HCNW3120
  BSI Certified (HCNW3120 only) (Pending)

Applications

- **IGBT/MOSFET Gate Drive**
- **AC/Brushless DC Motor Drives**
- **Industrial Inverters**
- **Switch Mode Power Supplies**

Functional Diagram

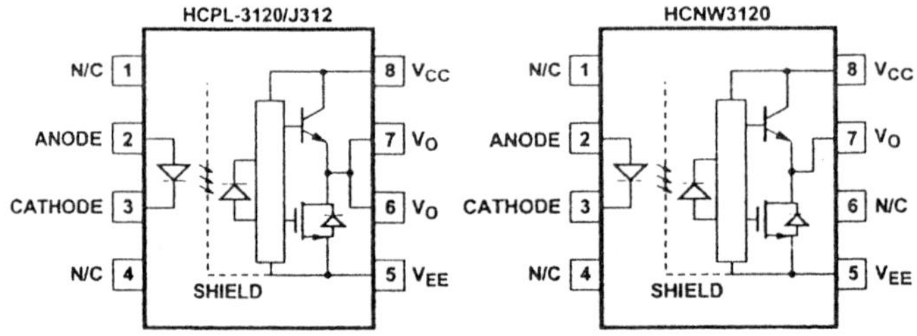

TRUTH TABLE

LED	V_{CC} - V_{EE} "POSITIVE GOING" (i.e., TURN-ON)	V_{CC} - V_{EE} "NEGATIVE GOING" (i.e., TURN-OFF)	V_O
OFF	0 - 30 V	0 - 30 V	LOW
ON	0 - 11 V	0 - 9.5 V	LOW
ON	11 - 13.5 V	9.5 - 12 V	TRANSITION
ON	13.5 - 30 V	12 - 30 V	HIGH

Absolute Maximum Ratings

Parameter		Symbol	Min.	Max.	Units	Note
Storage Temperature		T_S	-55	125	°C	
Operating Temperature		T_A	-40	100	°C	
Average Input Current		$I_{F(AVG)}$		25	mA	1
Peak Transient Input Current (<1 μs pulse width, 300 pps)		$I_{F(TRAN)}$		1.0	A	
Reverse Input Voltage	HCPL-3120	V_R		5	Volts	
	HCPL-J312 HCNW3120			3		
"High" Peak Output Current		$I_{OH(PEAK)}$		2.5	A	2
"Low" Peak Output Current		$I_{OL(PEAK)}$		2.5	A	2
Supply Voltage		$(V_{CC} - V_{EE})$	0	35	Volts	
Input Current (Rise/Fall Time)		$t_{r(IN)} / t_{f(IN)}$		500	ns	
Output Voltage		$V_{O(PEAK)}$	0	V_{CC}	Volts	
Output Power Dissipation		P_O		250	mW	3
Total Power Dissipation		P_T		295	mW	4
Lead Solder Temperature	HCPL-3120 HCPL-J312	260°C for 10 sec., 1.6 mm below seating plane				
	HCNW3120	260°C for 10 sec., up to seating plane				
Solder Reflow Temperature Profile		See Package Outline Drawings section				

Recommended Operating Conditions

Parameter		Symbol	Min.	Max.	Units
Power Supply Voltage		$(V_{CC} - V_{EE})$	15	30	Volts
Input Current (ON)	HCPL-3120 HCPL-J312	$I_{F(ON)}$	7	16	mA
	HCNW3120		10		
Input Voltage (OFF)		$V_{F(OFF)}$	-3.0	0.8	V
Operating Temperature		T_A	-40	100	°C

Applications Information

Eliminating Negative IGBT Gate Drive (Discussion applies to HCPL-3120, HCPL-J312, and HCNW3120)

To keep the IGBT firmly off, the HCPL-3120 has a very low maximum V_{OL} specification of 0.5 V. The HCPL-3120 realizes this very low V_{OL} by using a DMOS transistor with 1 Ω (typical) on resistance in its pull down circuit. When the HCPL-3120 is in the low state, the IGBT gate is shorted to the emitter by Rg + 1 Ω. Minimizing Rg and the lead inductance from the HCPL-3120 to the IGBT gate and emitter (possibly by mounting the HCPL-3120 on a small PC board directly above the IGBT) can eliminate the need for negative IGBT gate drive in many applications as shown in Figure 25. Care should be taken with such a PC board design to avoid routing the IGBT collector or emitter traces close to the HCPL-3120 input as this can result in unwanted coupling of transient signals into the HCPL-3120 and degrade performance. (If the IGBT drain must be routed near the HCPL-3120 input, then the LED should be reverse-biased when in the off state, to prevent the transient signals coupled from the IGBT drain from turning on the HCPL-3120.)

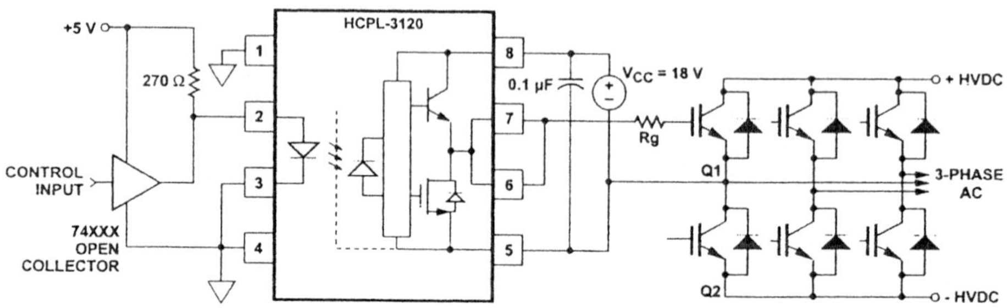

Figure 25. Recommended LED Drive and Application Circuit.

Selecting the Gate Resistor (Rg) to Minimize IGBT Switching Losses. (Discussion applies to HCPL-3120, HCPL-J312 and HCNW3120)

Step 1: Calculate Rg Minimum from the I_{OL} Peak Specification. The IGBT and Rg in Figure 26 can be analyzed as a simple RC circuit with a voltage supplied by the HCPL-3120.

$$Rg \geq \frac{(V_{CC} - V_{EE} - V_{OL})}{I_{OLPEAK}}$$

$$= \frac{(V_{CC} - V_{EE} - 2\ V)}{I_{OLPEAK}}$$

$$= \frac{(15\ V + 5\ V - 2\ V)}{2.5\ A}$$

$$= 7.2\ \Omega \cong 8\ \Omega$$

The V_{OL} value of 2 V in the previous equation is a conservative value of V_{OL} at the peak current of 2.5A (see Figure 6). At lower Rg values the voltage supplied by the HCPL-3120 is not an ideal voltage step. This results in lower peak currents (more margin) than predicted by this analysis. When negative gate drive is not used V_{EE} in the previous equation is equal to zero volts.

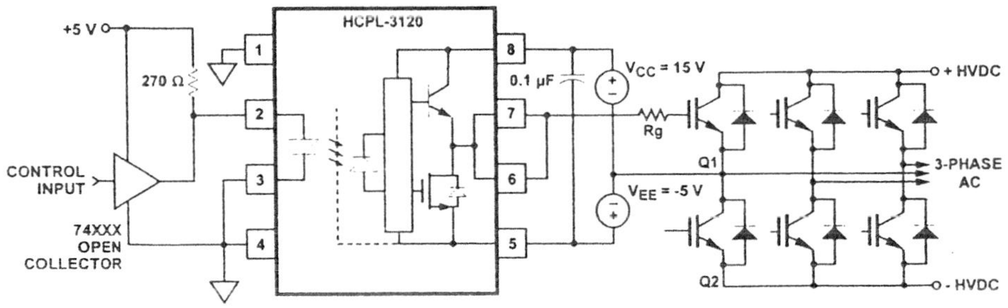

Figure 26. HCPL-3120 Typical Application Circuit with Negative IGBT Gate Drive.

Step 2: Check the HCPL-3120 Power Dissipation and Increase Rg if Necessary. The HCPL-3120 total power dissipation (P_T) is equal to the sum of the emitter power (P_E) and the output power (P_O):

$$P_T = P_E + P_O$$
$$P_E = I_F \cdot V_F \cdot Duty\ Cycle$$
$$P_O = P_{O(BIAS)} + P_{O\,(SWITCHING)}$$
$$= I_{CC} \cdot (V_{CC} - V_{EE})$$
$$+ E_{SW}(R_G, Q_G) \cdot f$$

For the circuit in Figure 26 with I_F (worst case) = 16 mA, Rg = 8 Ω, Max Duty Cycle = 80%, Qg = 500 nC, f = 20 kHz and T_A max = 85C:

$$P_E = 16\ mA \cdot 1.8\ V \cdot 0.8 = 23\ mW$$

$$P_O = 4.25\ mA \cdot 20\ V + 5.2\ \mu J \cdot 20\ kHz$$
$$= 85\ mW + 104\ mW$$
$$= 189\ mW$$
$$> 178\ mW\ (P_{O(MAX)}\ @\ 85C$$
$$= 250\ mW - 15C * 4.8\ mW/C)$$

The value of 4.25 mA for I_{CC} in the previous equation was obtained by derating the I_{CC} max of 5 mA (which occurs at -40°C) to I_{CC} max at 85C (see Figure 7).

Since P_O for this case is greater than $P_{O(MAX)}$, Rg must be increased to reduce the HCPL-3120 power dissipation.

$$P_{O(SWITCHING\ MAX)}$$
$$= P_{O(MAX)} - P_{O(BIAS)}$$
$$= 178\ mW - 85\ mW$$
$$= 93\ mW$$

$$E_{SW(MAX)} = \frac{P_{O(SWITCHINGMAX)}}{f}$$
$$= \frac{93\ mW}{20\ kHz} = 4.65\ \mu W$$

For Qg = 500 nC, from Figure 27, a value of E_{SW} = 4.65 μW gives a Rg = 10.3 Ω.

P_E Parameter	Description
I_F	LED Current
V_F	LED On Voltage
Duty Cycle	Maximum LED Duty Cycle

P_O Parameter	Description
I_{CC}	Supply Current
V_{CC}	Positive Supply Voltage
V_{EE}	Negative Supply Voltage
E_{SW}(Rg,Qg)	Energy Dissipated in the HCPL-3120 for each IGBT Switching Cycle (See Figure 27)
f	Switching Frequency

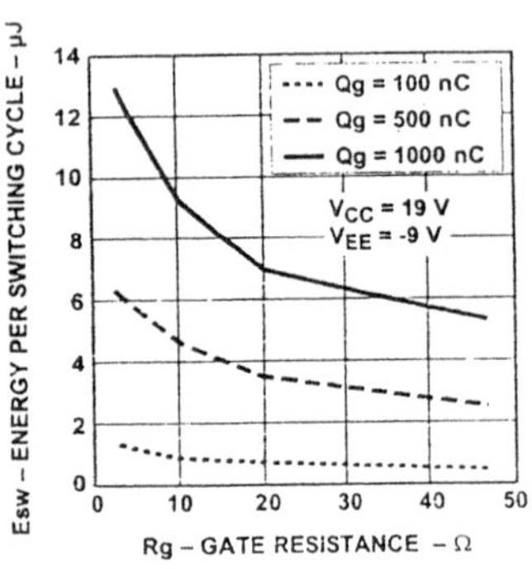

Figure 27. Energy Dissipated in the HCPL-3120 for Each IGBT Switching Cycle.

NE555, NE555Y, SA555, SE555, SE555C PRECISION TIMERS

SLFS022 – SEPTEMBER 1973 – REVISED FEBRUARY 1992

- Timing From Microseconds to Hours
- Astable or Monostable Operation
- Adjustable Duty Cycle
- TTL-Compatible Output Can Sink or Source up to 200 mA
- Functionally Interchangeable With the Signetics NE555, SA555, SE555, SE555C; Have Same Pinout

SE555C FROM TI IS NOT RECOMMENDED FOR NEW DESIGNS

D, JG, OR P PACKAGE
(TOP VIEW)

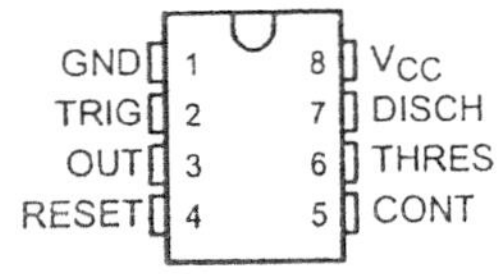

FK PACKAGE
(TOP VIEW)

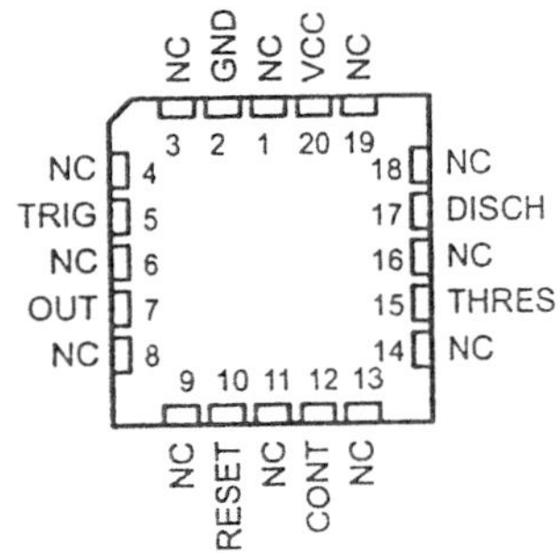

NC–No internal connection

description

These devices are precision monolithic timing circuits capable of producing accurate time delays or oscillation. In the time-delay or monostable mode of operation, the timed interval is controlled by a single external resistor and capacitor network. In the astable mode of operation, the frequency and duty cycle may be independently controlled with two external resistors and a single external capacitor.

The threshold and trigger levels are normally two-thirds and one-third, respectively, of V_{CC}. These levels can be altered by use of the control voltage terminal. When the trigger input falls below the trigger level, the flip-flop is set and the output goes high. If the trigger input is above the trigger level and the threshold input is above the threshold level, the flip-flop is reset and the output is low. RESET can override all other inputs and can be used to initiate a new timing cycle. When RESET goes low, the flip-flop is reset and the output goes low. Whenever the output is low, a low-impedance path is provided between DISCH and ground.

The output circuit is capable of sinking or sourcing current up to 200 mA. Operation is specified for supplies of 5 V to 15 V. With a 5-V supply, output levels are compatible with TTL inputs.

The NE555 is characterized for operation from 0°C to 70°C. The SA555 is characterized for operation from −40°C to 85°C. The SE555 and SE555C are characterized for operation over the full military range of −55°C to 125°C.

AVAILABLE OPTIONS

T_A	PACKAGE					CHIP FORM (Y)
	V_{THRES} max V_{CC} = 15 V	SMALL OUTLINE (D)	CHIP CARRIER (FK)	CERAMIC DIP (J)	PLASTIC DIP (P)	
0°C to 70°C	11.2 V	NE555D			NE555P	NE555Y
−40°C to 85°C	11.2 V	SA555D			SA555P	
−55°C to 125°C	10.6 V 11.2 V	SE555D SE555CD	SE555FK SE555CFK	SE555JG SE555CJG	SE555P SE555CP	

The D package is available taped and reeled. Add the suffix R to the device type (e.g., NE555DR).

NE555, NE555Y, SA555, SE555, SE555C PRECISION TIMERS

SLFS022 – SEPTEMBER 1973 – REVISED FEBRUARY 1992

FUNCTION TABLE

RESET	TRIGGER VOLTAGE†	THRESHOLD VOLTAGE†	OUTPUT	DISCHARGE SWITCH
Low	Irrelevant	Irrelevant	Low	On
High	< 1/3 V_{DD}	Irrelevant	High	Off
High	> 1/3 V_{DD}	> 2/3 V_{DD}	Low	On
High	> 1/3 V_{DD}	< 2/3 V_{DD}	As previously established	

† Voltage levels shown are nominal.

functional block diagram

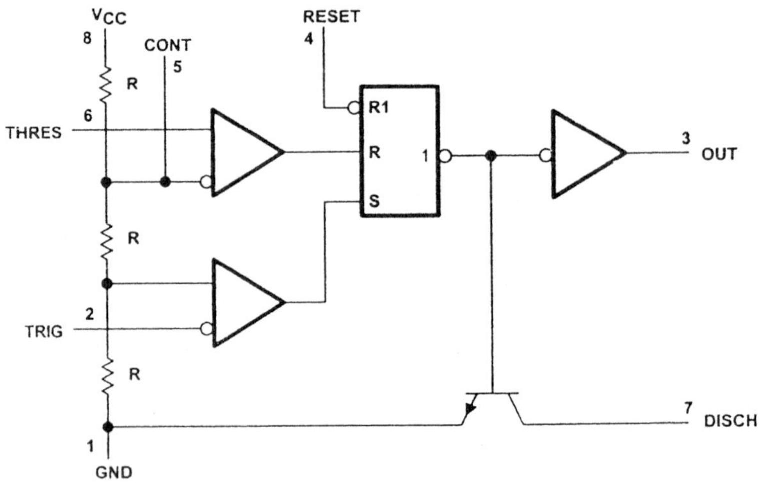

RESET can override TRIG, which can override THRES.
Pin numbers shown are for the D, JG, and P packages only.

NE555, NE555Y, SA555, SE555, SE555C PRECISION TIMERS

SLFS022 – SEPTEMBER 1973 – REVISED FEBRUARY 1992

absolute maximum ratings over operating free-air temperature range (unless otherwise noted)

Supply voltage, V_{CC} (See Note 1) .... 18 V
Input voltage (CONT, RESET, THRES, and TRIG) .... V_{CC}
Output current .... ±225 mA
Continuous total dissipation .... See Dissipation Rating Table
Operating free-air temperature range: NE555 .... 0°C to 70°C
SA555 .... −40°C to 85°C
SE555, SE555C .... −55°C to 125°C
Storage temperature range .... −65°C to 150°C
Case temperature for 60 seconds: FK package .... 260°C
Lead temperature 1,6 mm (1/16 inch) from case for 10 seconds: D or P package .... 260°C
Lead temperature 1,6 mm (1/16 inch) from case for 60 seconds: JG package .... 300°C

NOTE 1: All voltage values are with respect to network ground terminal.

DISSIPATION RATING TABLE

PACKAGE	$T_A \le 25°C$ POWER RATING	DERATING FACTOR ABOVE T_A = 25°C	T_A = 70°C POWER RATING	T_A = 85°C POWER RATING	T_A = 125°C POWER RATING
D	725 mW	5.8 mW/°C	464 mW	377 mW	N/A
FK	1375 mW	11.0 mW/°C	880 mW	715 mW	275 mW
JG (SE555, SE555C)	1050 mW	8.4 mW/°C	672 mW	546 mW	210 mW
JG (SA555, NE555C)	825 mW	6.6 mW/°C	528 mW	429 mW	N/A
P	1000 mW	8.0 mW/°C	640 mW	520 mW	N/A

recommended operating conditions

	NE555		SA555		SE555		SE555C		UNIT
	MIN	MAX	MIN	MAX	MIN	MAX	MIN	MAX	
Supply voltage, V_{CC}	4.5	16	4.5	16	4.5	18	4.5	16	V
Input voltage (CONT, RESET, THRES, and TRIG)		V_{CC}		V_{CC}		V_{CC}		V_{CC}	V
Output current		±200		±200		±200		±200	mA
Operating free-air temperature, T_A	0	70	−40	85	−55	125	−55	125	°C

NE555, NE555Y, SA555, SE555, SE555C PRECISION TIMERS

SLFS022 – SEPTEMBER 1973 – REVISED FEBRUARY 1992

electrical characteristics, V_{CC} = 5 V to 15 V, T_A = 25°C (unless otherwise noted)

PARAMETER	TEST CONDITIONS		MIN	TYP	MAX	UNIT
THRES voltage level	V_{CC} = 15 V		8.8	10	11.2	V
	V_{CC} = 5 V		2.4	3.3	4.2	
THRES current (see Note 2)				30	250	nA
TRIG voltage level	V_{CC} = 15 V		4.5	5	5.6	V
	V_{CC} = 5 V		1.1	1.67	2.2	
TRIG current	TRIG at 0 V			0.5	2	μA
RESET voltage level			0.3	0.7	1	V
RESET current	RESET at V_{CC}			0.1	0.4	mA
	RESET at 0 V			−0.4	−1.5	
DISCH switch off-state current				20	100	nA
CONT voltage (open circuit)	V_{CC} = 15 V		9	10	11	V
	V_{CC} = 5 V		2.6	3.3	4	
Low-level output voltage	V_{CC} = 15 V	I_{OL} = 10 mA		0.1	0.25	V
		I_{OL} = 50 mA		0.4	0.75	
		I_{OL} = 100 mA		2	2.5	
		I_{OL} = 200 mA		2.5		
	V_{CC} = 5 V	I_{OL} = 5 mA		0.1	0.35	
		I_{OL} = 8 mA		0.15	0.4	
High-level output voltage	V_{CC} = 15 V	I_{OH} = −100 mA	12.75	13.3		V
		I_{OH} = −200 mA		12.5		
	V_{CC} = 5 V	I_{OH} = −100 mA	2.75	3.3		
Supply current	Output low, No load	V_{CC} = 15 V		10	15	mA
		V_{CC} = 5 V		3	6	
	Output high, No load	V_{CC} = 15 V		9	13	
		V_{CC} = 5 V		2	5	

NOTE 2: This parameter influences the maximum value of the timing resistors R_A and R_B in the circuit of Figure 12. For example, when V_{CC} = 5 V, the maximum value is R = R_A + R_B ≈ 3.4 MΩ, and for V_{CC} = 15 V, the maximum value is 10 MΩ.

operating characteristics, V_{CC} = 5 V and 15 V, T_A = 25°C (unless otherwise noted)

PARAMETER		TEST CONDITIONS	MIN	TYP	MAX	UNIT
Initial error of timing interval†	Each timer, monostable‡			1%	3%	
	Each timer, astable§			2.25%		
Supply voltage sensitivity of timing interval	Each timer, monostable‡			0.1	0.5	%/V
	Each timer, astable§			0.3		
Output pulse rise time		C_L = 15 pF		100	300	ns
Output pulse fall time				100	300	

† Timing interval error is defined as the difference between the measured value and the average value of a random sample from each process run.

‡ Values specified are for a device in a monostable circuit similar to Figure 9, with component values as follow: R_A = 2 kΩ to 100 kΩ, C = 0.1 μF.

§ Values specified are for a device in an astable circuit similar to Figure 12, with component values as follow: R_A = 1 kΩ to 100 kΩ, C = 0.1 μF.

APPLICATION INFORMATION

monostable operation

For monostable operation, any of these timers may be connected as shown in Figure 9. If the output is low, application of a negative-going pulse to TRIG sets the flip-flop ($\overline{Q}$ goes low), drives the output high, and turns off Q1. Capacitor C is then charged through R_A until the voltage across the capacitor reaches the threshold voltage of THRES input. If TRIG has returned to a high level, the output of the threshold comparator will reset the flip-flop ($\overline{Q}$ goes high), drive the output low, and discharge C through Q1.

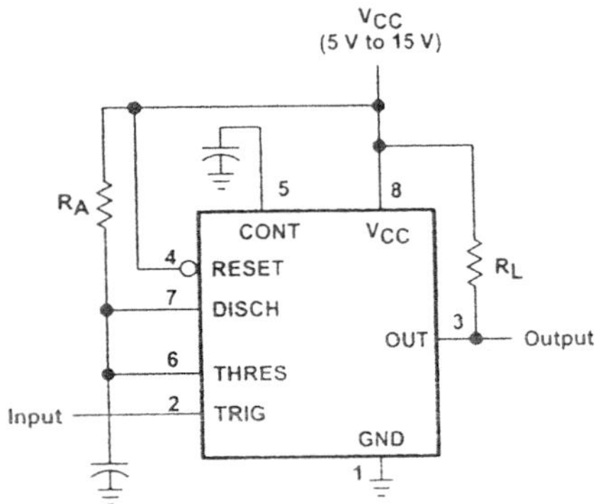

Pin numbers shown are for the D, JG, and P packages.

Figure 9. Circuit for Monostable Operation

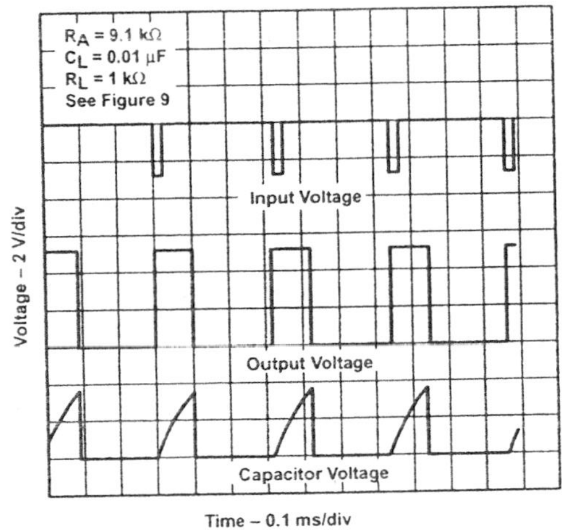

Figure 10. Typical Monostable Waveforms

Monostable operation is initiated when TRIG voltage falls below the trigger threshold. Once initiated, the sequence ends only if TRIG is high at the end of the timing interval. Because of the threshold level and saturation voltage of Q1, the output pulse duration is approximately $t_w = 1.1R_AC$. Figure 11 is a plot of the time constant for various values of R_A and C. The threshold levels and charge rates are both directly proportional to the supply voltage, V_{CC}. The timing interval is therefore independent of the supply voltage, so long as the supply voltage is constant during the time interval.

Applying a negative-going trigger pulse simultaneously to RESET and TRIG during the timing interval discharges C and re-initiates the cycle, commencing on the positive edge of the reset pulse. The output is held low as long as the reset pulse is low. To prevent false triggering, when RESET is not used, it should be connected to V_{CC}.

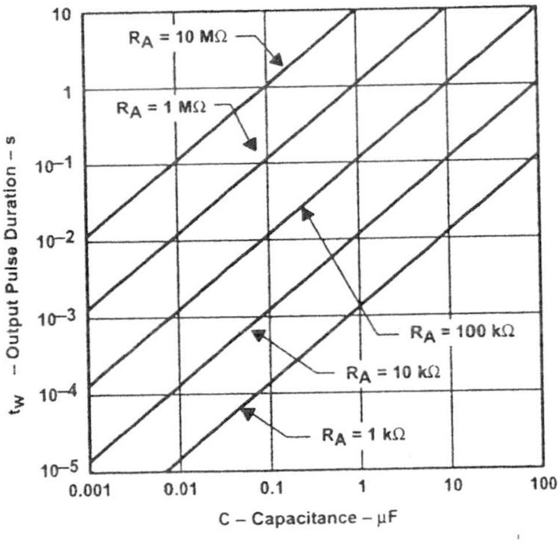

Figure 11. Output Pulse Duration vs Capacitance

NE555, NE555Y, SA555, SE555, SE555C PRECISION TIMERS

SLFS022 – SEPTEMBER 1973 – REVISED FEBRUARY 1992

APPLICATION INFORMATION

astable operation

As shown in Figure 12, adding a second resistor, R_B, to the circuit of Figure 9 and connecting the trigger input to the threshold input causes the timer to self-trigger and run as a multivibrator. The capacitor C will charge through R_A and R_B and then discharge through R_B only. The duty cycle may be controlled, therefore, by the values of R_A and R_B.

This astable connection results in capacitor C charging and discharging between the threshold-voltage level ($\approx 0.67 \bullet V_{CC}$) and the trigger-voltage level ($\approx 0.33 \bullet V_{CC}$). As in the monostable circuit, charge and discharge times (and therefore the frequency and duty cycle) are independent of the supply voltage.

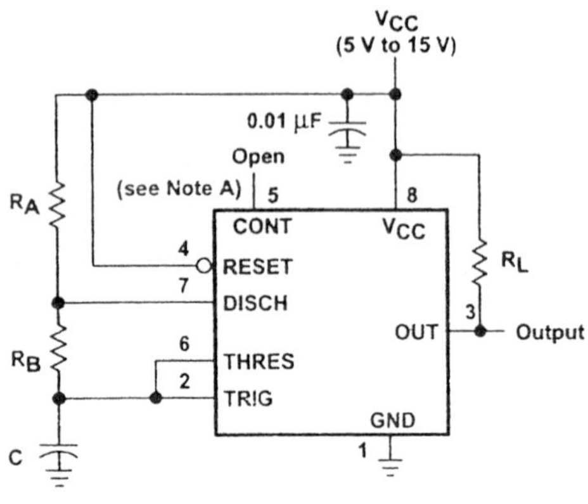

Pin numbrs shown are for the D, JG, and P packages.

NOTE A: Decoupling CONT voltage to ground with a capacitor may improve operation. This should be evaluated for individual applications.

Figure 12. Circuit for Astable Operation

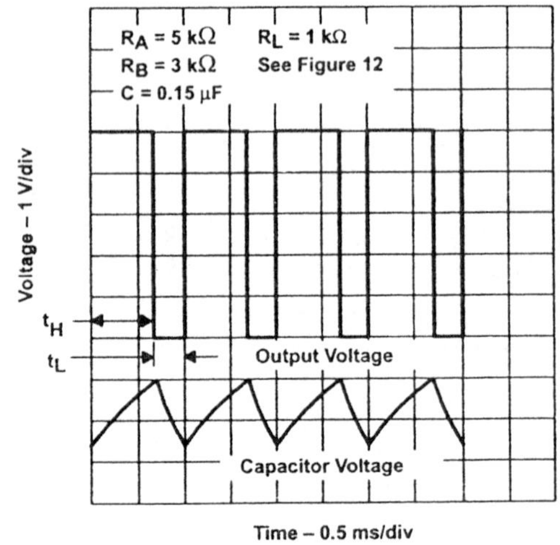

Figure 13. Typical Astable Waveforms

APPLICATION INFORMATION

Figure 13 shows typical waveforms generated during astable operation. The output high-level duration t_H and low-level duration t_L may be calculated as follows:

$$t_H = 0.693\ (R_A + R_B)\ C$$

$$t_L = 0.693\ (R_B)\ C$$

Other useful relationships are shown below.

$$\text{period} = t_H + t_L = 0.693\ (R_A + 2R_B)\ C$$

$$\text{frequency} \approx \frac{1.44}{(R_A + 2R_B)\ C}$$

$$\text{Output driver duty cycle} = \frac{t_L}{t_H + t_L} = \frac{R_B}{R_A + 2R_B}$$

Output waveform duty cycle

$$= \frac{t_H}{t_H + t_L} = 1 - \frac{R_B}{R_A + 2R_B}$$

$$\text{Low-to-high ratio} = \frac{t_L}{t_H} = \frac{R_B}{R_A + R_B}$$

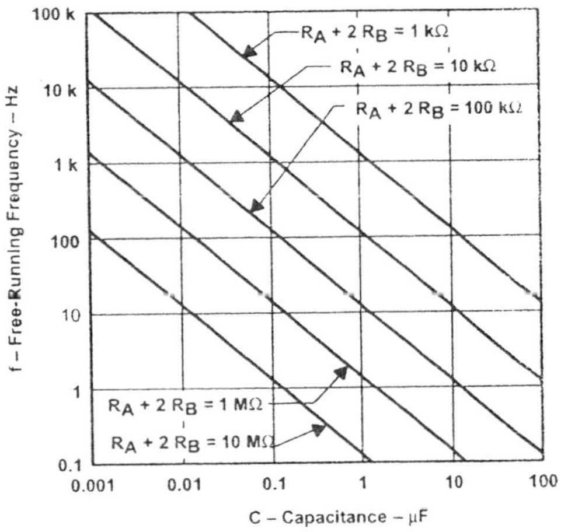

Figure 14. Free-Running Frequency

missing-pulse detector

The circuit shown in Figure 15 may be used to detect a missing pulse or abnormally long spacing between consecutive pulses in a train of pulses. The timing interval of the monostable circuit is continuously retriggered by the input pulse train as long as the pulse spacing is less than the timing interval. A longer pulse spacing, missing pulse, or terminated pulse train permits the timing interval to be completed, thereby generating an output pulse as illustrated in Figure 16.

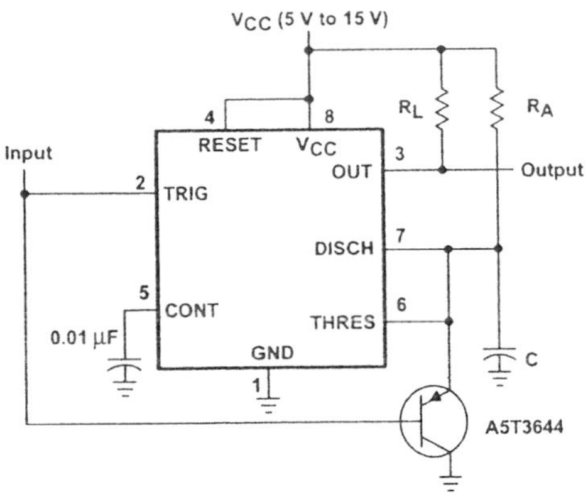

Pin numbers shown are shown for the D, JG, and P packages.

Figure 15. Circuit for Missing Pulse Detector

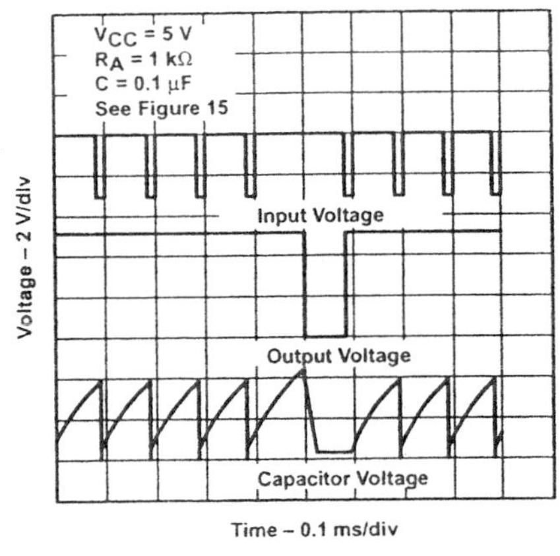

Figure 16. Circuit for Missing Pulse Detector

Philips Semiconductors — Product specification

Dual JK flip-flop

HEF4027B flip-flops

DESCRIPTION

The HEF4027B is a dual JK flip-flop which is edge-triggered and features independent set direct (S_D), clear direct (C_D), clock (CP) inputs and outputs (O,$\overline{O}$). Data is accepted when CP is LOW, and transferred to the output on the positive-going edge of the clock. The active HIGH asynchronous clear-direct (C_D) and set-direct (S_D) are independent and override the J, K, and CP inputs. The outputs are buffered for best system performance. Schmitt-trigger action in the clock input makes the circuit highly tolerant to slower clock rise and fall times.

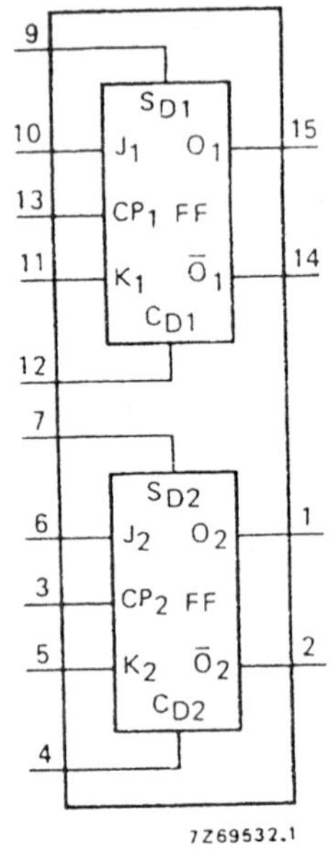

Fig.1 Functional diagram.

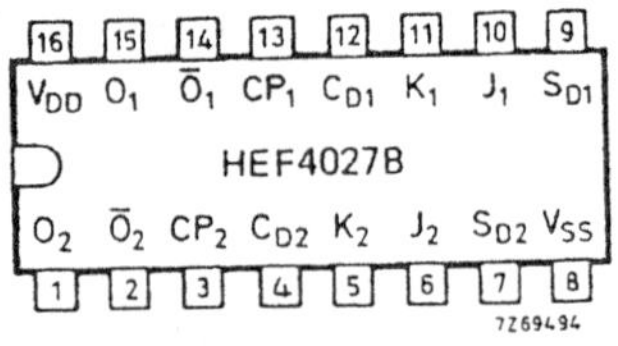

Fig.2 Pinning diagram.

FUNCTION TABLES

INPUTS					OUTPUTS	
S_D	C_D	CP	J	K	O	$\overline{O}$
H	L	X	X	X	H	L
L	H	X	X	X	L	H
H	H	X	X	X	H	H

INPUTS					OUTPUTS	
S_D	C_D	CP	J	K	O_{n+1}	$\overline{O}_{n+1}$
L	L	⟋	L	L	no change	
L	L	⟋	H	L	H	L
L	L	⟋	L	H	L	H
L	L	⟋	H	H	$\overline{O}_n$	O_n

Notes

1. H = HIGH state (the more positive voltage)
   L = LOW state (the less positive voltage)
   X = state is immaterial
   ⟋ = positive-going transition
   O_{n+1} = state after clock positive transition

PINNING

J,K	synchronous inputs
CP	clock input (L to H edge-triggered)
S_D	asynchronous set-direct input (active HIGH)
C_D	asynchronous clear-direct input (active HIGH)
O	true output
$\overline{O}$	complement output

HEF4027BP(N): 16-lead DIL; plastic (SOT38-1)
HEF4027BD(F): 16-lead DIL; ceramic (cerdip) (SOT74)
HEF4027BT(D): 16-lead SO; plastic (SOT109-1)
( ): Package Designator North America

FAMILY DATA, I_{DD} LIMITS category FLIP-FLOPS

See Family Specifications

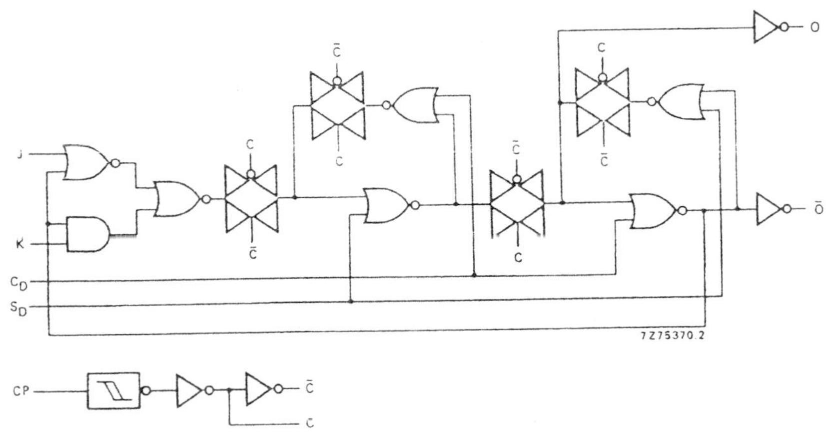

Fig.3 Logic diagram (one flip-flop).

AC CHARACTERISTICS

V_{SS} = 0 V; T_{amb} = 25 °C; C_L = 50 pF; input transition times ≤ 20 ns

	V_{DD} V	SYMBOL	MIN.	TYP.	MAX.		TYPICAL EXTRAPOLATION FORMULA
Propagation delays							
CP → O, $\overline{O}$	5			105	210	ns	78 ns + (0,55 ns/pF) C_L
HIGH to LOW	10	t_{PHL}		40	80	ns	29 ns + (0,23 ns/pF) C_L
	15			30	60	ns	22 ns + (0,16 ns/pF) C_L
	5			85	170	ns	58 ns + (0,55 ns/pF) C_L
LOW to HIGH	10	t_{PLH}		35	70	ns	27 ns + (0,23 ns/pF) C_L
	15			30	60	ns	22 ns + (0,16 ns/pF) C_L
S_D → O	5			70	140	ns	43 ns + (0,55 ns/pF) C_L
LOW to HIGH	10	t_{PLH}		30	60	ns	19 ns + (0,23 ns/pF) C_L
	15			25	50	ns	17 ns + (0,16 ns/pF) C_L
C_D → O	5			120	240	ns	93 ns + (0,55 ns/pF) C_L
HIGH to LOW	10	t_{PHL}		45	90	ns	33 ns + (0,23 ns/pF) C_L
	15			35	70	ns	27 ns + (0,16 ns/pF) C_L
S_D → $\overline{O}$	5			140	280	ns	113 ns + (0,55 ns/pF) C_L
HIGH to LOW	10	t_{PHL}		55	110	ns	44 ns + (0,23 ns/pF) C_L
	15			40	80	ns	32 ns + (0,16 ns/pF) C_L

	V_{DD} V	SYMBOL	MIN.	TYP.	MAX.		TYPICAL EXTRAPOLATION FORMULA
$C_D \rightarrow \overline{O}$	5			75	150	ns	48 ns + (0,55 ns/pF) C_L
LOW to HIGH	10	t_{PLH}		35	70	ns	24 ns + (0,23 ns/pF) C_L
	15			25	50	ns	17 ns + (0,16 ns/pF) C_L
Output transition times	5			60	120	ns	10 ns + (1,0 ns/pF) C_L
HIGH to LOW	10	t_{THL}		30	60	ns	9 ns + (0,42 ns/pF) C_L
	15			20	40	ns	6 ns + (0,28 ns/pF) C_L
	5			60	120	ns	10 ns + (1,0 ns/pF) C_L
LOW to HIGH	10	t_{TLH}		30	60	ns	9 ns + (0,42 ns/pF) C_L
	15			20	40	ns	6 ns + (0,28 ns/pF) C_L
Set-up time	5		50	25		ns	
J,K → CP	10	t_{su}	30	10		ns	
	15		20	5		ns	
Hold time	5		25	0		ns	
J,K → CP	10	t_{hold}	20	0		ns	
	15		15	5		ns	
Minimum clock	5		80	40		ns	
pulse width; LOW	10	t_{WCPL}	30	15		ns	see also waveforms Figs 4 and 5
	15		24	12		ns	
Minimum S_D, C_D	5		90	45		ns	
pulse width; HIGH	10	t_{WSDH}, t_{WCDH}	40	20		ns	
	15		30	15		ns	
Recovery time	5		20	−15		ns	
for S_D, C_D	10	t_{RSD}, t_{RCD}	15	−10		ns	
	15		10	−5		ns	
Maximum clock	5		4	8		MHz	
pulse frequency	10	f_{max}	12	25		MHz	see also waveforms Fig.4
J = K = HIGH	15		15	30		MHz	

	V_{DD} V	TYPICAL FORMULA FOR P (μW)	
Dynamic power	5	$900\ f_i + \Sigma\ (f_oC_L) \times V_{DD}^2$	where
dissipation per	10	$4\ 500\ f_i + \Sigma\ (f_oC_L) \times V_{DD}^2$	f_i = input freq. (MHz)
package (P)	15	$13\ 200\ f_i + \Sigma\ (f_oC_L) \times V_{DD}^2$	f_o = output freq. (MHz)
			C_L = load capacitance (pF)
			$\Sigma\ (f_oC_L)$ = sum of outputs
			V_{DD} = supply voltage (V)

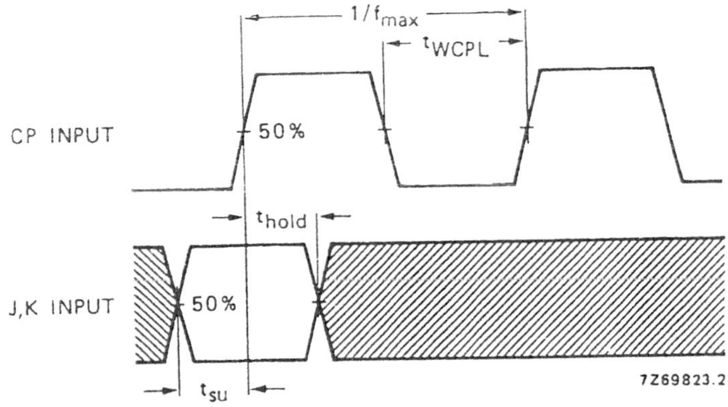

Fig.4 Waveforms showing set-up times, hold times and minimum clock pulse width. Set-up and hold times are shown as positive values but may be specified as negative values.

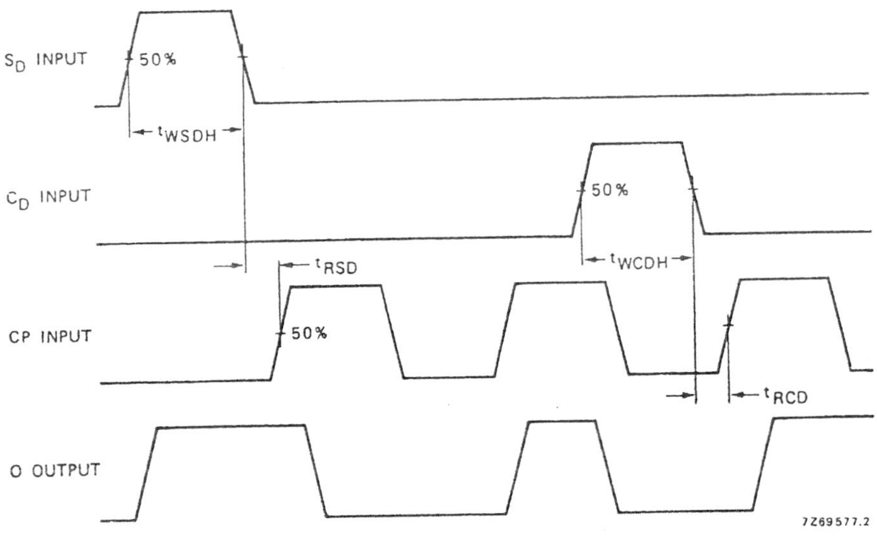

Fig.5 Waveforms showing recovery times for S_D and C_D; minimum S_D and C_D pulse widths.

Ferrite Cores

EI Series

For Power Supply
EI Cores

CORE SHAPES AND DIMENSIONS/CHARACTERISTICS

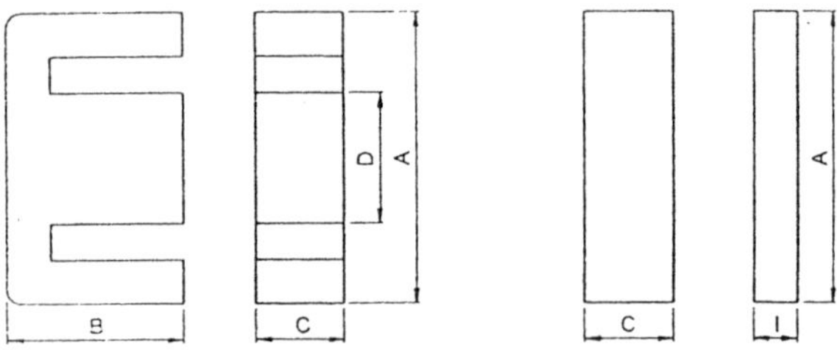

Type	Dimensions (mm)					Ae	le	Weigh
	A	B	C	D	I	(mm²)	(mm)	(g)
EI12.5	12.4±0.3	7.4±0.1	4.85±0.15	2.4±0.1	1.5±0.1	14.4	21.3	1.9
EI16	16±0.3	12.2±0.2	4.8±0.2	4±0.2	2±0.2	19.8	34.6	3.3
EI19	20±0.3	13.55±0.25	5±0.2	4.55±0.15	2.3±0.1	24	39.6	5.1
EI22	22±0.3	14.55±0.25	5.75±0.25	5.75±0.25	4.5±0.2	42	39.3	9.8
EI22/19/6	22±0.4	14.7±0.2	5.75±0.25	5.75±0.25	4±0.2	37	41.8	8.5
EI25	25.3±0.5	15.55±0.25	6.75±0.25	6.5±0.3	2.7±0.2	41	47	9.8
EI28	28±0.5	16.75±0.25	10.6±0.2	7.2±0.3	3.5±0.3	86	48.2	22
EI30	30±0.4	21.25±0.25	10.7±0.3	10.7±0.3	5.5±0.2	111	58	34
EI33/29/13	33±0.5	23.75±0.25	12.7±0.3	9.7±0.3	5±0.3	118.5	67.5	41
EI35	35±0.5	24.25±0.25	10±0.3	10±0.3	4.6±0.3	101.4	67.1	36
EI40	40±0.5	27.25±0.25	11.65±0.35	11.65±0.35	7.5±0.3	148	77	60
EI50	50±0.7	33.35±0.35	14.6±0.4	14.6±0.4	9±0.3	230	94	115
EI60	60±0.8	35.85±0.35	15.6±0.4	15.6±0.4	8.5±0.3	247	109	139

ELECTRICAL CHARACTERISTICS

WITHOUT AIR GAP

Part No.	AL-value (nH/N²) [1kHz, 0.5mA, 100Ts]	Calculated output power* (W) [100kHz]
PC40EI12.5-Z	1200±25%	8.8
PC40EI16-Z	1100±25%	29
PC40EI19-Z	1400±25%	40
PC40EI22-Z	2400±25%	33
PC40EI22/19/6-Z	2000±25%	48
PC40EI25-Z	2140±25%	68
PC40EI28-Z	4300±25%	107
PC40EI30-Z	4690±25%	155
PC40EI33/29/13-Z	4400±25%	206
PC40EI135-Z	3800±25%	218
PC40EI140-Z	4860±25%	348
PC40EI150-Z	6110±25%	508
PC40EI160-Z	5670±25%	618

*The values were obtained with forward converter mode.

WITH AIR GAP

Part No.	AL-value (nH/N²) [1kHz, 0.5mA, 100Ts]
PC40EI12.5AXXX*	63±7%, 100±10%
PC40EI16AXXX	80±7%, 160±10%
PC40EI19AXXX	80±7%, 160±10%
PC40EI22AXXX	125±7%, 250±10%
PC40EI22/19/6AXXX	125±7%, 250±10%
PC40EI25AXXX	125±7%, 250±10%
PC40EI28AXXX	200±5%, 400±7%
PC40EI30AXXX	200±5%, 400±7%
PC40EI33/29/13AXXX	200±5%, 400±7%
PC40EI35AXXX	200±5%, 400±7%
PC40EI40AXXX	200±5%, 400±7%
PC40EI50AXXX	250±5%, 500±7%
PC40EI60AXXX	250±5%, 500±7%

*XXX: AL-value

Ferrite Cores

EI Series

For Power Supply
EI Cores

BOBBINS

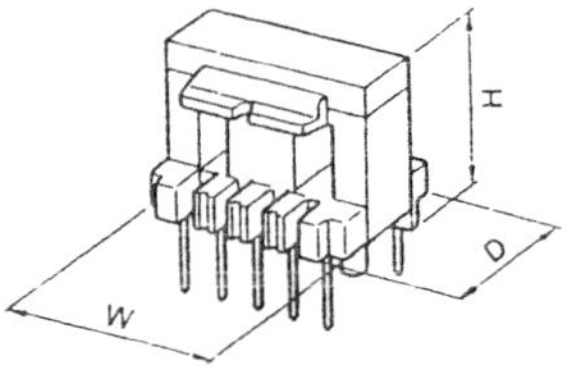

Fig. 1

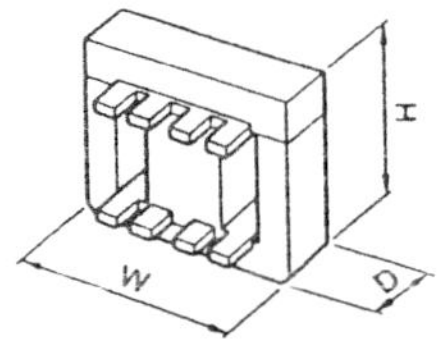

Fig. 2

WITH PIN TERMINAL (Fig. 1)

Part No.	No. of pin terminal	Dimensions (mm)			Clamp
		W	D	H	
BE-12.5-1110CP	10	12.7	12.5	9.1	
BE-16-116CP	6	16.3	13.1	14.6	
BE-16-118CPH	8	16.5	14.6	13.6	
BE-16-1110CPN	10	16.3	13.1	15.6	
BE-19-116CP	6	20.3	16.7	16.2	
BE-19-118CPH	8	20.3	16.2	18.8	
BE-22-118CP	8	22.3	17.1	20.1	
BE-22/19/6-118CP	8	22.4	17.1	19.1	
BE-25-118CP	8	25.8	18.1	20.5	
BE-28-1110CPL	8	28.5	25.1	22.7	
BE-30-1110CP	10	30.4	25.1	28.6	FE-30-F, FE-30-G
BE-30-1112CP	12	30.4	25.1	28.6	FE-30-F, FE-30-G
BE-33/29/13-1112CPL	12	33.5	28.1	31.2	
BE-35-1112CPL	12	35.5	25.1	30.9	
BE-40-1112CP	12	40.5	30.2	35.8	FE-40-F, FE-40-G
BE-40-1112CPN	12	40.5	30.2	35.7	
BE-50-1112CP	12	50.7	36.2	43.6	FE-50-F, FE-50-G
BE-60-1112CP	12	60.8	45.2	45.1	FE-60-F, FE-60-G

• Material: FR phenol, UL Grade: 94V-0, Pin material: Steel wire (Solder plated)

WITHOUT PIN TERMINAL (Fig. 2)

Part No.	Dimensions (mm)			Material [UL Grade]	Clamp
	W	D	H		
BE-19-5116	20.3	14.9	16.2	6-Nylon[94V-0]	
BE-22-5116	22.3	13.1	19.5	6-Nylon[94V-0]	
BE-25-5116	25.8	19.2	18.7	6-Nylon[94V-0]	
BE-30-5112	30.4	21.1	27.2	6-Nylon[94V-0]	FE-30-F, FE-30-G
BE-40-5112	40.5	29.4	35.3	6-Nylon[94V-0]	FE-40-F, FE-40-G
BE-50-5112	50.7	35.8	43	6-Nylon[94V-0]	FE-50-F, FE-50-G
BE-60-5112	60.8	46	45	6-Nylon[94V-0]	FE-60-F, FE-60-G

• Material: 6-Nylon, UL Grade: 94V-0

최신 전력전자응용실험

2016. 8. 10 인쇄
2016. 8. 15 발행

판 권
소 유

저 자 : 김병철 · 조수억 공저
발행자 : 이진권
발행처 : 도서출판 **태영문화사**

주 소 : 서울특별시 강서구 초원로 38
전 화 : 2661-8751
F A X : 2661-8798
등 록 : 1998년 11월 12일 제 2-2682호

정가 18,000원

ISBN 978-89-6354-077-1